北京科普创作出版专项资金资助

Dream

梦飞行

——航空器创意设计与绘制

徐江华　徐　波　张　敏　著

北京航空航天大学出版社
BEIHANG UNIVERSITY PRESS

内容简介

飞机本身就是一个古老而大胆的创意。从400多年前的达·芬奇到当今的航空爱好者，飞行器的创意和设计层出不穷，有的大胆、新颖、别出心裁，有的精巧、古朴、独具匠心。回首先辈们在各自时代的创新和创意，欣赏他们的杰作，不仅是一种美的享受，而且可以从中一窥飞行器发展的独特脉络，那些从历史深处走来的精巧的飞行器，本身就是一部飞行器发展史。本书以飞行器发展史为主线，以与各飞行器有关的故事为着眼点，讲解航空器手绘步骤、手绘技巧，并突出飞行器创意设计思路、程序与方法，努力把刻板、枯燥的航空科学和灵动、有趣的美术创意结合起来，给航空科学以艺术的灵性，给艺术创作以科学的厚重。全书内容分为“筑梦的足迹”、“梦想成真”、“喷气时代”、“超越声速”、“垂直起降”、“非常飞行”、“创意的融入”七章，前6章都是各个历史时期典型型号的手绘图画，第七章“创意的融入”则是全新的设计，以及这些设计的构思过程。

编写本书的目的是给航空爱好者一些艺术的点拨，增加他们的艺术和美学修养，提高绘画技能和创意灵感；同时，给绘画爱好者一些航空科学知识，使他们能够领略航空人非同寻常的激情和无与伦比的创新能力。现代飞行器，每一件都是工程的杰作，也是艺术精品。航空和艺术结缘，飞机和手绘相遇，必然会碰撞出无数闪光的创意。

图书在版编目（CIP）数据

梦飞行：航空器创意设计与绘制 / 徐江华，徐波，张敏著. -- 北京：北京航空航天大学出版社，2016.7

ISBN 978-7-5124-2166-0

Ⅰ.①梦… Ⅱ.①徐… ②徐… ③张… Ⅲ.①航空器-设计-普及读物 Ⅳ.①V22-49

中国版本图书馆CIP数据核字(2016)第133203号

梦飞行——航空器创意设计与绘制

徐江华 徐 波 张 敏 著

责任编辑：赵延永

*

北京航空航天大学出版社出版发行

北京市海淀区学院路37号(邮编100191) http://www.buaapress.com.cn

发行部电话：(010)82317024 传真：(010)82328026

读者信箱：goodtextbook@126.com 邮购电话：(010)82316936

北京尚唐印刷包装有限公司印装 各地书店经销

*

开本：889×1194 1/16 印张：14.5 字数：470千字

2016年6月第1版 2016年6月第1次印刷

ISBN 978-7-5124-2166-0 定价：68.00元

若本书有倒页、脱页、缺页等印装质量问题，请与本社发行部联系调换。联系电话：010-82317024

前　言

自古以来，人类就憧憬着像鸟一样在天空中自由翱翔，古希腊人、巴比伦人和我们的祖先，都曾有过美妙的飞翔幻想和艰苦的飞翔试验。风筝、孔明灯、木鸟、竹蜻蜓……都是中国古人在飞行探索史上画出的浓墨重彩的弧线。从蒙哥尔费兄弟的热气球升空开始，人类逐渐可以飞离地面，一尝飞翔的滋味。莱特兄弟划时代的发明，宣告了飞机的诞生，但翱翔空中的铁鸟依然未能满足人类不羁的欲望，人们在发明制造飞得更高更快的飞机、火箭，飞上天空后还要飞向太空，同时还在发明飞得更加自由的喷射背包和喷气脚垫。飞行器成了人类的摆脱羁绊新的选择。

昨天的创新成就了今天的辉煌，飞行器从丑小鸭到白天鹅的转变，离不开人们的无限创意。如今，人类继续运用创新的思维与手段对未来飞行器进行不懈地探索，永不间断。更强、更快、更舒适的，更好、更美、更方便的，更安全、更清洁、更安静的，只要有人，就有无限的创意和创新。

飞行器的创新，当然主要是飞行性能上的提升，然而造型设计亦越来越被重视，甚至造型美有益于性能的提升。法国著名的飞机设计师达索曾说过一句名言“造型美的飞机性能也一定优越！”美国设计师提革与波音公司的工程技术人员密切合作设计的波音707飞机外形，除符合空气动力学要求外还极具现代感；美国工业设计之父雷蒙·罗维曾为空军一号设计外观色彩，并参与了“协和”超声速飞机的造型设计，这两个项目都是工业设计师和技术团队合作创造的典范；德国天才工业设计师路易吉·克拉尼设计的飞行器造型奇异、形态夸张，充满梦幻魔力，对飞行器未来的发展做了十分有益的探索。飞行器是多学科交叉融合的产物，除了拥有优良的功能构造与气动布局，其形态也应该多样化，就像天上飞鸟的形体和水中游鱼的形体都符合流体力学的特点，但形态各异。

从已有的飞行器中追寻前人的创意足迹，启迪我们的创意灵感，并用当下的创意去探索未来飞行器的发展之路，这是创作本书最朴素的着眼点和出发点。书中选取的每个型号都是飞行器发展史上的杰作，同时也是具有美学价值的艺术品。我们将用绘画师的目光重新打量这些曾经叱咤风云的“钢铁侠”，解读他们背负的美学价值。此外，本书还将通过几款飞行器创意设计案例来评析其从创意到实例的设计思路，这些设计作品都承载着原创性，承载着航空美学的创意思维。我们的所有想法和评析，都是一家之言，仅仅是抛砖引玉，期望能对读者有所启迪，有所帮助。

南昌航空大学　徐江华

2016年6月

目录

CONTENTS

第一章 梦想飞翔

第二章 梦想成真

第三章 喷气时代

第四章 超越声速

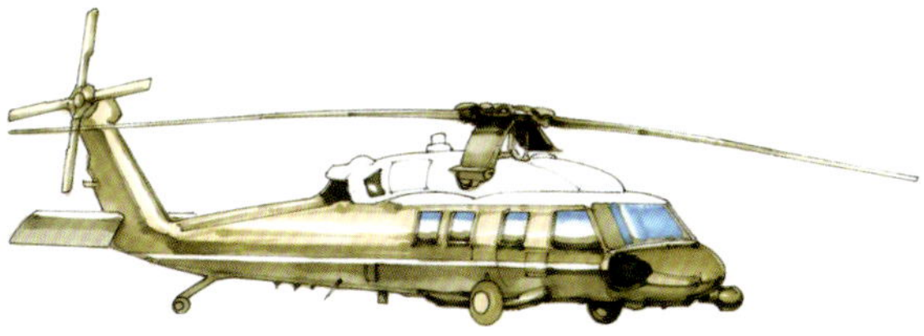

第五章 垂直起降

第六章 非常飞行

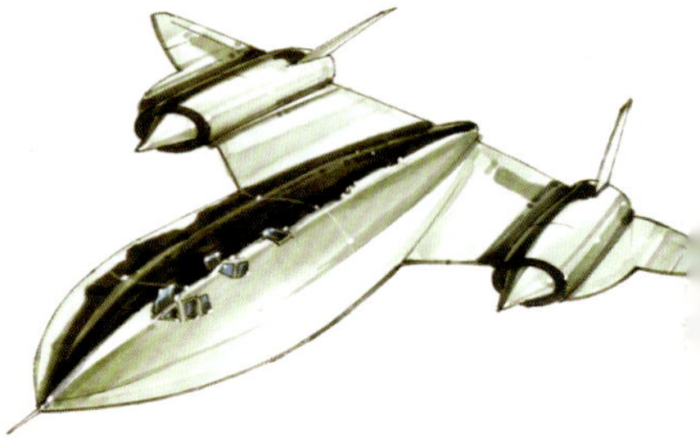

第七章 创意的融入

Dream

第一章　梦想飞翔

在地球这个蓝色的星球上，亿万年的进化中，孕育了无数生命，也灭绝了无数生命。人类能够在残酷的自然选择下，一步步地成为地球的主人，既有天地造化的幸运，也有人类自身的不懈努力。人之所以为高级动物，就是人具有其他动物所没有的忧患和梦想。忧患使人未雨绸缪，躲避来自大自然的威胁，保护自身，延续生命；梦想给人希望，激发来自内心的斗志，去战胜自然，实现梦想。

万物之灵的人类，凭借智慧与勇气，战天斗地，驱除虎豹，无往不利。然而，当我们抬头望天时，面对自由飞翔的小鸟却只能“望鸟兴叹”，拼尽全力一跳，离地不过半米高，留空不过一眨眼。广袤的大地养育了人类，也紧紧抓住人类，无法离开半步。

无法离地的现实并不能阻挡飞翔的梦想，远古的人类就畅想飞翔。无论是中国的嫦娥奔月，还是古希腊的代达罗斯，无论是一个筋斗十万八千里的孙悟空，还是飞毯上的阿里巴巴，飞翔的梦想都是那么美轮美奂，那么令人神往。

美妙的幻想并不是全部，人类为飞翔还进行了不懈的努力。在那个现代科学尚未降临的时代，所有的努力都近乎一无所获。然而，当我们回眸这些堪称伟大先人“徒劳”的努力时，依然会被他们的勇敢与执着深深感动。根植于血脉中的探索未知的好奇心，曾经激励人类走向现代科技，也将继续激励他们去探索所有的未知世界。

筑梦的足迹

飞翔的梦想不仅仅是敦煌的壁画、牛郎的传说，还有飘扬的风筝、飞翔的孔明灯。在以往的岁月中，人类飞翔的探索从未中断，但是这些伟大的探索大多都在岁月的长河中消失得无影无踪。现在，只能在前人留下的只言片语中寻找筑梦的痕迹。

这些“飞行器”其实更像是飞翔的鸟，基本没有现代飞行器的特征，因此在绘制时，艺术和想象的成分要大一些。

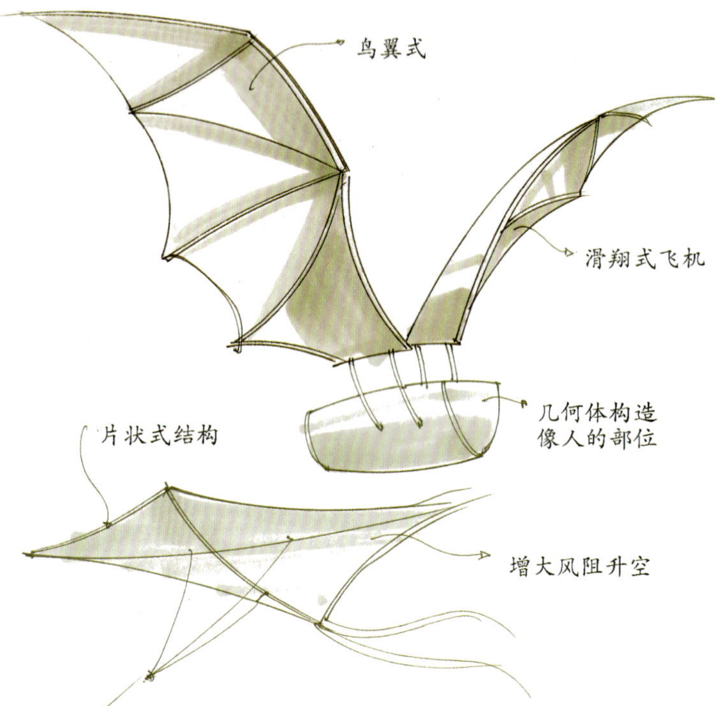

飞行梦想阶段，人类渴望像鸟儿一样飞翔，此时人类的想法也与鸟翼比较类似，包括桄桄椅也有风筝作为滑翔保证

飘扬的风筝

身份证

名　　称：风筝

别　　名：纸鸢　风鸢　纸鹞　鹞子

国　　别：中国

发 明 者：墨翟（传说）韩信（传说）

发明时间：春秋（大约）汉朝（传说）

微故事

地球养育了人类，地球也紧紧抓住了人类，腾空而起只能是想象和传说中的场景。面对轻盈飞过的小鸟，人们只能艳羡，而无法企及。风筝大概是人们在无法飞翔时最好的寄托。据考证，风筝是古代中国人发明的，大约发明于东周春秋时期，至今已2 000多年。相传墨子（名墨翟）以木头制木鸟，三年而成。这大概是最早的风筝。后来鲁班用竹子，改进了墨翟制作风筝的材质。东汉期间，蔡伦改进造纸术后，坊间开始以纸做风筝，称为纸鸢。南北朝时，风筝开始成为传递信息的工具；从隋唐开始，民间开始出现大量纸裱糊风筝；到了宋代，放风筝成为人们喜爱的户外活动。

其实不仅仅在中国，其他国家也有风筝；韩国、泰国、马来西亚，以及欧洲的一些国家都有风筝。目前，我国潍坊举办的国际风筝节是世界上最大的风筝节日，吸引了世界各国的风筝爱好者。

知识舷窗

风筝看起来轻飘飘的，而且能够在空中飘荡很久，但是其本质上是一种重于空气的飞行器。风筝产生升力的原理是：当迎面的风吹到倾斜的动力面上，产生一向后、向上的空气动力，地面上的牵引克服一部分向后的阻力和一部分向上的升力，余下一部分向上的升力支持风筝的重量，使它上升，而余下的一部分拉力则使风筝向前飞翔。风筝克服重力飞起来的原理与固定翼飞机产生升力的原理是有明显差别的。

「人物风筝」

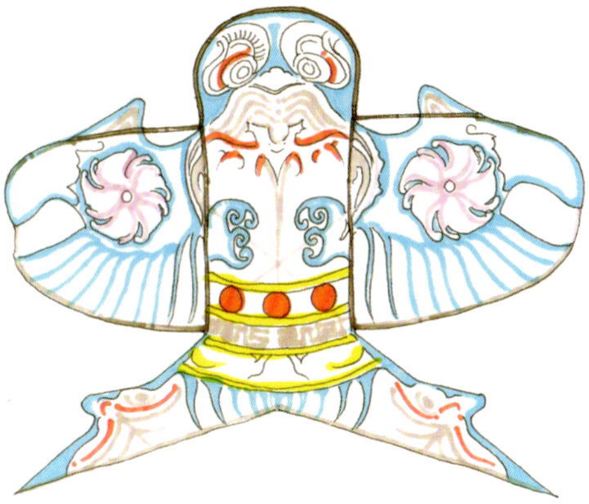

「年画风筝」

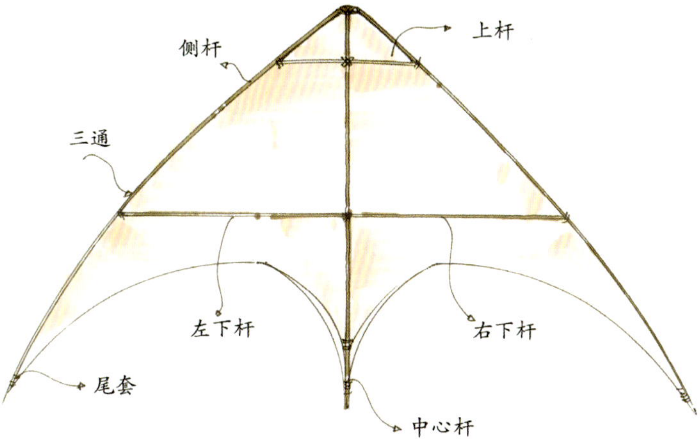

「风筝的基本结构」

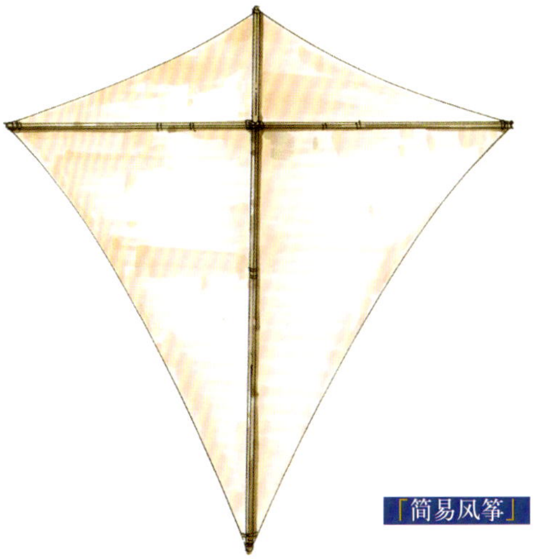

「简易风筝」

徐徐道来

风筝本身质量小，也比较薄，体积感偏弱。绘制风筝时应主要将风筝的基本形状比例画准，通过涂绘一定的花纹与装饰纹理即可使画面变得饱满，从而克服了体积感偏弱的缺点。风筝的框架线与外轮廓线可以重点强调，内部装饰线的颜色要浅一些。

会飞的木鸟

身份证

名　　称：飞行木鸟

别　　名：木鹊　木鸢

国　　别：中国

发 明 者：墨翟（传说）　鲁班（传说）

发明时间：春秋（大约）

微故事

两千多年以前，我国就出现了第一架“飞行器”。有古语说：“墨子为木鸢，三年而成，蜚（飞）一日而败（坏）。墨子竹雀，飞三日不下。”仅凭古书中寥寥数语的简略记载，人们无法复原这只神奇的“木鸟”。但是可以想见，聪明的古代先祖，可能运用当时技术，制作出了一种可以在空中飞翔的“鸟”。这种鸟用了三年时间才制成，在天上飞行了一天的时间，竹雀则飞了三天而不着陆。至于到底能够飞多远，多长时间，是滑翔式飞行，还是扑翼飞行，就无法得知了。但是，这种飞行的梦想从来就没有中断，而且一直是人类最朴素、最执着的梦想。这里展示的几幅绘画，是借助某些资料而绘制的。飞行的木鸟不是飞行梦的起点，但却是飞行梦的幻化，有梦真好。

知识舷窗

鲁班，被称为中国建筑鼻祖和木匠鼻祖。鲁国（今山东滕州市）人，是我国古代的一位出色的发明家，两千多年以来，他的名字和有关他的故事，一直在广大人民群众中流传。鲁班奖全称为中国建筑工程鲁班奖，创立于1987年，是国内建筑行业工程质量最高荣誉奖。

1「制作飞行木鸟场景图一」

2「制作飞行木鸟场景图二」

3「飞行木鸟」

徐徐道来

木鸟在古代的传说中比较符合鸟的造型，绘画时主要分为木鸟的两翼、鸟身、尾翼三大主要部分，突出了“木”和“鸟”两个外形特点。木鸟的连接部分画得比较重、对比强烈，目的是突出木鸟的结构关系；两翼画的比较轻薄，目的是让木鸟变得比较轻盈。画面中添加了人物创造的场景，突出了创作的艰辛。

旋转的竹蜻蜓

身份证

名　　称：竹蜻蜓

别　　名：中国陀螺

发 源 地：中国

发 明 者：不详

发明时间：晋朝（大约）

微故事

竹蜻蜓是现代直升机的雏形，由两部分组成。一是竹柄，用一根竹片削成长20厘米、直径0.4厘米左右的竹竿（柄）；二是"翅膀"，将一长18至20厘米、宽2厘米、厚0.3厘米的竹片，中间打一个直径4至5毫米的小圆孔，用于安装竹柄；然后在小孔两边对称地各削一个斜面，以起到让竹蜻蜓随空气漩涡上升的作用。翅膀做好后，将竹柄插入小孔中。玩时，用双手手掌夹住竹柄，快速一搓，双手一松，竹蜻蜓就飞向了天空。

从竹蜻蜓的飞行中，可以看到最原始的"螺旋桨"，依靠螺旋桨的旋转，就可以飞起来。这与现代直升机的起飞方式类似。

知识舷窗

竹蜻蜓的叶片和水平旋转面之间有一个倾角（这个倾斜角度是可以调整的）。

当旋翼旋转时，旋转的叶片将空气向下推，形成一股强风，而空气也给竹蜻蜓一股向上的反作用力，即升力。这股升力随着叶片的倾斜角而改变，倾角大升力就大，倾角小升力也小。当升力大于竹蜻蜓自身的重量时，竹蜻蜓便向上飞起。竹蜻蜓的飞行原理与直升机的飞行原理是相同的。

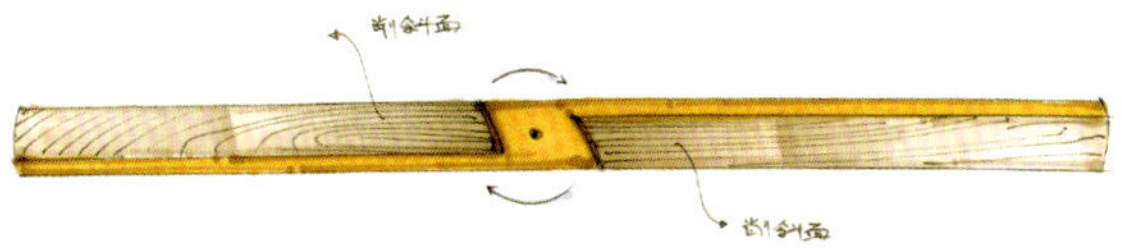

「竹蜻蜓的翅膀」

「单翅膀竹蜻蜓」

「多翅膀竹蜻蜓」

「用手一搓，竹蜻蜓就飞起来了」

「旋转的竹蜻蜓」

徐徐道来

竹蜻蜓主要有两翼与三翼的区别，都是用手搓动旋转飞行，实现真正的升空。绘制两翼的竹蜻蜓时，可以将斜面表示清楚一些，看到斜面与竹面的结构（用竹片制作的竹蜻蜓），同时将纹理的对比表示清楚，丰富画面。三翼的竹蜻蜓连接结构稍微复杂一些，应注意连接的合理逻辑性。三翼的竹蜻蜓基本用木材制作而成，表现时，应抓住木纹纹理的视觉形象重点刻画。在手的表达上，增加了一些关节细纹，画面相对细腻，与木质粗糙画面形成鲜明对比。

坐地升空的栲栳椅

身份证

名　　称：	栲栳椅
别　　名：	圈手椅
发 源 地：	中国
发 明 者：	徐正明
发明时间：	明朝（大约）

微故事

栲栳椅是古人设想的又一种飞天工具。与风筝和木鸟不同的是，这种“飞行器”更类似于现在的直升机。传说，吴县梅杜人徐正明是个穷工匠，家境贫寒，经常“缸无粒米”、“社火不举”。但他整天埋头画图设计，亲手制造各种器械。他看到苏州地区河川纵横，港汊甚多，陆路交通不便，便产生了制造“飞车”、给人们提供空中交通工具的设想。一年多含辛茹苦的绘图设计之后，便是夜以继日的紧张制作。由于开销巨大，他只好出外做工赚钱。赚了钱返回家中，又继续造“飞车”。就这样，断断续续用去十年的心血和精力，终于造出一辆“飞车”，其外形如栲栳椅，“下有机关，齿牙错合”，“人坐椅中，以两足击板，上下之机，转风旋急”，“飞车”终于“离地数尺余，飞渡港汊”。看来，大概是用双足踏动踏板，通过增速齿轮带动竹蜻蜓似的旋翼旋转，从而产生升力，使“飞车”腾空而起，这简直就是一架人力直升机。可惜的是，由于这种“飞行器”百无一用，徐正明死后，他妻子把他精心制作的栲栳车烧掉了。

「栲栳椅的齿轮传动装置」

「栲栳椅」

「万户飞天飞天图」

徐徐道来

栲栳椅的绘制主要用到明式椅的造型，添加了螺旋桨的动力输出；同时用齿轮与连杆简单地将动力传动装置表示出来，让简洁的明式椅具有了螺旋动力的可能。绘画时需将这些结构表示清晰，以示科学，同时应画出明式椅的颜色与质感。万户升空的这张图主要是人物动态刻画，通过以风筝作为滑翔保障的万户，以及椅子上的成捆的大箭，相对准确地描绘出史书上记载的万户升空的场景。

沉重的翅膀

身份证

名　　称：扑翼机

别　　名：振翼机

发 源 地：意大利

发 明 者：达·芬奇

发明时间：15世纪（大约）

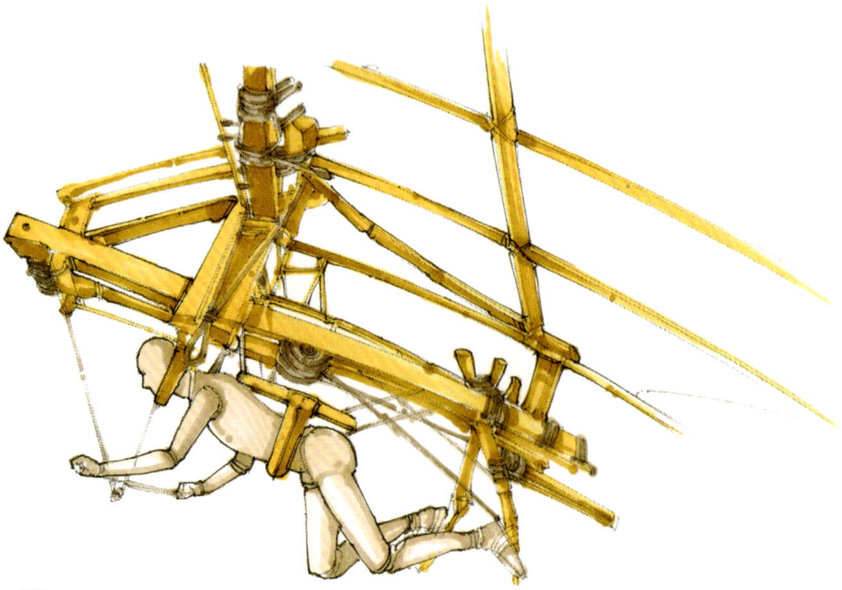

微故事

现在公认的航空科学的开创者是文艺复兴时期的达·芬奇。达·芬奇是艺术大师，是雕刻家、音乐家、数学家、发明家等。然而，在达·芬奇去世500年后，人们才认识到他曾经醉心于研究鸟类飞行，并从中受到启迪，发明了空气螺旋桨，制作了直升机模型，设计了扑翼机。

在相当长的时间内，人们一直认为模仿鸟类飞行是实现人类飞行梦想的理想之路。达·芬奇仔细观察了鸟类的飞行，并认为“鸟是一架按数学原理工作的机器，人有能力仿制这种机器，包括它的全部运动。”他相信“一个带有足够大的翅膀并正确安装的人将会学到如何克服空气阻力，征服天空，成功地调节翅膀并飞入天空。”达·芬奇设计的飞行器能够像鸟一样煽动翅膀，希望借助翅膀煽动的力量升空。当然，达·芬奇并没有制造出真正的扑翼机。

最早的扑翼机也许就是英国的修道士罗杰·培根在1250年发表的《工艺和自然的奥秘》一文中所记述的：“供飞行用的机器，上坐一人，靠驱动器械使人造翅膀上下扑打空气，尽可能地模仿鸟的动作飞行。”

试图设计制造扑翼机的不止达·芬奇和培根，但是实践证明，借助扑翼机升空只是一个美丽的梦想。

知识舷窗

文艺复兴是14世纪中叶至17世纪初在欧洲发生的思想文化运动，带来一段科学与艺术革命时期，揭开了近代欧洲历史的序幕，被认为是中古时代和近代的分界。文艺复兴的核心是人文主义精神。人文主义精神的核心是提出以人为中心而不是以神为中心，肯定人的价值和尊严。主张人生的目的是追求现实生活中的幸福，倡导个性解放，反对愚昧迷信的神学思想，认为人是现实生活的创造者和主人。

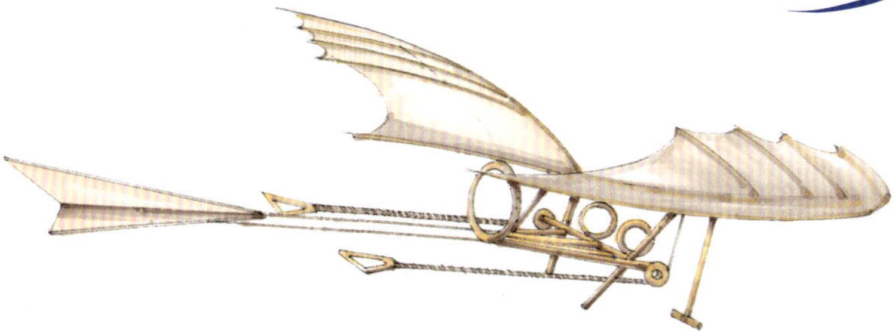

「达·芬奇设计的扑翼机之一」

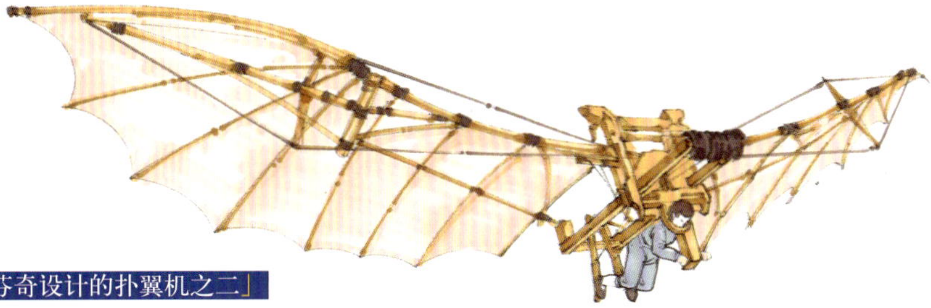

「达·芬奇设计的扑翼机之二」

「蝙蝠飞机」

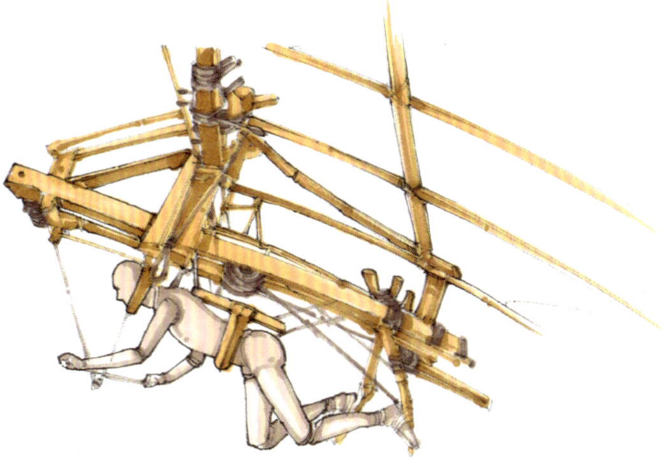

「达·芬奇设计的扑翼机之三」

徐徐道来

这几幅扑翼机的结构图虽是想象之作，但结构逻辑颇为合理，具备了飞行动力的可能。画面中的两翼相对轻薄，在当时应该是框架蒙皮结构。刻画时，应该着重表现框架，后面的局部结构示意图则主要表现木质框架的结构与连接，体现科学的逻辑性；皮质的面片结构用色相对浅。木质框架的体积感非常有助于丰富画面，同时适当的人物比例也从另一个方面来表现这架机器的合理性。

艰难的升空

在人类升空的探索中，热气球成为最早的选择，早在汉代便有孔明灯出现。然而真正升空的热气球和飞艇出现在欧洲，出现在孕育了近代科学的土地上。更为重要的是，经过航空先驱的长期努力，终于窥探到飞翔的秘密，告别了单纯模仿鸟类的思维禁锢，一种与鸟飞行完全不同的飞行方式——滑翔机逐渐浮出水面。虽然滑翔机还是无动力飞行，但其依赖机翼的升力来飞行，已经具备了现代飞行器的一些特征。然而，飞行道路依然艰难，需要人们加倍地努力，甚至付出生命的代价。蝙蝠侠李林达尔就献身于他为之疯狂的滑翔飞行。

从绘画的角度看，气球和飞艇可以归为一类，都是简单的椭球型，线条简洁、圆润，色彩丰富；而滑翔机则完全不同，需要从多角度表现其独特的结构，但应该把生硬的机器变得柔和一些，赋予它艺术的灵气。这也是在所有飞行器绘制中应该把握的原则。

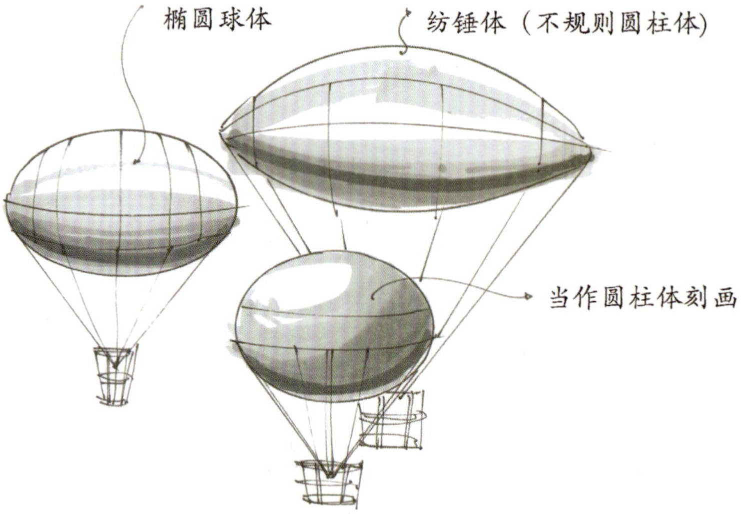

热气球类飞行器都由硕大的装气设备与载人装置组成，通常看作圆球体或圆柱体去刻画体积

知识舷窗

热气球就是用热空气作为浮升气体的气球。通常，在气囊底部有一个加热冷空气的大开口和吊篮。空气加热后密度减小，温度达100° C时密度约为空气密度的77%，热气球因而产生升力升空。但是，由于随着高度的增加，空气密度也在减小，所以热气球不可能飞得很高。早期的热气球结构简单，操控性也比较差。

硕大的气球

身份证

名　　称：热气球

国　　别：法国

发 明 者：蒙哥尔费

发明时间：1782年

直　　径：33米（约）

升空高度：100米（约）

飞行时间：25分钟

微故事

据说，热气球最早由三国时期的诸葛亮发明，又称为孔明灯。当年，诸葛孔明被司马懿围困于阳平，无法派兵出城求救。孔明算准风向，制成会飘浮的纸灯笼，系上求救的信息，城外得到信息后，派出救兵解围，孔明得以脱身。诸葛亮是东汉末年人，也就是公元二世纪到公元三世纪，因此，一般认为热气球发明于那个时代。

1782年，法国的蒙哥尔费兄弟利用点燃麦秸后产生的热气，试飞成功世界第一只热气球！第二年，蒙哥尔费兄弟制作了一只直径11米的热气球，在巴黎昂诺内广场上进行公开飞行表演，用以向法国科学院证明自己的伟大发明。此后，蒙哥尔费兄弟先后进行了多次热气球升空试验，实现了无人升空到搭载动物升空的试验。1783年，蒙哥尔费兄弟制作的一只巨大的气球，搭载两人在巴黎附近布劳钮森林升上天空，他们在100米高空飘飞了25分钟。至此，人类终于飞起来了！

「漂亮的热气球」

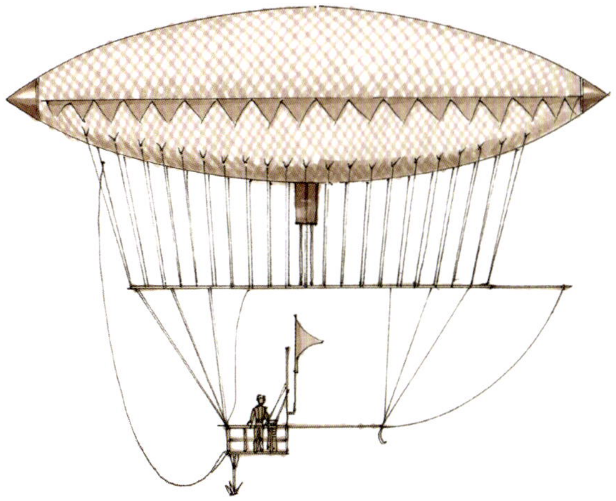

「热气球载人升空」

徐徐道来

热气球的体积感非常的明硕，以硕大的气囊为主要组成部分。气囊基本以球体或椭圆体组成，刻画时应表现出球体或椭圆体的体积；同时用浅色添加气球的装饰纹理，起到丰富画面的功效。气球的整体美感主要是线与面的构成形式，刻画时应将线刻画得比较清楚，以体现线面造型的平衡性。

飞不起来的飞机

身份证

名　　称：	空中蒸汽车
国　　别：	英国
发 明 者：	威廉姆·汉森
发明时间：	1843年
翼　　展：	45.72米
单翼面积：	430平方米
总 质 量：	1 350千克
动力装置：	蒸汽机1台，18.4～22.1千瓦

微故事

1843年，英国航空先驱威廉姆·汉森获得了历史上第一个飞机设计专利，这时距机真正发明还有50年的漫长岁月。该专利的名称是“用于空中、陆地和海上的蒸汽动力装置”。这个颇为冗长的名字中还没有飞机的影子，但是，汉森和他的助手斯特林·费罗通过“空中蒸汽车”计划，参考航空先驱凯利的航空力学理论，合力制作了模型动力飞机。制作完成后，于1845年6月17日，进行了首次地面试验。1847年，飞机模型作了试飞，但是由于无法支持本身的质量，模型在弹射后便慢慢地落回地面。1848年，改进后的模型飞机成功地飞行了约20米。这是人类对飞机所作的最早期的研究试验之一。

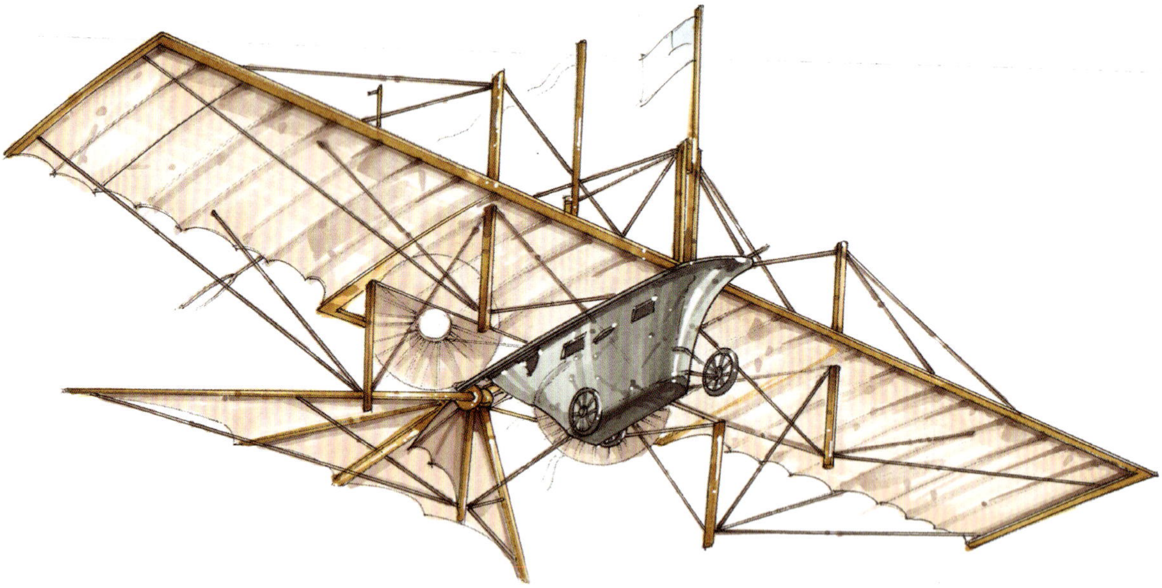

知识舷窗

飞行器是指在大气层外空间或大气层内飞行的器械。在大气层外空间（太空）飞行的飞行器称为航天器；在大气层内飞行的飞行器，称为航空器，又可进一步分为轻于空气的航空器和重于空气的航空器两大类，还可进一步细分，如右图。

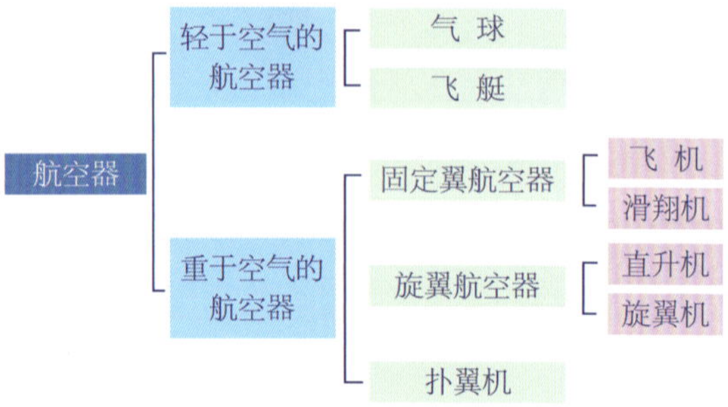

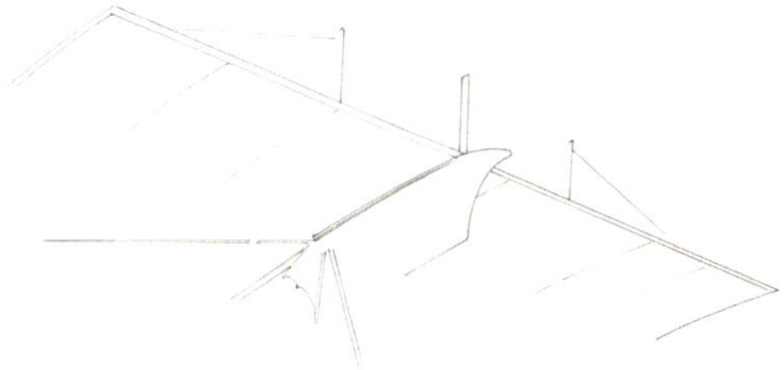

1

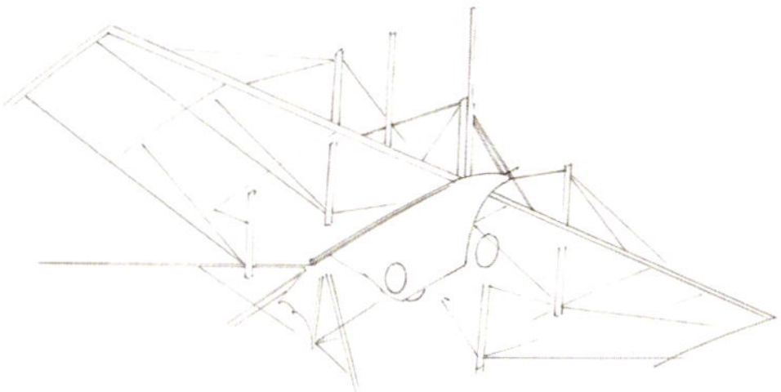

2

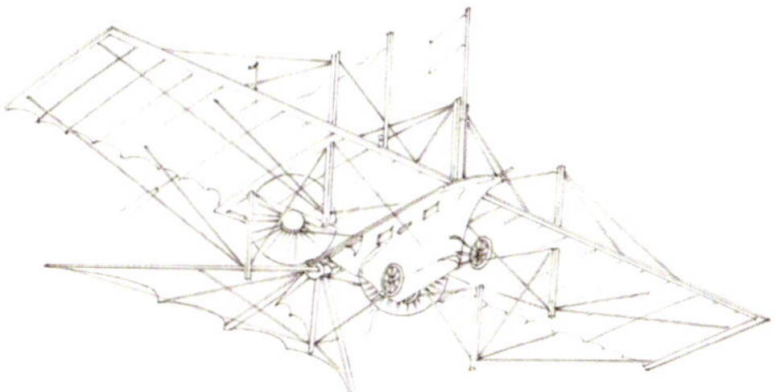

3

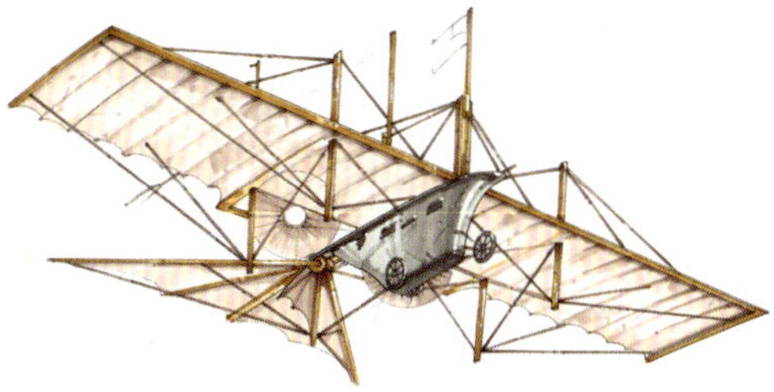

8

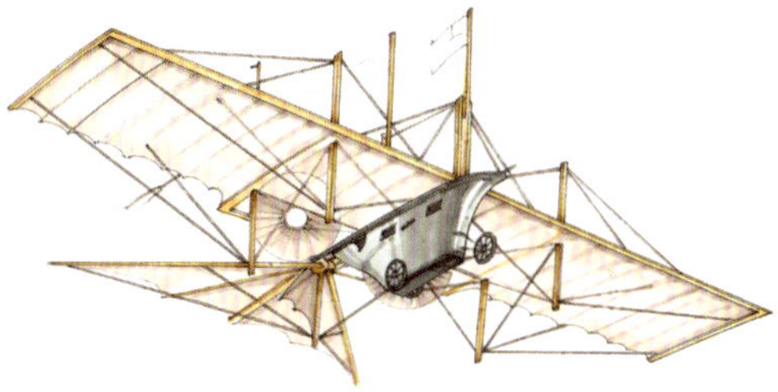

7

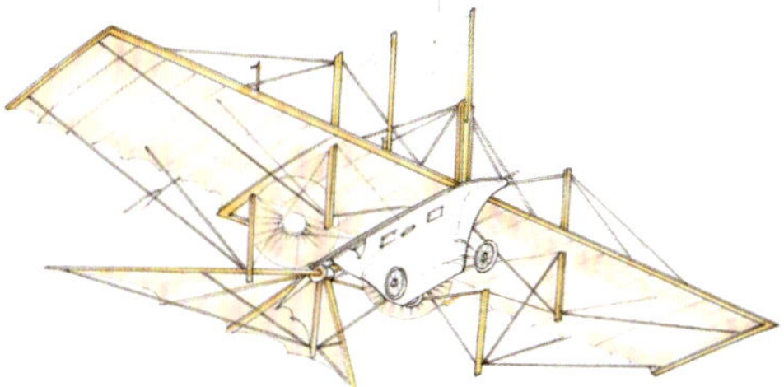

4

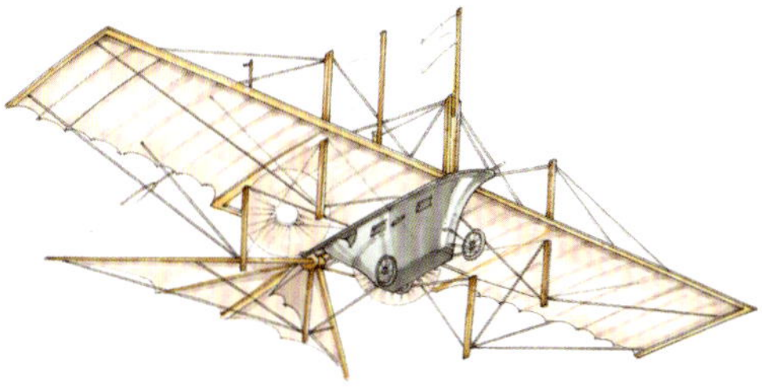

6

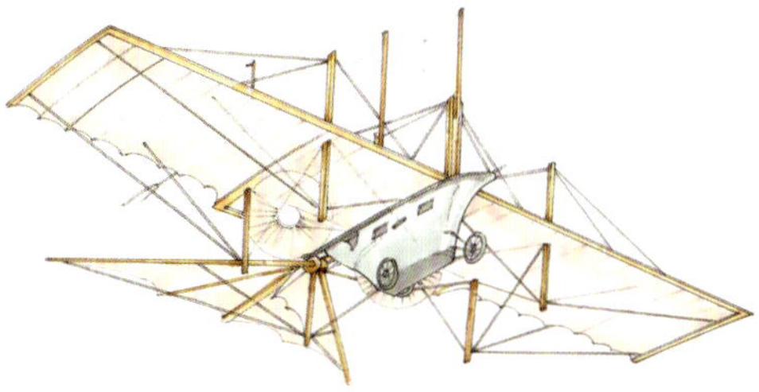

5

徐徐道来

空中蒸汽车在画法上重点强调了线，也就是飞行器的结构与组合框架。早期的飞行器制作工艺没有那么精巧，框架蒙皮的结构很多。和画风筝一样，首先将框架和连接线的位置与顺序理清，用色较深，突出结构框架。这时，飞行器的框架线对比已经很强烈，所以面上蒙皮的对比就应弱一些，外层蒙皮则用色较浅，整架飞行器看起来整洁清晰。飞行器的载人马车部位色调最重，突出质感，起到了稳定画面的作用。

飘荡的飞翔

身份证

名　　称：滑翔机

发 明 者：奥托·李林达尔

国　　别：德国

发明时间：19世纪90年代

翼　　展：5.5米（约）

飞行距离：300~1 000米

动力装置：无

微故事

李林达尔是人类历史上第一个完成有充分证据的、能重复滑翔飞行的人。李林达尔很早就认真地观察鸟类的飞行，并对鸟的飞行进行精准的研究，撰写了《作为航空基础的鸟类飞行》专著，该书后来被认为是航空科学的基础著作。李林达尔制作了许多滑翔机，并且经常进行滑翔飞行。他对飞行简直达到了着魔的程度，也因此经常遍体鳞伤。1896年8月9日，他在试飞11号滑翔机时，开始阶段似乎一切正常，但几分钟后，一阵大风突然刮来，将滑翔机吹得失去了控制，李林达尔从17米高处重重地摔在地上，脊椎折断，第二天在柏林一家诊所不治身亡。临死前，他对周围人留下的最后一句话是“必须有人为此做出牺牲”。除了研究飞行，作为工程师的李林达尔还是一个发明家，1877年获得矿用机械的专利，这是李林达尔一生获得23项专利（其中4项是航空专利）中的第一项。

知识舷窗

滑翔机是一种没有动力装置，是重于空气的固定翼航空器。它可以由飞机拖曳起飞，也可用绞盘车或汽车牵引起飞，更初级的还可从高处的斜坡上下滑到空中。在无风情况下，滑翔机在下滑飞行中依靠自身重力的分量获得前进动力，这种损失高度的无动力下滑飞行称滑翔。在上升气流中，滑翔机可像老鹰展翅那样平飞或升高，通常称为翱翔。滑翔和翱翔是滑翔机的基本飞行方式。

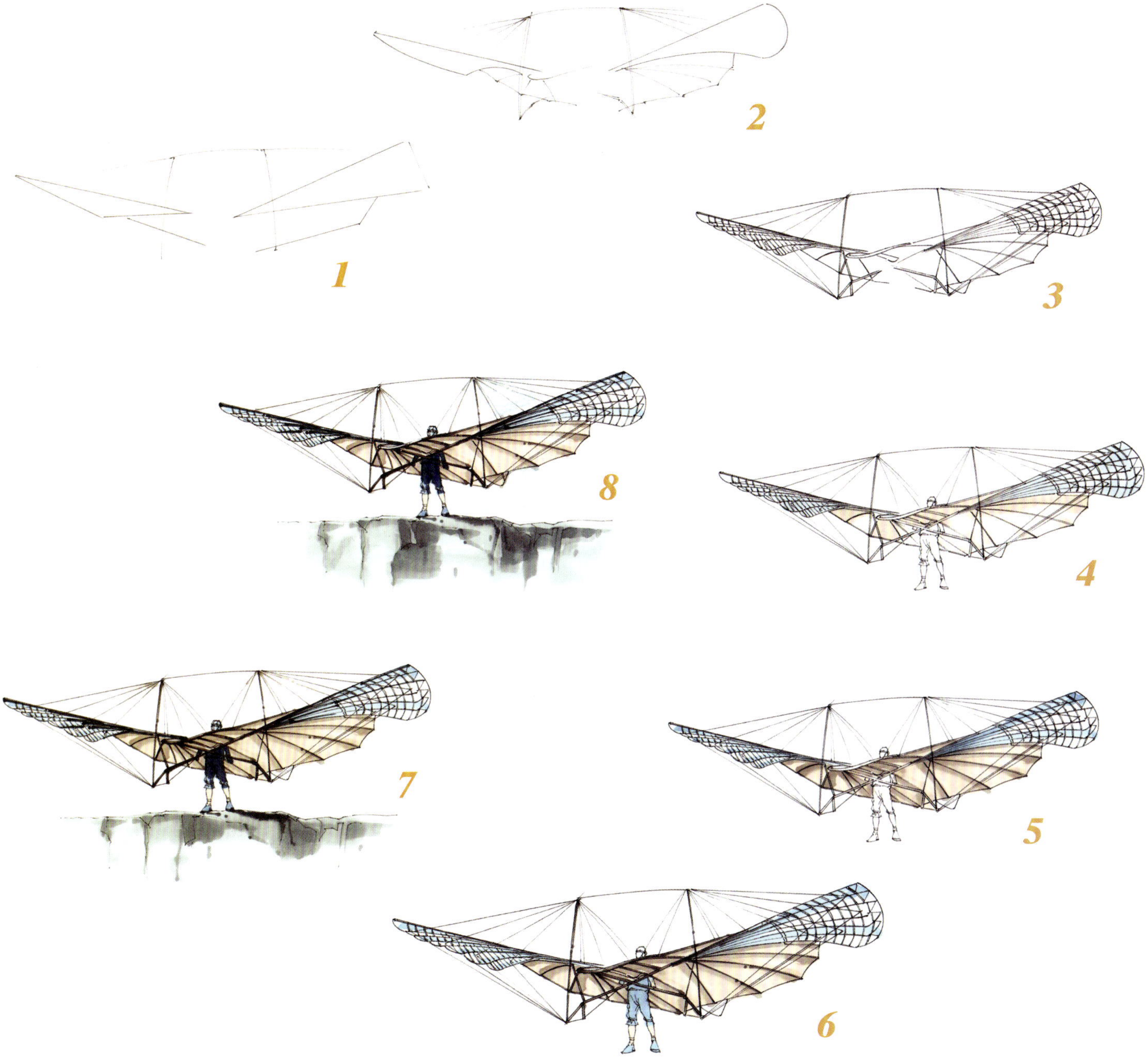

徐徐道来

李林达尔的滑翔翼很像大鸟的翅膀，为框架蒙皮结构。框架线就是翅膀的结构基础，必须抓住这个重点才能够将主体结构刻画清楚。蒙皮的刻画一般用色较浅。为了突出滑翔翼的实景，我们特地绘制了高处山崖的环境，明暗层次表达出山崖的高度与层次，体现了李林达尔在做滑翔飞行试验时所蕴含的巨大风险。

昙花一现的飞艇

身份证

名　　称：“兴登堡”号飞艇

发 明 者：斐迪南·冯·齐柏林

国　　别：德国

发明时间：20世纪30年代

飞 艇 长：244.75米

最大时速：135千米/时

充气类型：氢气

微故事

早在热气球发明的第二年，法国军官芒斯纳埃就设计出一艘飞艇。飞艇以其独特的性价比，曾经称霸蓝天。在众多飞艇中，影响最大的当属齐柏林飞艇。齐柏林飞艇是一种或一系列硬式飞艇的总称，是著名的德国飞艇设计家斐迪南·冯·齐柏林伯爵在20世纪初期设计的。齐柏林本人是一个军人，退役前是陆军中将。齐柏林飞艇不仅飞得高，飞得远，而且是真正投入运营的飞艇。第一次世界大战爆发后，齐柏林飞艇全部应征出战，共有101艘飞艇参战，主要承担远程轰炸和侦察任务。“兴登堡”号是最大的齐柏林飞艇，曾经37次飞越大西洋。1937年5月6日，当“兴登堡”号来到美国新泽西州赫斯特湖飞艇场准备降落时，突然起火爆炸。不到一分钟，这艘名噪一时的空中巨鲸就变成了一堆废墟。这次事件中共有36人遇难。“兴登堡”号的失事给飞艇技术的发展以致命的打击，航空史上辉煌的飞艇时代逐步结束了。现在，飞艇一般用于观光、旅游，或者摄影等。

知识舷窗

飞艇是可操纵的轻于空气的航空器。它由巨大的流线型艇体、位于艇体下面的吊舱、起稳定控制作用的尾面和推进装置组成。根据其材料结构的不同，飞艇可以分为硬式飞艇、软式飞艇和半硬式飞艇。

硬式飞艇的气囊为硬壳式（蜂窝或泡沫夹层结构）或半硬壳式（蒙皮、框、梁、桁条结构），多用于总重100～200吨以上的大型飞艇。软式飞艇的气囊用气密的气球布等材料制成，没有充气时是柔性的、软的，充满浮力气体后变得刚硬。

飞艇获得的升力主要来自其内部充满的比空气轻的气体，如氢气、氦气等。最经常使用的浮力气体是氢气和氦气。氢气容易得到而且便宜，但是可燃，有火灾和爆炸的危险；氦气是惰性气体，非常安全，但是稀有，价格高。

1

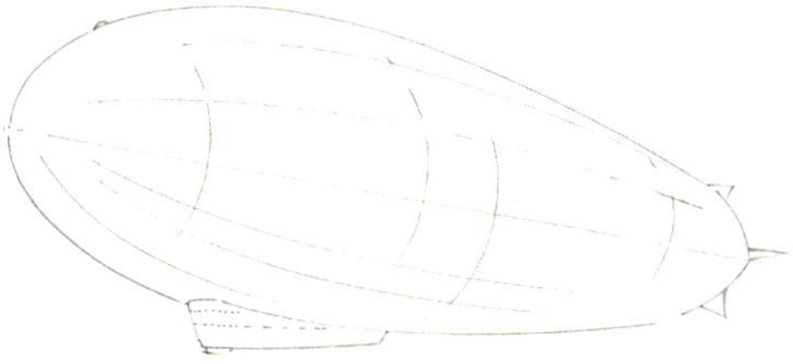

2

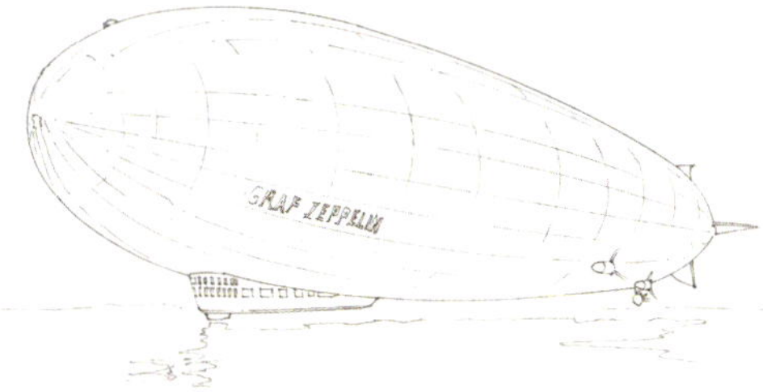

3

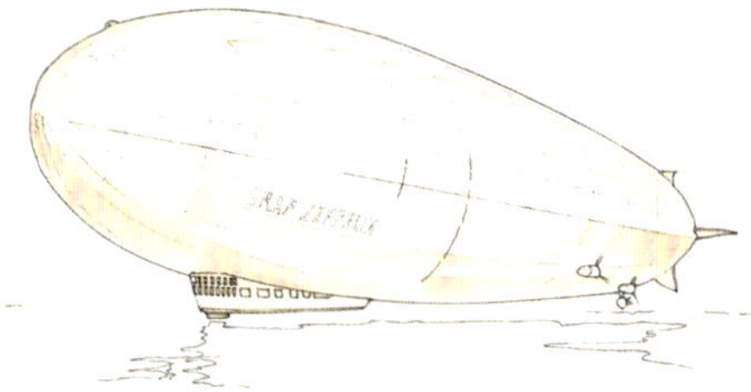

4

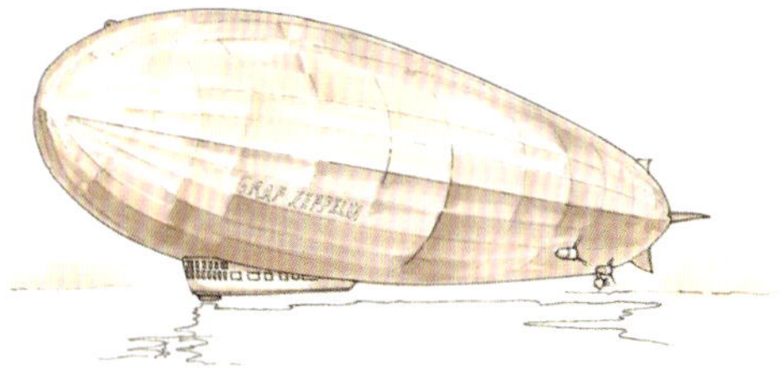

5

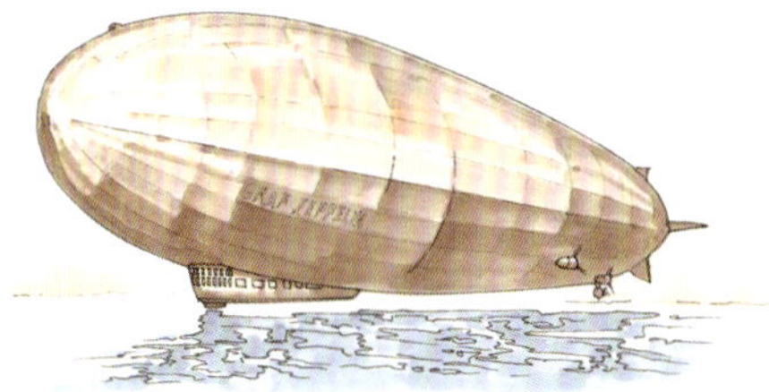

6

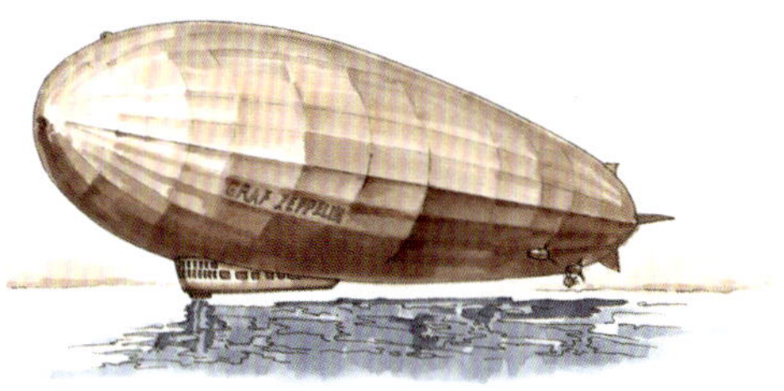

7

8

徐徐道来

齐柏林飞艇的体积巨大，主要是巨大的气囊，载人机箱反而显得较小。从形体上看，飞艇的气囊已经在外表面上通过框架线将椭圆体分割成小块面的关系，颜色层次也分割得非常分明。绘画时，可以直接对应块面的明暗关系涂色，与画面的层次关系相对应，但请注意椭圆体的明暗交接线的位置。水面的处理主要是用线画出水浪的波纹，顺着波纹涂上浅蓝色即可；后面的背景离得较远，可以画得虚一些，以突出远近的空间关系。

Dream

第二章　梦想成真

千年梦想，一朝成真。在无数航空先驱的不懈努力下，人们在付出巨大的代价后，终于摇摇晃晃地飞上了天。自此，飞机走入这个世界，并且在一百多年的岁月中一直是最为吸引人的热点之一。飞机的每一个举动，甚或每一次失事，都会成为世界媒体的焦点，成为人们茶余饭后的谈资。

横空出世的飞机立刻引发全世界的追捧，也激起了更多的勇者投身其中。在刚刚发明的十年中，飞机只是用于飞行表演，并没有带来多大的实惠。但是，无数热血男儿，毅然决然地投身飞行，创造了一个又一个的飞行奇迹。

最让人惊诧的是，对飞机最先发力的地方却是战场。飞机还没有圆梦大众，却首先把人类地面上的厮杀带到了天上，把平静的蓝天变得硝烟弥漫。航空先驱杜蒙晚年郁郁寡欢，最终自尽，缘于自责，因为他看见自己的发明没有用于造福人类，而是被用于杀人。

毋庸置疑的是，飞机改变了战争的形态，战争同样改变了飞机。经过两次世界大战的洗礼，飞机性能成倍地提高，面貌焕然一新。

早期的飞机，可以说是简陋的飞行机器，棱角分明。在绘制这些简陋的机器时，很容易就分解为最基本的圆柱、球、立方体。在风格上，即使早期的战斗机，也是方头方脑的“愣头青”，朴实憨厚，因而绘制时用色朴素，精气内敛；而随着技术的进步，飞机的外形逐渐变化，单翼机之后，为追求更好的气动性能，飞机变得霸气外露，战斗机和运输机展现出来的风格便完全不同了。

一飞冲天

1903年12月17日，“飞行者”1号摇摇晃晃地飞了起来，离地1米，飞行距离36米，飞行时间12秒。这一天被后世确定为飞机诞生的日子，从此人类可以乘坐飞机翱翔蓝天。让人不可思议的是，只过了短短的6年，勇敢的布莱里奥就成功飞越英吉利海峡。早期的飞机非常非常多，奇形怪状的，但是每一架飞机都有自己的特点，绘画时只能分别表达。

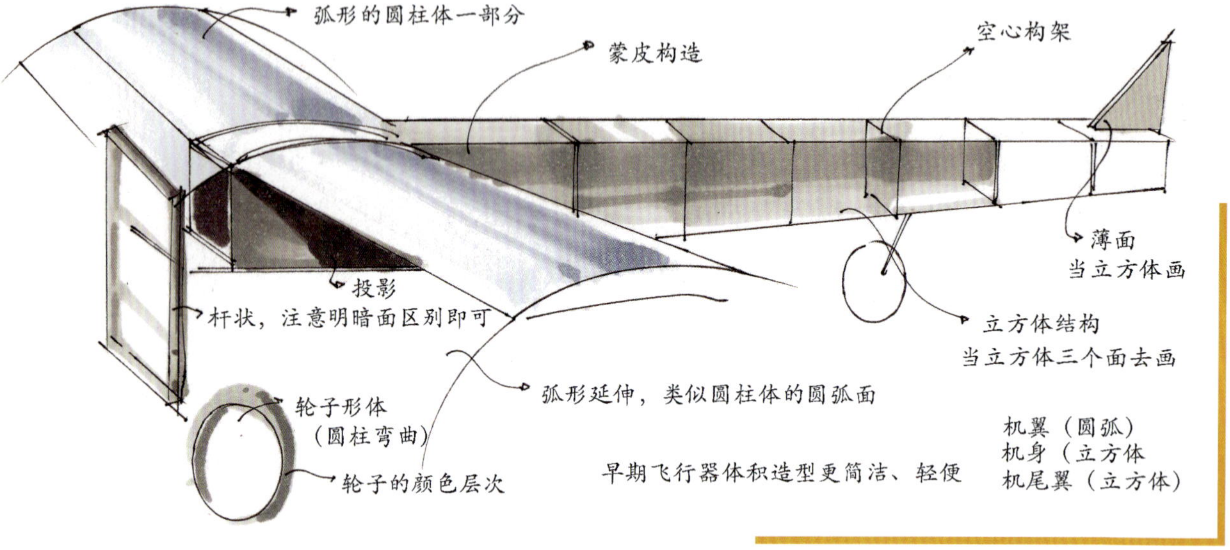

“飞行者”1号

身份证

名　　称：“飞行者”1号

发 明 者：奥维尔·莱特　威尔伯·莱特

国　　籍：美国

发明时间：1903年

机　　长：6.43米

翼　　展：12.3米

翼 面 积：47.4平方米

总 质 量：360千克

动力装置：4缸水冷式汽油活塞发动机

发动机功率：9千瓦

最大时速：135千米/时

飞行时间：12秒

飞行距离：36米

微故事

1903年12月17日，美国莱特兄弟设计制造的“飞行者”1号在北卡罗来纳州的基蒂霍克试飞成功。这一天被后人确定为飞机发明的日子。

其实，莱特兄弟首次试飞充满了艰辛，经过多次延误总算可以正式试飞了。这时，兄弟俩都没有考虑试飞的风险，而是抢着要首次试飞，都想亲身体验人类首飞的激动时刻。最后两人用投硬币的办法来确定谁先飞。结果，哥哥威尔伯·莱特先飞，可惜这次飞行未能成功，还把飞机摔坏了。3天后，即12月17日，由弟弟奥维尔·莱特驾驶修好的飞机，顺利完成人类首次有动力飞行，飞行距离36米，留空时间12秒。短短的12秒，开启了航空时代沉重的大门。

接下来，莱特兄弟又飞了几次，最后一次由哥哥威尔伯·莱特驾驶飞行，飞行距离达260米，留空时间59秒。这是当天最好的飞行记录，也是一个了不起的飞行记录！

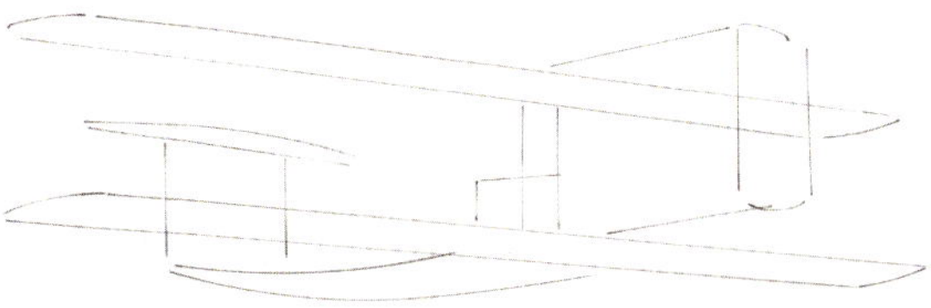

1

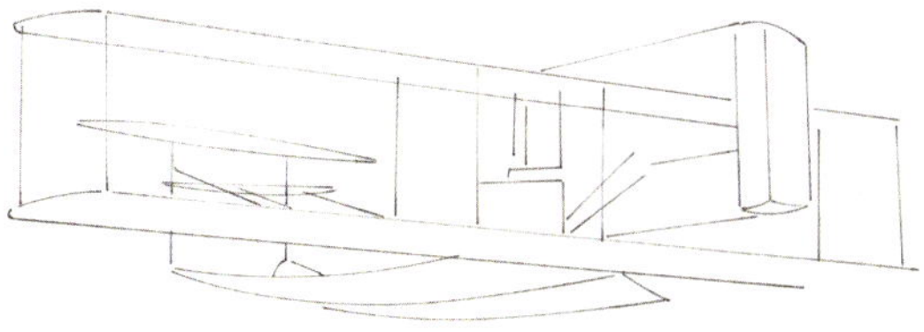

2

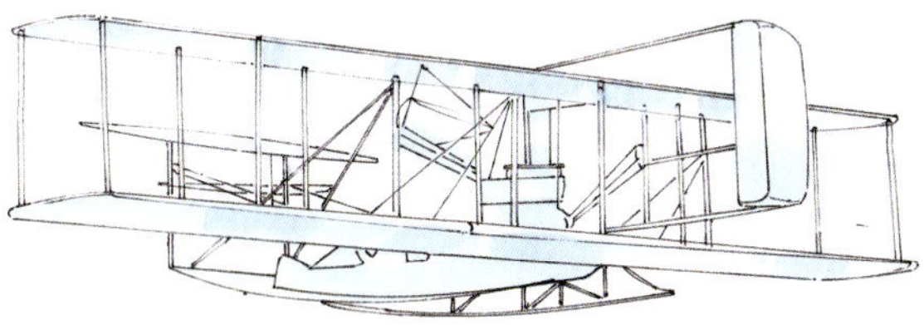

3

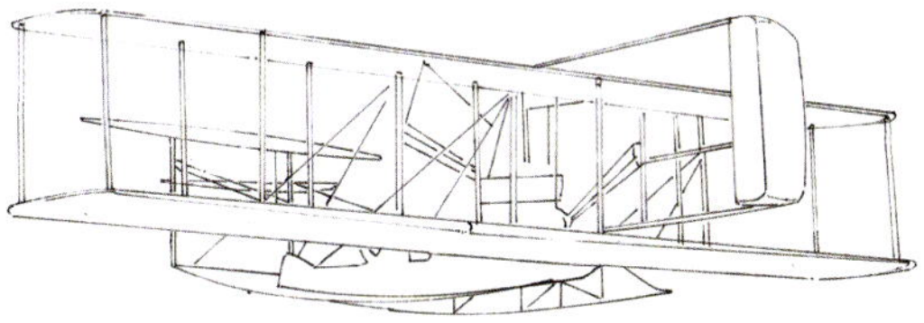

4

5

6

7

8

徐徐道来

莱特兄弟的“飞行者”1号在造型上仍然可以看到很多框架结构。绘画时，需要理清飞机结构的走向，并且安排好框架的上下前后关系，特别是机翼和尾翼等面片结构的明暗分面一定要清晰明了，让读者可以基本摸清飞机的大概构造。

奇形怪状的捕猎鸟

身份证

名　　称：捕猎鸟14比斯

发 明 者：桑托斯·杜蒙

国　　籍：巴西

发明时间：1906年

机　　长：9.7米

翼　　展：11.2米

翼 面 积：52平方米

总 质 量：300千克

动力装置：安托瓦内特8缸水冷发动机

发动机功率：40千瓦

最大时速：40千米/时

飞行时间：21秒

飞行距离：60米

微故事

巴西人杜蒙是早期航空先驱之一，巴西一直认为飞机是杜蒙首先发明的。杜蒙制成的“捕猎鸟”飞机是一架有前翼的盒形双翼风筝式飞机。这架飞机没有多少技术创新，但却把莱特兄弟的飞机、澳大利亚人哈格里夫的盒式风筝、法国人瓦赞的水上滑翔机等的优点集中起来，构成了当时来说是非常完美的机型：机翼在前、盒式风筝形机翼和尾翼、带有上反角的机翼、双叶螺旋桨、张线式加强索，甚至还加装了一对副翼。1906年，杜蒙驾驶“捕猎鸟”的首次飞行是由14号飞艇携带进行的，但是仅离开地面不到10厘米。不过，此后“捕猎鸟”却改名为“14比斯”，也就是14号飞艇的“弟弟”。“14比斯”换装了安托瓦内特8缸水冷发动机后飞行了近60米、离地高度约为2米，成为被官方承认的“欧洲首次持续、有动力、可操纵的飞行”；再次换装50千瓦的发动机后，“14比斯”创造了留空21.2秒、飞行距离220米的记录，最高速度达到37.36千米/时，成为新成立的国际航空联合会（FAI）承认的第一项飞行速度世界纪录。

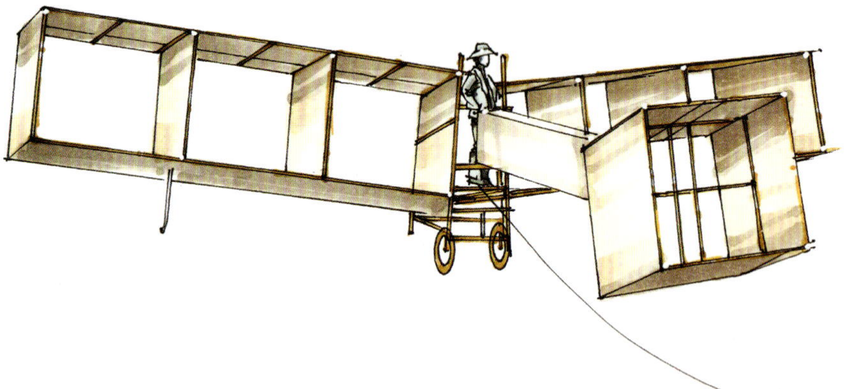

知识舷窗

飞艇和飞机都能在大气中飞行，好像没什么不同，但实际上是两种完全不同的飞行器。首先，飞艇是利用浮力原理升空的，也就是说飞艇中充满轻于空气的气体，气囊因此产生浮力，从而实现升空。而飞机在空气中运动时，借助机翼上下翼面的压力差产生的升力升空。飞艇是轻于空气的飞行器，而飞机是重于空气的飞行器。其次，由于产生升力原理不同，二者的起飞方式也完全不同：飞机一定要达到一定的速度才能起飞，而飞艇则不必，原地就可以起飞；飞机在空中必须保证一定的飞行速度，而飞艇可以悬停于空中。直升机的起降和悬停与飞机和飞艇的又大不相同。因此，飞机速度大，操纵性好；飞艇则留空时间长，速度较慢。

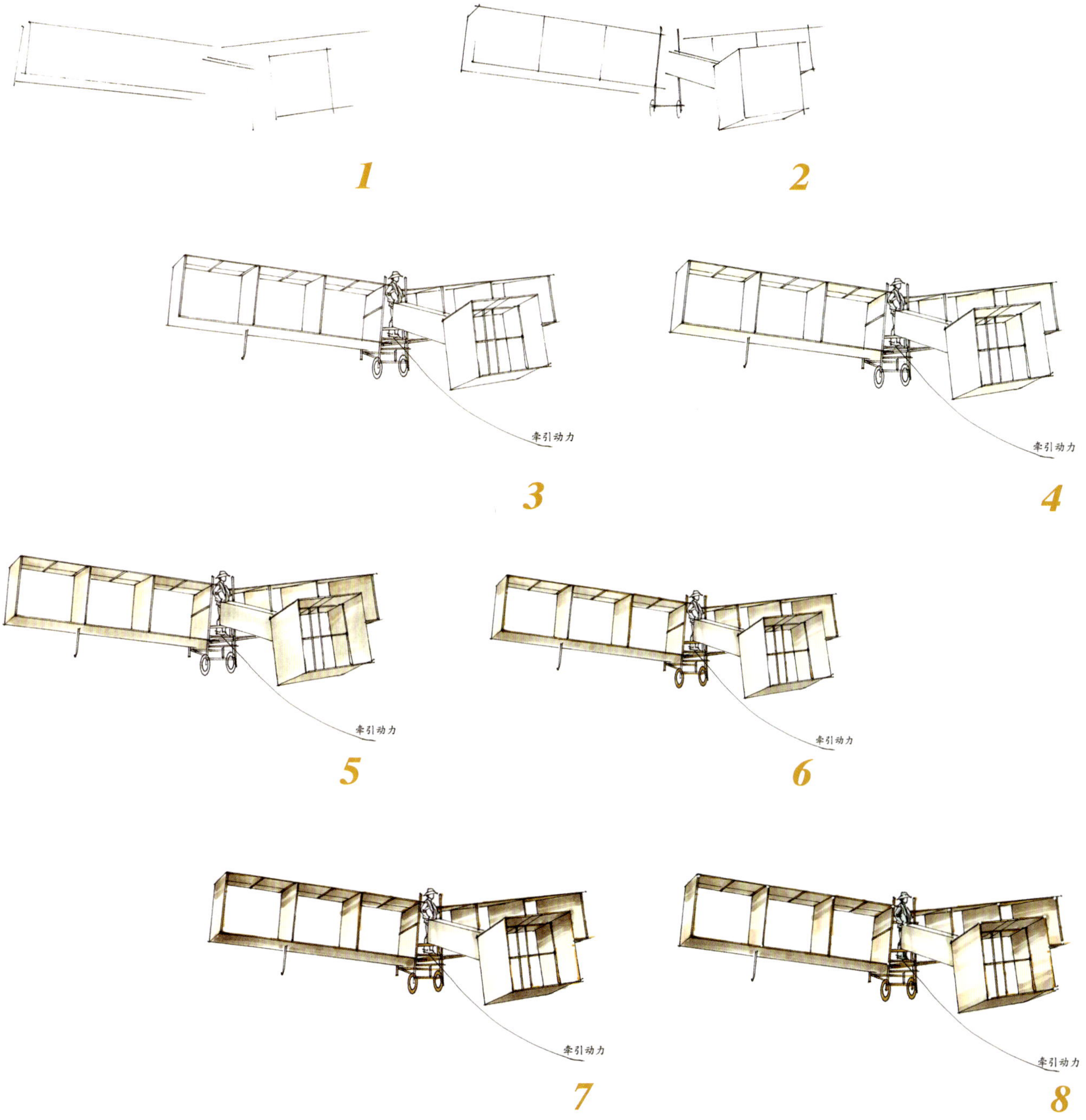

徐徐道来

捕猎鸟主体结构以立方体为主，刻画时应表现出立方体的明暗结构；用笔颜色应表现出色差与层次，同时应注意立方体暗部的透气性处理。

飞越英吉利海峡

身份证

名　　称：布莱里奥X1飞机
飞 行 者：布莱里奥
国　　籍：法国
时　　间：1909年
机　　长：8米
机　　高：2.54米
翼　　展：7.8米
翼 面 积：14平方米
起飞总质量：300千克
最大平飞时速：75千米/时

微故事

飞机发明后，各种飞行表演、飞行探险纷纷上演。而飞越海峡自然成为一项巨大的挑战。1909年7月25日，法国人布莱里奥决定驾机飞越英吉利海峡，他驾驶布莱里奥XI号于4点41分起飞了……

跨越海峡时的飞行速度大约72千米/时，高度仅7米。没有导航设备，他是看着引导驱逐舰来飞行的。但是，飞机速度快，起飞大约10分钟之后，就超过了驱逐舰，等布莱里奥转过头来，想确定航向是否正确时大吃一惊，他看不到引导驱逐舰，也看不到任何海岸和地平线，根本无法判断飞行方向是否正确。幸运的是，过了一会儿，他看到了多佛的峭壁、城堡和向西偏离一定距离的预定着陆点。但是布莱里奥偏离了航线，只能在离海岸不远处沿岸飞行，直到看到预先设定的标志。由于风力很大，着陆是很剧烈的，起落架也损坏了，一个螺旋桨折断了，但布莱里奥没有受伤。整个飞行持续36分钟30秒，飞行距离41.9千米。这场轰动一时的卓越飞行，不仅仅给布莱里奥带来了巨大的荣誉，还赢得了《每日邮报》设立的1 000英镑奖金。

知识舷窗

英吉利海峡，又称拉芒什海峡，是隔离英国与欧洲大陆之间的海峡，是世界上海洋运输最繁忙的海峡，战略地位重要。历史上由于它对西、北欧各国的经济发展曾起过巨大的作用，人们把这两个海峡的水道称为“银色的航道”。自从人类发明了航空器，从空中飞越英吉利海峡就成为飞行家热衷的探险项目。1785年1月7日，法国飞行家布朗夏尔和美国医生杰弗里斯乘氢气球第一次飞越英吉利海峡。

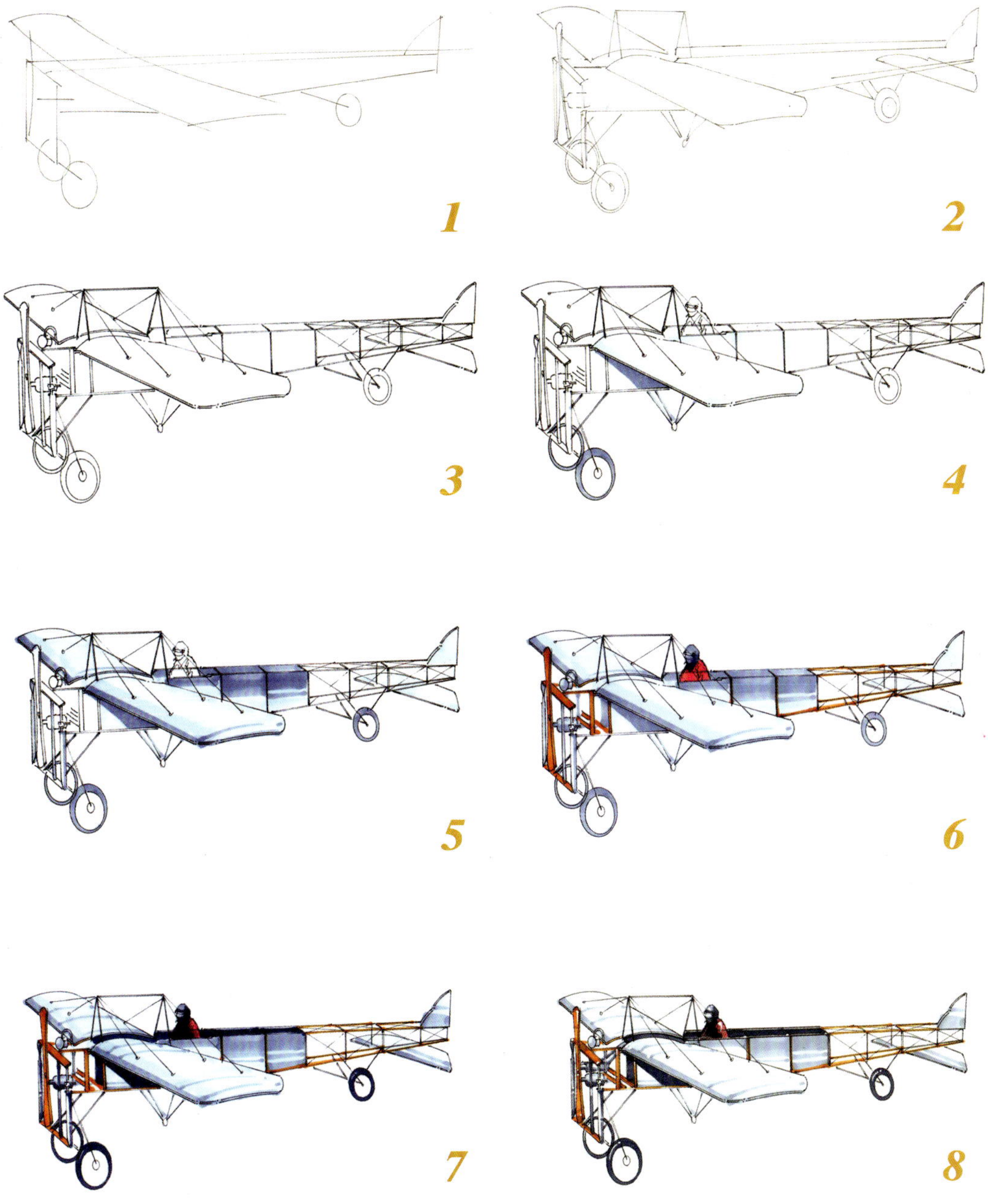

徐徐道来

布莱里奥的这款飞机成功飞越了英吉利海峡，整款飞机的生产工艺已经得到了很大的改进，飞机强烈地体现出线面构成的美学关系。刻画时，应该区分出面、线以及框架线，画出各部位的转折方向与层次结构；轮子的圆型与整体的方形也构成了对比，使整个画面协调自然又不失独特的风格。

碧空硝烟

第一次世界大战爆发后，军人们迫不及待地把简陋的飞机投入战场。本应该造福人类的飞机，转眼间就变成战争利器。飞机一开始还只是用于侦察，很快各种武器就装上飞机，柔美的飞机顿时成为武装到牙齿的怪兽。当然，这期间由于各国政府的大力支持，飞机也得到了千载难逢的发展机会。

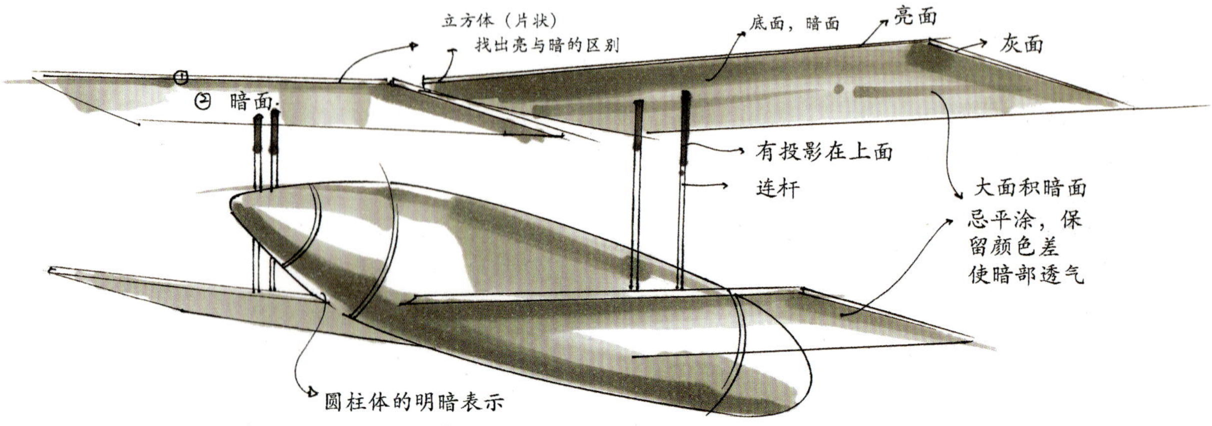

骁勇的信天翁

身份证

名　　称	信天翁D5
国　　别	德国
翼　　展	9米
翼 面 积	21.2平方米
机　　长	7.3米
机　　高	2.7米
起飞总质量	937千克
最大平飞时速	186千米/时
实用升限	5 700米

微故事

飞机发明后不久即被投入战斗中。最初的空战简单有趣，飞行员升空时，常常会带上几块砖头，用于砸敌机的螺旋桨，或者带上投箭，去射杀敌机飞行员。很快，这种原始的作战方式就被枪弹所代替，碧蓝的天空从此不再平静。“信天翁”是一种单座式战斗机，具有一定的代表性，D5战机装备两挺7.92毫米的机枪。这种型号的飞机进行了大量生产，是第一次世界大战中德国的主要机型之一。第一次世界大战中，头号王牌飞行员是德国人里希特霍芬，他的座机之一就是“信天翁”战机，由于全身漆成红色而被人称为“红武士”、“红男爵”。1916年9月17日，他首次参加空战，击落了一架英国飞机，首开记录。到11月前，他共打下10架飞机，名声鹊起。到1918年4月的20个月里，他总共击落敌机80架，平均每月4架，人称“天才射手”。但是，激烈的空战中没有常胜的英雄。在1918年4月21日的空战中，里希特霍芬被击落阵亡，年仅25岁。

知识舷窗

减少飞机的质量是飞机设计和制造的一个重要目标。飞机设计师们一直在为减少每克质量而努力。但是，飞机结构又必须保证必要的强度，确保飞机的安全。减轻质量最简单的方法是选用比较轻的材料，这也是早期飞机采用木质结构的重要原因。由于木头的强度有限，不久后就被金属结构的飞机取代。但是，为了减小金属的质量，人们想出了很多巧妙的方法，比方说飞机采用蜂窝式桁架结构，既能减少自身质量，又可以保证飞机有足够的强度。

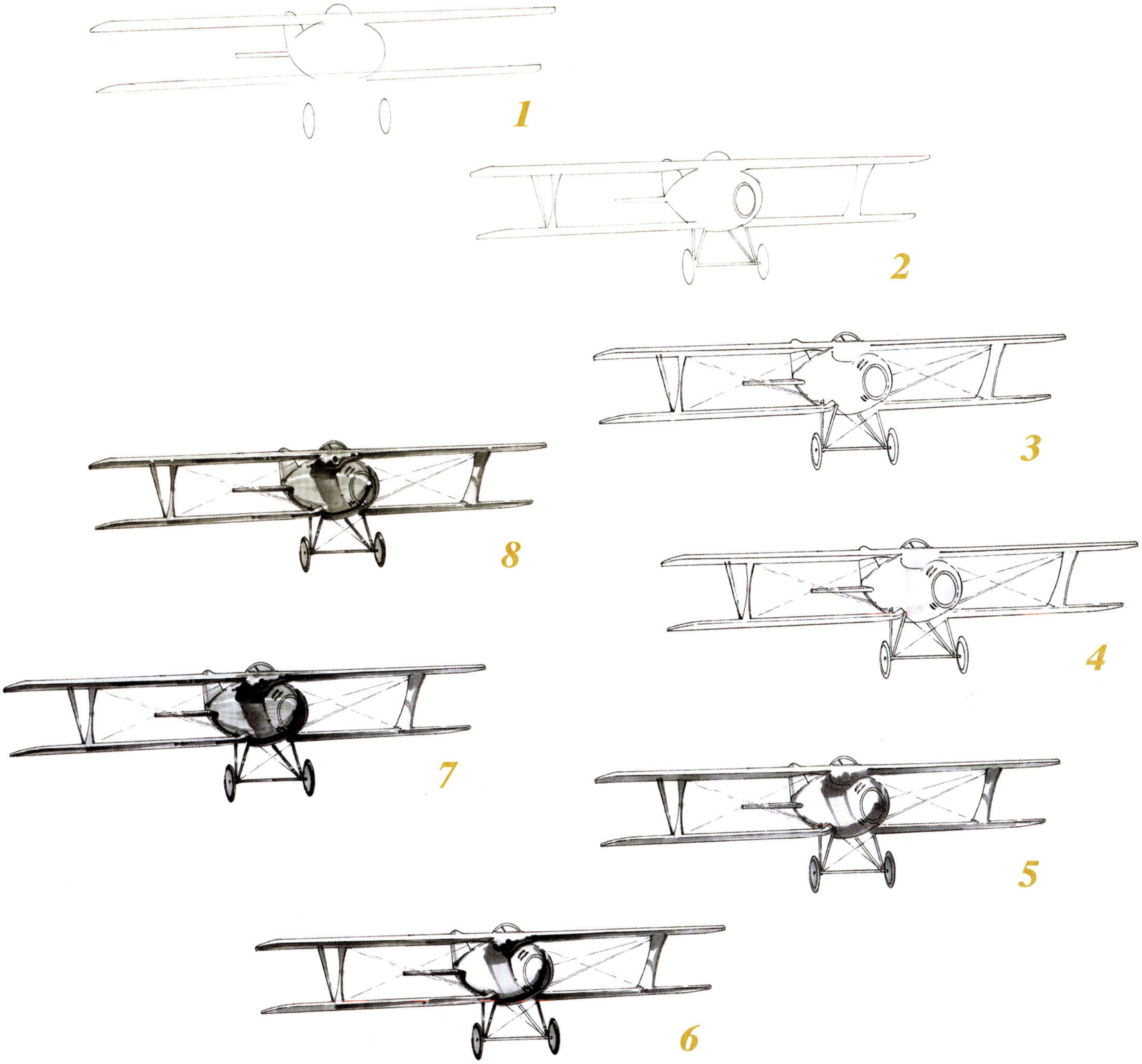

徐徐道来

这款战机的刻画角度比较独特，可表现的面积比较少，重点表现了双翼机的上翼在机身的投影。这个投影首先有逐渐变浅的层次变化，同时有顺着机身转折的圆弧走向，这两点在整个绘画过程中刻画得相对精彩。机身的其他部位表现得相对浅显，但整体的视觉效果已经凸显出来了。我们看这幅画时，会有一种战机迎面而来感觉。

福克灾难

身份证

名　　称：福克EIII

国　　别：德国

翼　　展：9.41米

机　　长：7.3米

机　　高：2.39米

最大起飞质量：610千克

最大平飞速度：140千米/小时

实用升限：3 500米

武器装备：座舱前1～2挺马克沁7.92毫米固定机枪

微故事

加罗斯在第一次世界大战中创造了十多天内击落敌机3架，迫降2架的辉煌纪录，荣获世界上第一个“空中王牌”的称号。第一次世界大战初期，所有战斗机上使用的机枪只能向两侧射击而不能向前方射击，因为前方是飞机的螺旋桨。1915年初，加罗斯找到飞机设计师索尔尼埃，将机枪改装在座舱前的机头上方，并在螺旋桨桨叶上镶上了金属滑弹板！这样，子弹穿过螺旋桨的旋转面射向敌机，打中桨叶的则反弹向四周。这种飞机就可以向前射击了。加罗斯用这种飞机取得了辉煌的战果。不幸的是1915年4月18日，加罗斯照例在德军阵地上空飞行时，飞机在3 000米左右的空中中弹导致发动机熄火。加罗斯本想滑翔飞回自己领空后迫降，可是一阵大风把他的飞机吹到德军防线内。一群德国士兵围上来，把他抓了起来，并缴获了他的战机。德国人把这个战机的整个机头送到在德国工作的荷兰飞机设计师福克那里。不久，福克就为德国制造出一种EI型的改进单翼机。机上装有机枪射击协调器，使用这种飞机后，德国在空战中重新夺回空中优势。从1915年下半年开始，足足好几个月时间，英、法空军被打得狼狈不堪，简直抬不起头来。后人把这段往事称作“福克灾难”。

知识舷窗

机枪射击协调器是由荷兰籍设计师安东尼·福克在48小时内设计出来的，安装在早期螺旋桨战斗机上。协调器的工作原理是：在机械联动装置的末端有一个凸轮，当桨叶即将转到枪口前面时，凸轮受到螺旋桨突出部的撞击，使机枪暂停击发；当桨叶通过枪口时，凸轮回到原来位置，机枪继续射击。有了这种装置，战斗机的机枪可以在螺旋桨后方向前射击而不会打到自己的桨叶。

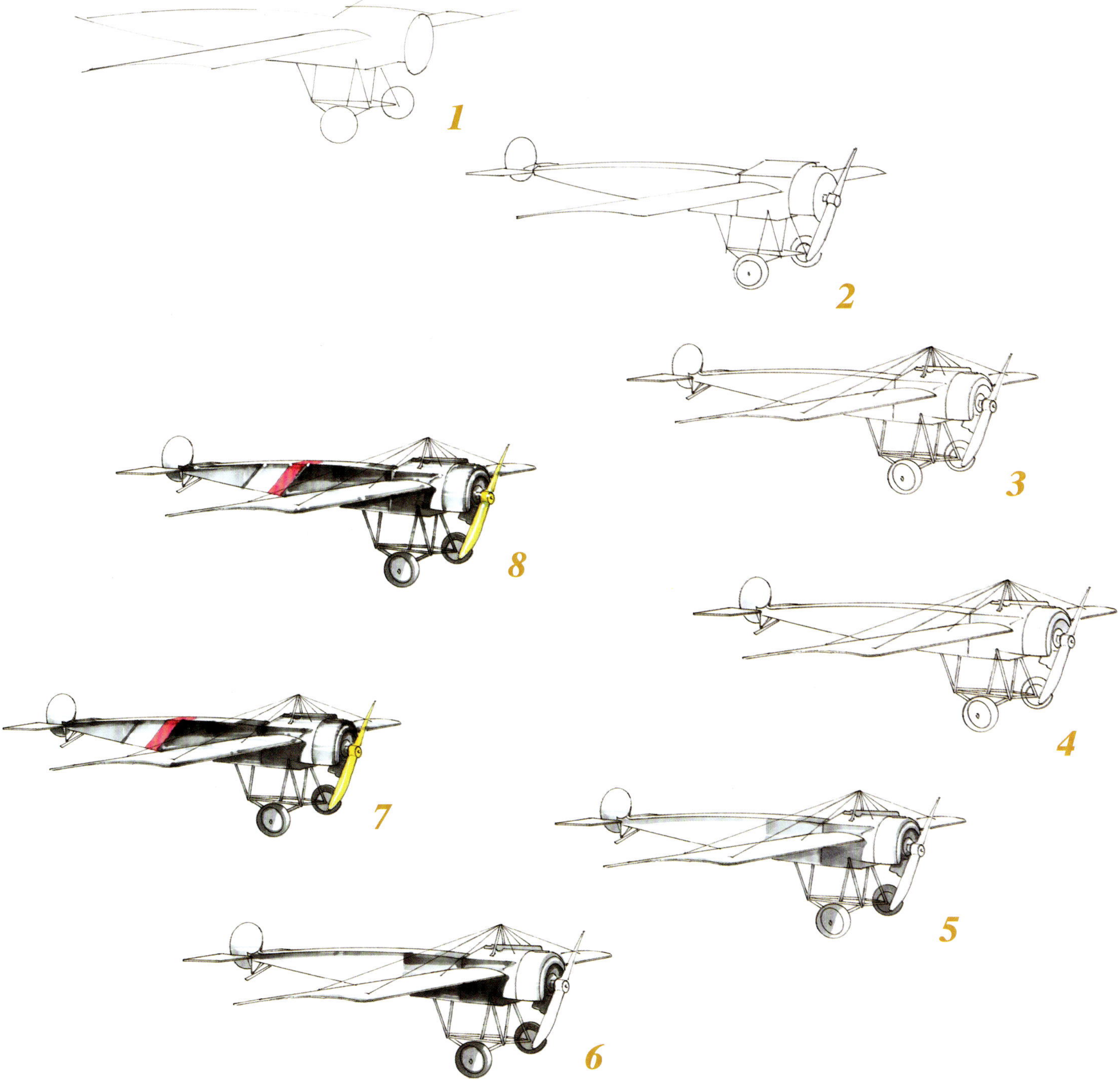

徐徐道来

福克战斗机是早期少有的单翼机。我们可以感觉到福克战斗机的仿生形态，造型轻巧有如蜻蜓般灵活，形体结构非常简洁，螺旋桨处的体积与细节比较多，刻画应相对精细一些。

凶猛的骆驼

身份证

名　　称：“骆驼”F.1

国　　别：英国

翼　　展：8.53米

机　　长：5.72米

机　　高：2.59米

机翼面积：21.46平方米

最大起飞质量：659千克

最大平飞速度：185千米/时

最大载弹量：45.5千克

微故事

英国著名飞机设计师索普维斯设计的“骆驼”战斗机是第一次世界大战期间最成功的战斗机之一。它装有普通的双层机翼，机头处气缸旋转的“克拉盖特”空冷星形活塞发动机却被罩上一副明亮的金属薄壳整流罩，用于减小阻力。由于上层机翼后缘中央开了缺口，方便了飞行员向上观察。“骆驼”飞机在其发动机的上部并列安装两挺机枪，机枪上方各罩有一个凸起的鼓包，如同两只驼峰，所以飞机取名“骆驼”。这种享有盛名的飞机凭借敏捷的盘旋性能和强大的前射火力，曾在1917年7月至1918年11月参战的16个月中共击落敌机1294架，创造了第一次世界大战中单机种战果最高纪录。著名的飞行员乌尔莱特驾驶这架飞机，创造了一天击落6架敌机的亮丽战绩。

知识舷窗

飞机的机动性是指飞机在一定时间内改变飞行速度、飞行高度和飞行方向的能力。显然飞机改变一定速度、高度或方向所需的时间越短，飞机的机动性就越好。在空战中，优良的机动性有利于获得空战的优势。飞机为在短时间内尽快改变运动状态所实施的飞行动作称为飞机的机动动作。飞机的机动动作包括盘旋、滚转、俯冲、筋斗、战斗转弯、急跃升等。但是，飞机的机动性好、反应灵敏，容易因操作过猛造成失速。“骆驼”战机的机动性非常好，这是它取得辉煌战果的原因，同时也是不少飞行员失事的原因。

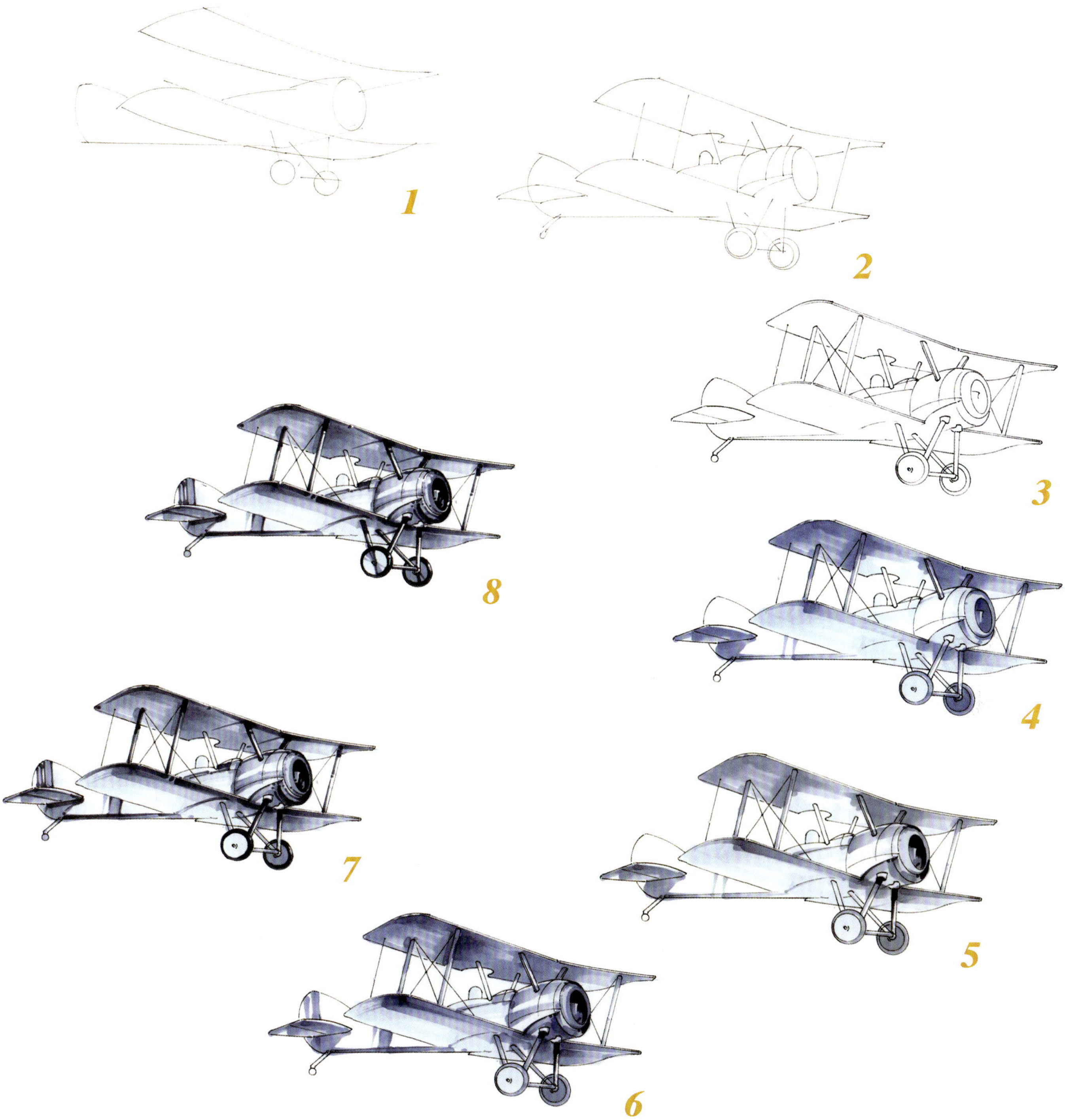

徐徐道来

这架飞机采用仰视的角度来绘制，着重表现战机的底部。双翼机的底部颜色比较灰暗，大面积的暗面刻画需要分清颜色层次，可以用马克笔的色彩渐变表示出暗部的透明空间。应强调刻画双翼之间的连杆体积，因为面积小的连杆的体积很容易被忽略掉。

长空雄风

第二次世界大战是迄今最大规模的战争。这场战争是以空军突袭开始的， 这时的飞机已经成为战争当然的主角之一。立体化战争更加血腥残酷，一通狂轰乱炸便可把繁华的都市夷为平地。飞机模糊了前线与后方的界限，把更多的无辜百姓卷入了战争的漩涡。对于飞机本身来说，在战争的刺激下，再次取得突飞猛进的进步。飞行速度、飞行高度、载重量、机动性都与第一次世界大战不可同日而语。双翼机早已被效率更高的单翼机取代，全金属飞机成为基本型式，反倒是木质的“蚊”式飞机格外另类。更出乎意料的是，螺旋桨飞机竟然走到了尽头，人们已经开始寻找新的动力。

第二次世界大战中的飞机由于速度很快，外形发生了非常大的变化。飞机全封闭起来，基本上都是流线型外形，起落架也收了起来，只有螺旋桨还一如既往。不得不说的是，飞机逐渐从丑小鸭向白天鹅转变，少了尖锐的棱棱角角，多了平滑的连接，不少飞机都具有相当的美感，或者凶悍霸气，或者温润可爱。绘制时，已经不能像初期的飞机那样直接套用基本形体，而是需要更多的小技巧，需要处理的细节更多了。

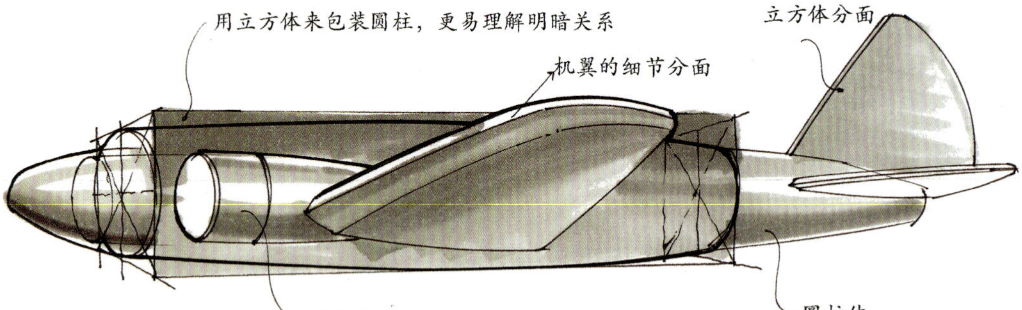

单翼机形体更加流线型，机身（圆柱体与机翼立方体结合得非常紧凑，注意机翼的细节部分）分面

王牌坐骑Me.109

身份证

名　　称：Me.109战斗机（Me.109 G6）	机　　高：3.4米
国　　别：德国	最大起飞质量：3 150千克
翼　　展：9.9米	最大平飞速度：621千米/时
机　　长：9.1米	实用升限：11 750米

知识舷窗

飞机的性能与材料关系非常密切。普通金属材料，刚度和硬度比较理想的，密度就比较大，不适合直接用于飞机。但是，随着飞机技术的发展，早期的木质材料和麻布已经不能满足飞机的各种要求了。高强度铝合金的出现，给飞机提供了一种当时来说最好的材料。铝合金的硬度与合金钢相当，但是密度只有钢的一半左右；也就是说，在保证足够的强度的同时，比钢合金减少一半自重。在第二次世界大战前后，铝合金已经相当普遍地应用到飞机中，大大提升了飞机的性能。

微故事

王牌飞行员都离不开他的座驾，而产生王牌飞行员最多的飞机是第二次世界大战期间德国的Me.109战斗机。在第二次世界大战中，德国空军击落对方飞机数量排前三名的飞行员驾驶的都是Me.109：埃里希·哈特曼（击落352架）、格哈德·巴克霍恩（击落301架）、京特·拉尔（击落275架）。Me.109采用了无支撑下单翼和可收放起落架，全金属结构，在构造上它合理选用了高强度薄铝板和精密压铸件，反映出当时德国工业技术的先进水准。飞机的装甲厚、火力强、速度快、加速俯冲性好，曾创造过螺旋桨飞机陆上飞行速度纪录。在第二次世界大战中，德国空军总战果中有一半以上是Me.109取得的。Me.109从1936年投产，生产延续到1945年，总产量达到33 984架，是世界航空史上为数不多的飞机高产大户之一。这款飞机又称为Bf.109。

1

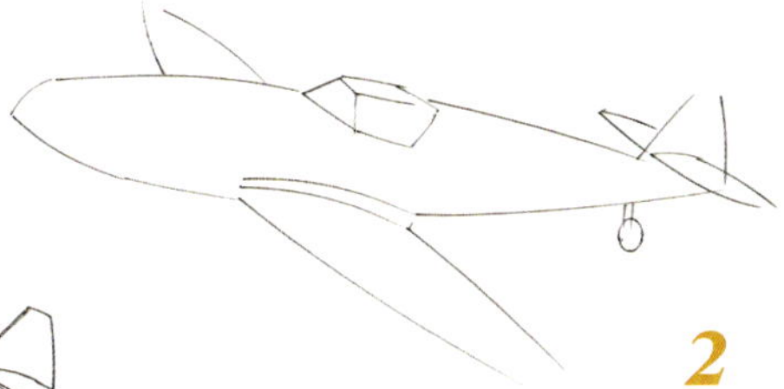

2

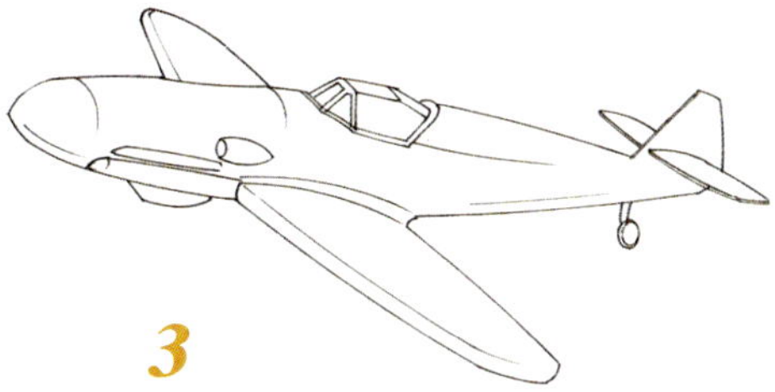

3

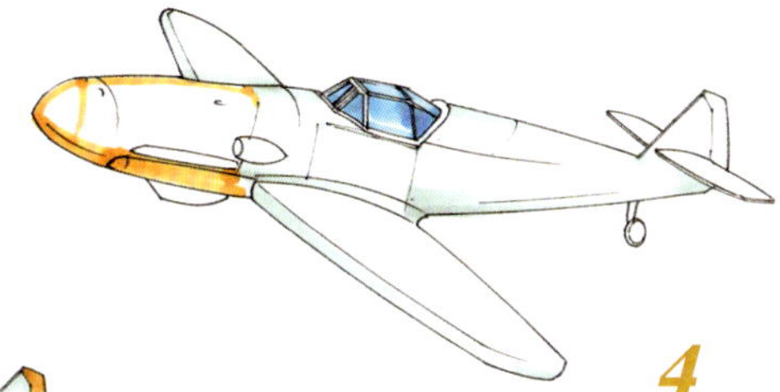

4

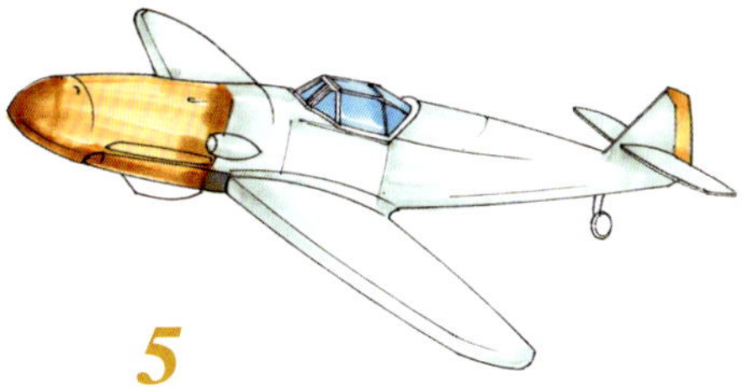

5

6

7

8

徐徐道来

这架飞机的形体可概括为：机身为圆柱体、机翼为面片式立方体造型。刻画时，可以表现出轻微的色调差别，将打底的颜色层次变化表现得微妙一些；变化大的色差主要体现在机体的上下两侧，前段的黄色与后端的灰色连接处的颜色略深，这样能比较好地将颜色统一在一起。为了突出战争的场景，在机身上添加了一些弹痕，从而可将人们带入当年残酷空战场景中。

尖叫的恶魔Ju.87

身份证

名　　称：Ju.87轰炸机(Ju.87 D–1)
国　　别：德国
翼　　展：13.8米
机　　长：11.5米
机　　高：3.9米
最大起飞质量：6 600千克
最大载弹量：1 800千克
最大平飞速度：410千米/时
实用升限：7 300米

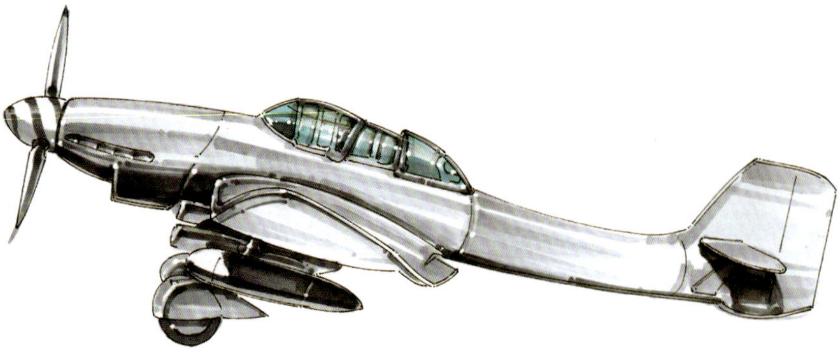

微故事

Ju.87是纳粹德国于第二次世界大战中投入使用的一种俯冲轰炸机。这种机型通称斯图卡，为俯冲轰炸机的德文写法。Ju.87俯冲轰炸机最容易辨认的特征就是它那双弯曲的鸥翼型机翼、固定式的起落架及其独有的尖啸声，这种啸声使人不寒而栗，给人们极大的心理打击。在德国发动闪电战时，Ju.87俯冲轰炸机首当其冲，发挥了巨大的作用。在欧洲，尤其是法国、波兰，“斯图卡”简直就是来自空中的毁灭与死亡的同义词。在1944年6月22日发动的巴巴罗莎计划中，包括俯冲轰炸机290架（以Ju.87为主）。在第一波袭击中，Ju.87主要携带306枚被称为“恶魔之卵”的SD–2球形炸弹，从4 000米的高度向苏联机场俯冲投弹，然后低空退出。SD–2重2千克，有小型控制翼，触地或离地数米爆炸，杀伤半径12米，可撒布50个大碎片和250个小碎片。由于投掷量大，撒布面积广，对集中排列在机场上的飞机破坏效率极高。开战第一天，德国空军共击毁苏联空军飞机1 811架，其中有1 489架击毁于地面。在成功袭击机场，使苏联空军蒙受巨大损失后，德国空军夺取了苏德战场的战略制空权。在1941年这一年里，德国空军对陆军近距支援的作用最为突出。德国陆军在空军的支援下，可以在毫不顾忌苏联空军攻击的条件下进行作战。

知识舷窗

俯冲轰炸机主要是在第二次世界大战中使用。这种轰炸机载弹量比较小，主要用于地面支援轰炸，以高速俯冲方式攻击敌人的地面或水上目标。俯冲轰炸机在攻击敌方目标时，会以与地面超过45度角的方式高速向目标俯冲，在距目标很近的距离上拉起飞机同时投弹。这种投弹方式的优点是，可以在保证投弹速度的情况下尽可能提高命中率。由于投弹高度低，其命中率较水平轰炸机提高了许多。但是，由于俯冲轰炸机需要向目标垂直俯冲，因此极易遭到地面防空火力，如高炮的攻击。Ju.87俯冲轰炸机是最知名的俯冲轰炸机，简直能近乎垂直地俯冲下来投弹，最大允许速度可以达到600千米/时。

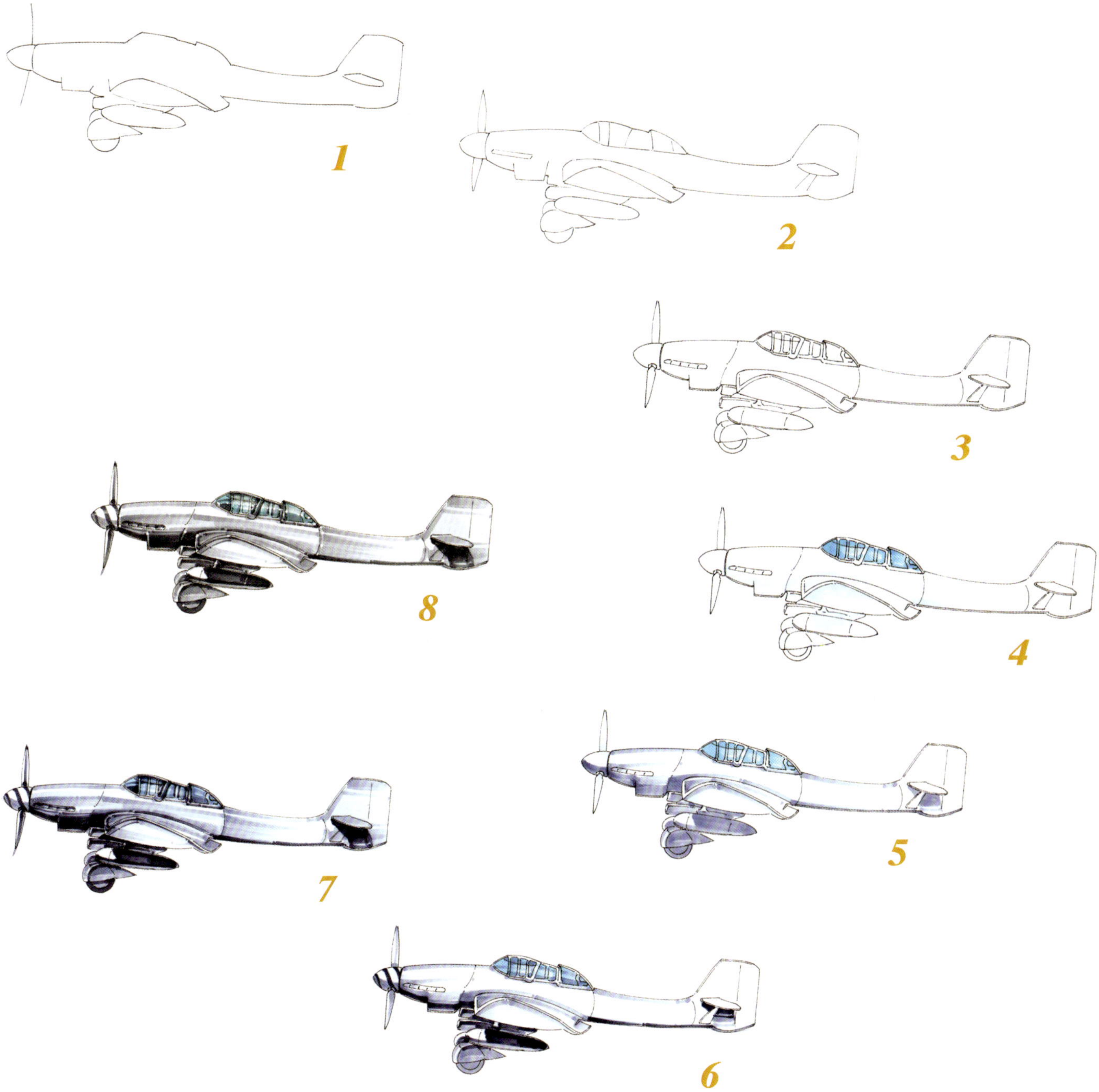

徐徐道来

斯图卡俯冲轰炸机的侧面像一个巨大的鲢鱼，造型优美，线条流畅。画飞机时，应先观察好飞机的形体，从机头处的螺纹锥体开始观察，然后延伸到机身的圆柱体结构走向。画之前，必须理清各处结构的几何体特征，用几何体的绘画方法去完善整个飞机的外形。飞机的下端部分属于圆柱体的明暗交界线处，对比强烈；机身的中间部分对比相对温和，局部色差略大。这样就能突出光感，凸显画面效果。绘画时，一定要注意这种对比绘画的差异性。

灵巧的蚊子蚊式战机

身份证

名　　称：“蚊”式战斗轰炸机

国　　别：英国

翼　　展：16.5米

机　　长：12.4米

机　　高：4.6米

最大起飞质量：10 152千克

最大平飞速度：595千米/时

最大航程：2 740千米

微故事

在全金属飞机出现后，大部分木质战斗机都被淘汰出局，然而就有这么一款木质飞机在第二次世界大战中卓尔不群，出尽风头。这就是德·哈维兰公司的DH98“蚊”式战斗轰炸机。“蚊”式战机首先是作为侦察机入役的。但是，1942年5月，“蚊”式B.IV型参加对科隆的“千机轰炸”。之后，“蚊”式参加了几乎每一次夜间轰炸行动。由于速度快，它基本上可以避免德国截击战斗机的截击，通常都作为轰炸机编队的前导机。在飞临目标上空后，用燃烧弹在目标区炸出火光，为后续重型轰炸机编队指示目标。1943年1月31日，当天上午戈林准备在柏林的阅兵式上讲演。早上，第105中队的“蚊”式战斗轰炸机从柏林上空编队飞过，阅兵式不得不取消。改在下午进行的阅兵式又因为第139中队的“蚊”式战斗轰炸机再次飞临柏林上空而再次取消，准备在下午发表鼓励性演说的戈培尔也被迫取消演讲。德国对“蚊”式战机恨之入骨，但是无法有效截击“蚊”式飞机，一直到He.219和Me.262夜间型战斗机服役后，情况才稍有改观。

“蚊”式战机完成了各种战斗任务，表现得十分耀眼。它的传奇在于其已经很少见的全木结构，在不属于自己的年代里焕发出勃勃生机。而且这款飞机的生存性好，在整个战争期间，仅英国皇家空军轰炸机军团中的“蚊”式轰炸机就出动过39 795架次，投下十多万颗炸弹，其中仅有254架被击落，战损率只有0.63%，创造了皇家空军轰炸机作战生存率的最佳纪录。“蚊”式飞机是英国人的骄傲，更是充满了传奇色彩的一代名机。

知识舷窗

即使在喷气式发动机已经比较成熟的今天，螺旋桨发动机依然占有相当大的比例。这是因为螺旋桨发动机具有低速性能优秀，起降性能好，能够满足大部分飞机的要求。螺旋桨是如何产生拉力的呢？这与飞机的螺旋桨特殊结构有关。螺旋桨的单支桨叶为细长而又带有扭角的翼形叶片，桨叶的扭角（桨叶角）相当于飞机机翼的迎角，但桨叶角为桨尖与旋转平面呈平行逐步向桨根变化的扭角。桨叶的剖面形状与机翼的剖面形状很相似，前桨面相当于机翼的上翼面，曲率较大，后桨面则相当于下翼面，曲率近乎平直，每支桨叶的前缘与发动机输出轴旋转方向一致，所以，飞机螺旋桨相当于一对竖直安装的机翼。桨叶在高速旋转时，同时产生两个力，一个是牵拉桨叶向前的空气动力，一个是由桨叶扭角向后推动空气产生的反作用力，这两个力的合力就是牵拉飞机向前飞行的总空气动力。

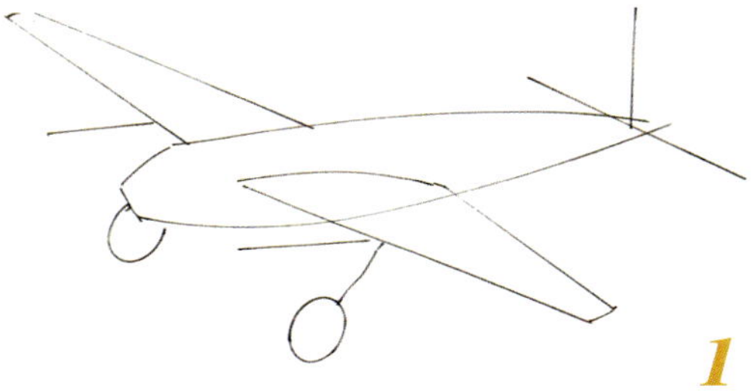

1

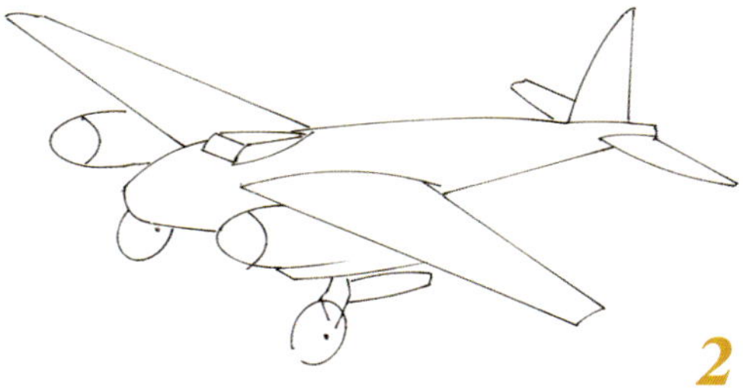

2

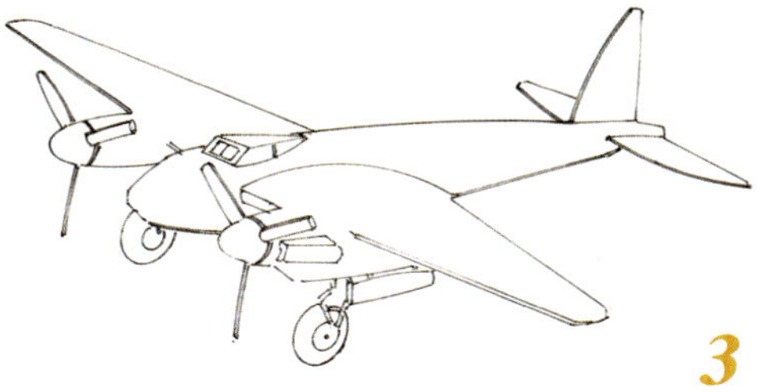

3

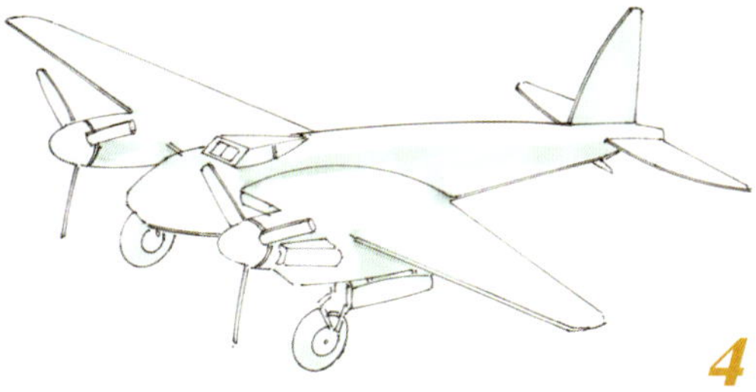

4

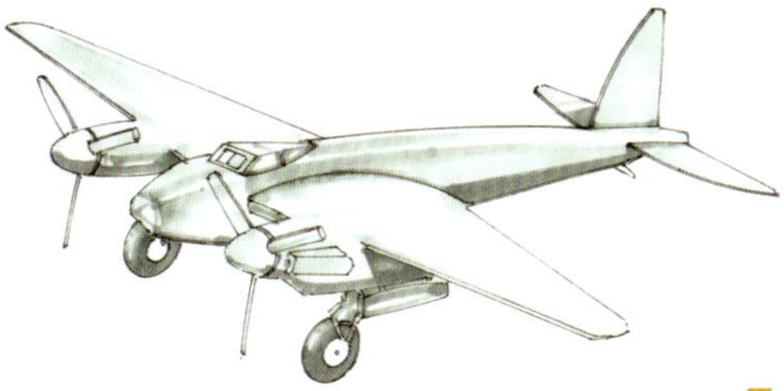

5

6

7

8

徐徐道来

“蚊”式战机的机身用了三个颜色来表现整体的颜色层次。用白色彩铅与高光将顶面与侧面区分开来，层次分明，干净利落；画面中的深色面积较少，主要集中在机翼的投影与下侧的转折面上；深色面积虽然比较小，但是在画面中的作用非常明显，如果没有深色的刻画，“蚊”式战机上的迷彩色差会比较突兀，从而使画面变得凌乱。

英国救星喷火战机

身份证

名　　称：“喷火”战斗机
国　　别：英国
长　　度：9.95米
翼　　展：11.2米
机　　高：3.9米
最大起飞质量：3 850千克
最大载弹量：454千克
最大平飞速度：721千米/时
实用升限：13 560米

微故事

“喷火”战斗机是第二次世界大战中英国最出色的战机，采用了大功率活塞式发动机，动力强劲。与当时大多数飞机的平秃粗大机头不同，该机呈纺锤形，是流线型外形，气动性能好，阻力小，是英国第一种成功采用全金属承力蒙皮的作战飞机。这款飞机曾大量装备英国皇家空军，在第二次世界大战中与德国的Bf.109多次对抗，综合性能毫不逊色。在知名的“不列颠空战”中，这种飞机与德国空军殊死搏斗，战功赫赫。此外，还转战欧洲、北非与亚洲等战区，供其他盟国使用。第二次世界大战中，“喷火”与德国空军Bf.109并列为欧洲战区最重要的两大机种，也是从大战初期到结束的对手。

“喷火”战机的设计师是米切尔。米切尔学徒出身，没有念完中学，是自学成才的飞机设计师。可惜米切尔英年早逝，42岁时就去世了。这种飞机实际生产了24种改型，总产量20 351架。

知识舷窗

第二次世界大战中，轰炸已经成为一种重要的战略手段。伦敦大轰炸、重庆大轰炸、东京大轰炸，都对战争的胜负起到了重要的作用。其中，伦敦大轰炸是指在第二次世界大战中纳粹德国对英国首都伦敦实施的战略轰炸。德国对英国的轰炸发生在1940年9月7日至1941年5月10日间，轰炸范围遍及英国的各大城市和工业中心，但以伦敦受创最为严重。一直到不列颠战役结束，伦敦被轰炸超过76个昼夜，超过4.3万名市民死亡，并有约10万幢房屋被摧毁。但是，英国人撑住了，德国不得不放弃蓄谋已久的入侵英国计划。

1

2

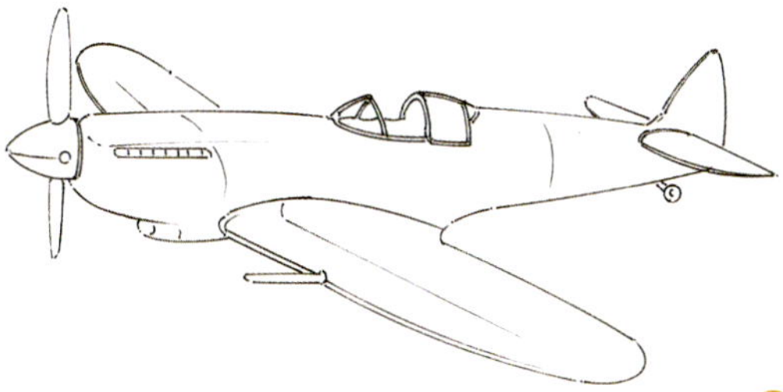

3

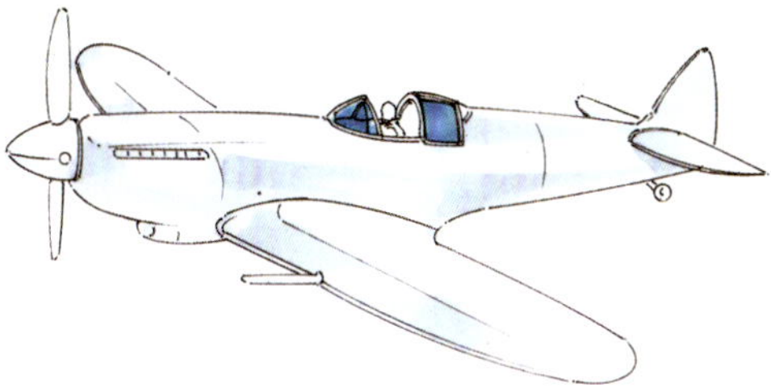

4

5

6

7

8

徐徐道来

“喷火”战机的色调分为明显的上下两块，上面颜色浅，下面颜色深。下面的颜色层次比较丰富，色彩深但是层次分明，反光效果比较足，体现出强烈的体积效果。螺旋桨处的质感刻画比较光洁，色差明显，有强烈的冲击感。上部有两道明显的马克笔痕迹，用色差表现出光感，为画面增色不少。

一鸣惊人的零式战机

身份证

名　　称：“零”式战斗机(A6M2b)

翼　　展：12米

机　　长：9米

机　　高：3米

最大起飞质量：2 800千克

最大载弹量：120千克

最大平飞速度：534千米/时

实用升限：10 300米

微故事

日本的航空工业长期不被西方看重。但是，“零”式战机的出现，一鸣惊人，令西方大吃一惊。“零”式战机在第二次世界大战期初期是日本的主力战机，在重创美国的珍珠港之战中扮演了重要的角色。

1941年12月7日是一个星期日，在太平洋珍珠港以北，一支庞大的舰队经过12天的航行偷偷地来到这里。此刻，珍珠港里停泊着美军的8艘战列舰和387架作战飞机。日本战机挂满炸弹，在“零”式飞机的护航下秘密潜入珍珠港。7时50分，攻击开始，日本机队按照事先的计划，分别向各自的目标扑去。俯冲轰炸机主要袭击机场和尚未起飞的飞机；鱼雷机队则攻击战列舰。珍珠港顿时浓烟滚滚，火光冲天。轰炸5分钟后，美军的地面火力才开始反击，25架飞机强行起飞，迎战日本飞机。但是，寡不敌众，很快便不是被日机击落，就是被自己的地面高炮击毁。第一波攻击持续45分钟。接着，日军的第二波攻击开始，171架飞机猛烈轰炸1小时。至此，日本偷袭珍珠港取得了完全的胜利，炸毁美军4艘战列舰、3艘驱逐舰，重伤战列舰和巡洋舰各3艘和1艘水上飞机供应船。同时，炸毁机场上的183架飞机，炸伤63架。在偷袭珍珠港之战中，“零”式从航母起飞，为第一波攻击的B5N2 九七式鱼雷机和D3A1九九式俯冲轰炸机护航，掌握制空权后，“零”式也扫射机场跑道、防空火力点和其他一切目标。“零”式在空战中击落了4架美国战斗机，还给珍珠港的地面设施造成了极大的破坏。

知识舷窗

山本五十六是第二次世界大战中最知名的日本海军大将，他大力发展航空母舰和舰载飞机，对日本海军航空兵的发展起了重要作用。1939年，任日本联合舰队司令，担任日本海军联合舰队司令长官期间，策划并指挥了偷袭美军珍珠港之战，重创美军，但是在随后发动的中途岛海战和瓜达尔卡纳尔岛海战中惨败。1943年4月18日在视察部队途中，其座机被美军P38战机击落而毙命。

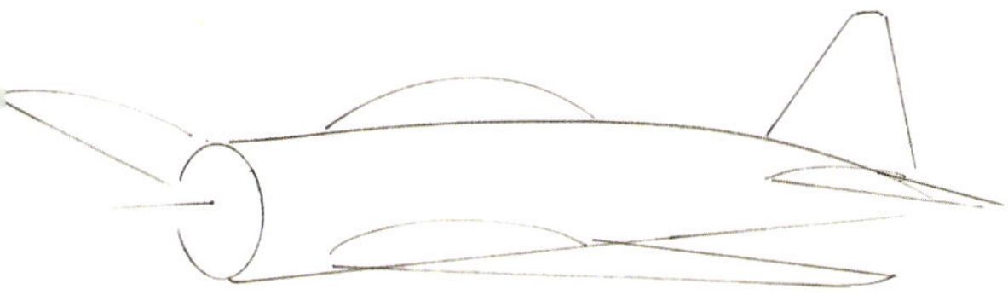

1

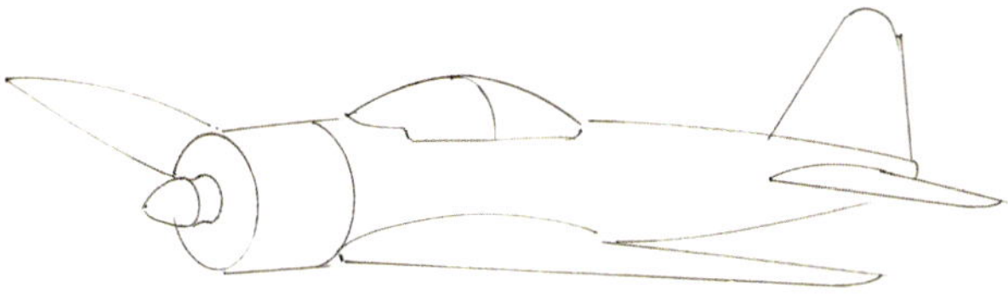

2

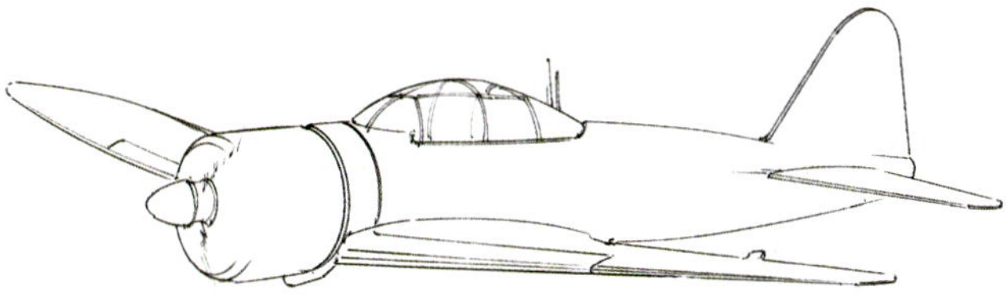

3

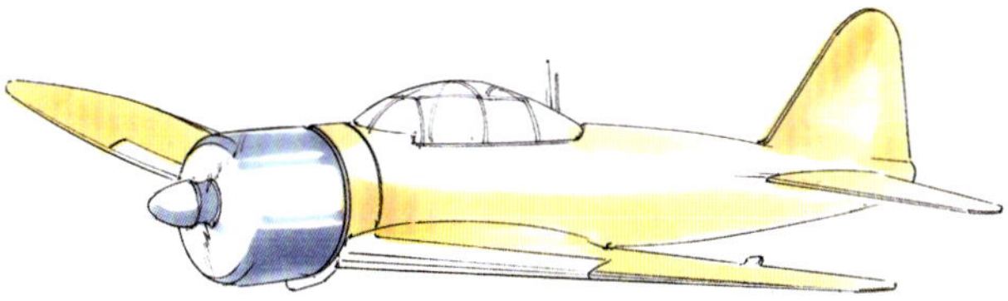

4

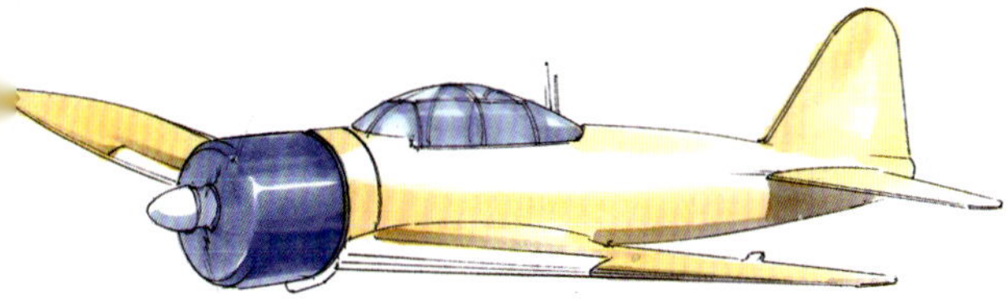

5

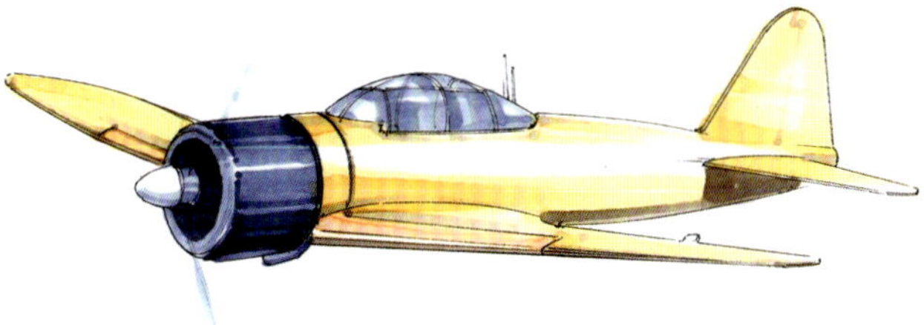

6

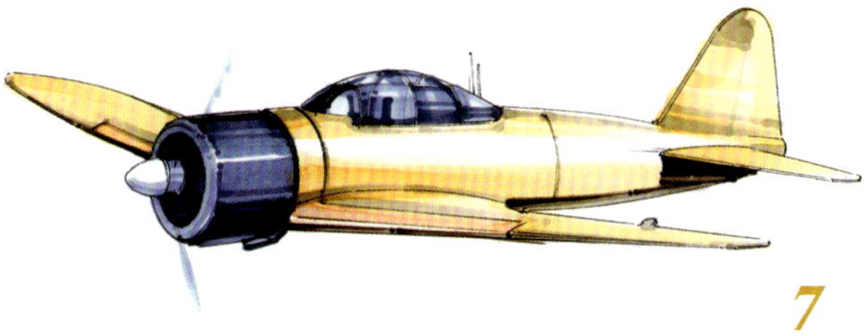

7

8

徐徐道来

刻画零式战机比较简单，机身的圆柱体非常标准，刻画时注意圆柱体两边暗、中间亮的原则即可。螺旋桨处的色调较深，层次丰富，可以当重点来刻画。

俄罗斯兄弟伊尔-15/伊尔-16

身份证

名　　称：伊尔-15战斗机（152型）

国　　别：苏联

翼　　展：10.2米

机　　长：6.3米

机　　高：2.2米

最大起飞质量：1 900千克

最大载弹量：150千克

最大平飞速度：370 千米/时

实用升限：9 500米

最大航程：530千米

微故事

伊尔-15是苏联设计的最后一种双翼战斗机，而伊尔-16则是苏联第一种悬臂式下单翼、可收放起落架的战斗机。伊尔-15还是一种偏老旧的战机形式，而伊尔-16则兼有新旧机型的特色，如旧机的开放式座舱和粗短机身，新机的下单翼构造和收放式起落架，是第一款按照“接触-脱离-接触”空战原则设计的新一代高速单翼战斗机。

伊尔-15先后参加过西班牙内战、诺门坎战役、苏芬战争，因为当时对手的战机也是以双翼机为主的，战绩尚可。1937年后，苏联向中国空军援助了不少这种战机，同时苏联的空军志愿队也在使用这种战机。在抗战初期，这种战机在对日空战中战绩不俗。但是，日军更换了“零”式战机后，这些战机完全不是对手，遂在空战和事故中逐渐消耗殆尽。

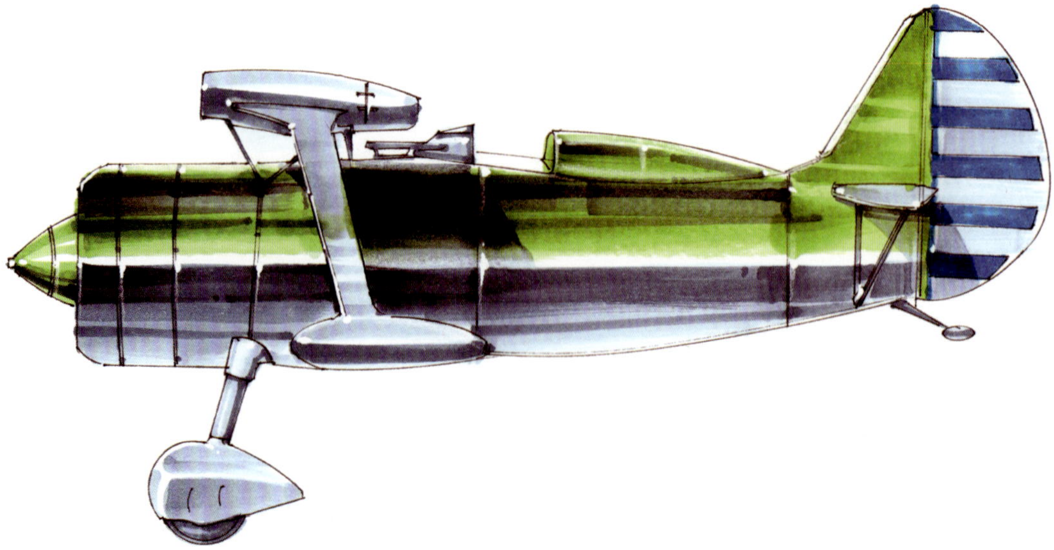

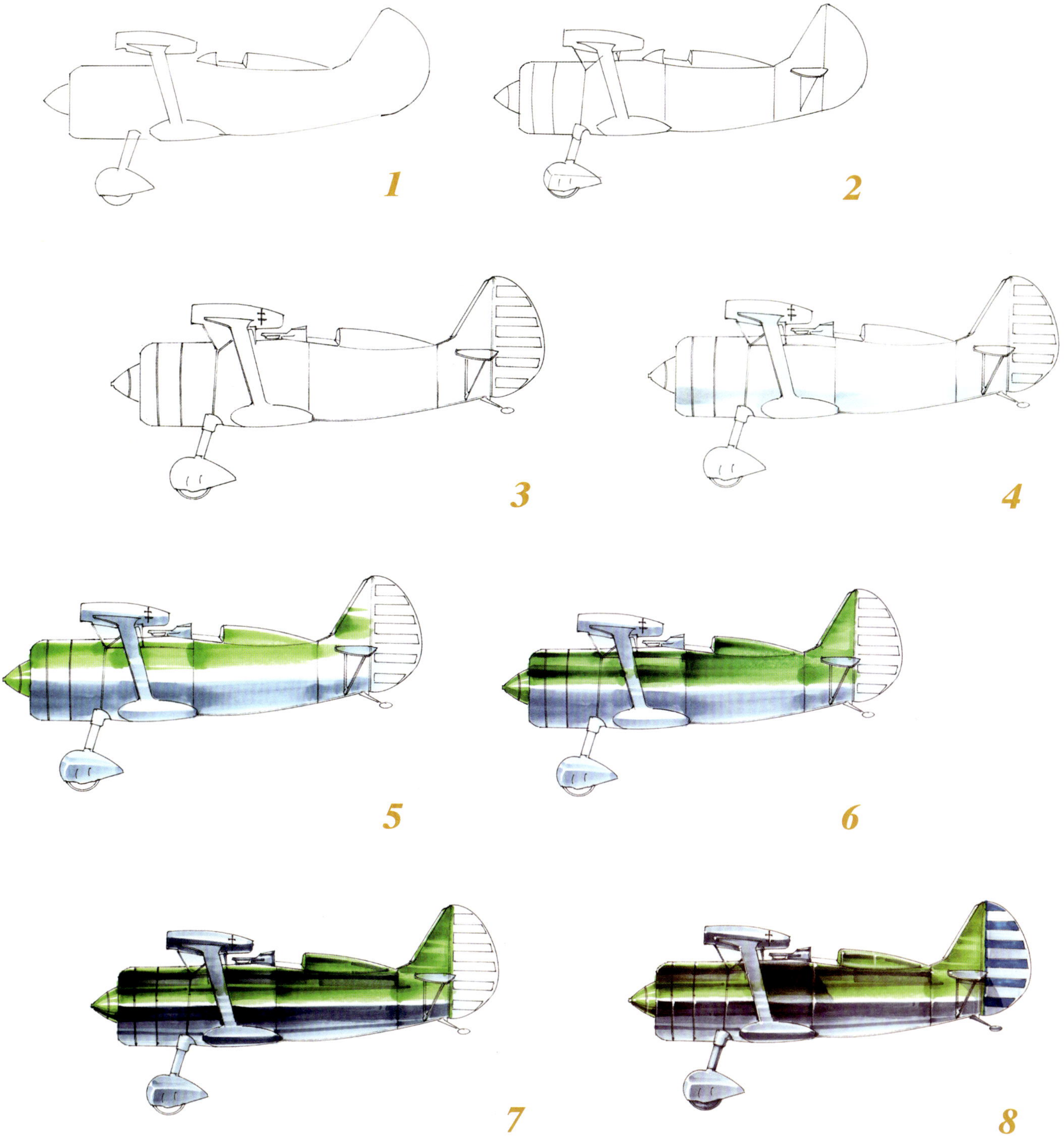
1
2
3
4
5
6
7
8

身份证

名　　称：伊尔-16战斗机（24型）

国　　别：苏联

翼　　展：8.9米

机　　长：6米

机　　高：2.4米

最大起飞质量：2 060千克

最大载弹量：200千克

最大平飞速度：490 千米/时

实用升限：9 470米

最大航程：600千米

知识舷窗

1937年8月21日，中苏双方在南京签订了《中苏互不侵犯条约》。随后，根据条约的约定，于1937年11月组建苏联空军志愿队，由苏联空军部队抽调人员和装备组成，采取轮战的方式进行。在1937年至1941年期间，共有2 000多名苏联飞行员先后来到中国。苏联在华最多时有8个航空队，最少时有2个航空队。苏联空军志愿队与中国空军一道共击落日机1 049架，包括重轰炸机大队长库里申科和战斗机大队长拉赫曼诺夫等200余人在作战中牺牲。

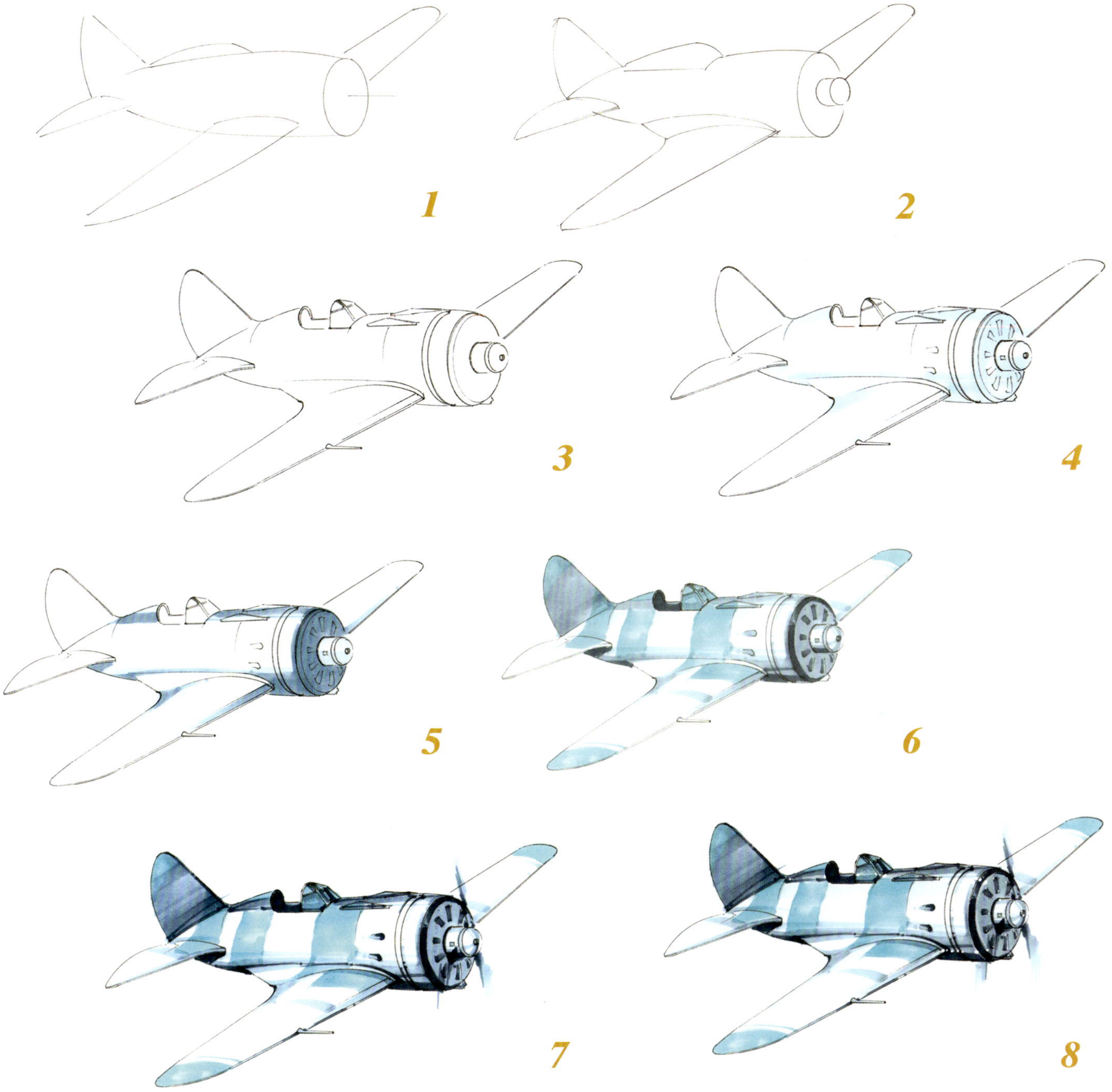

徐徐道来

伊尔-15/16飞机的造型结构非常相似。伊尔-15的刻画采用了高光型圆柱体的表示方法，同是冷色的绿色与蓝色能够比较统一地体现在同一体积上，色调较为和谐。伊尔-16飞机主要刻画了圆柱体的体积颜色关系，颜色的装饰方面应注意在体积上的颜色区分，蓝色的环形在上下两端较深，中间较浅，这是由圆柱体的结构决定的。

飞行坦克伊尔-2/伊尔-10

身份证

名　　称：伊尔-2M3强击机

国　　别：苏联

翼　　展：14.6 米

机　　长：11.6 米

机翼面积：38.5 平方米

最大起飞质量：6 360千克

最大载弹量：600千克

最大平飞速度：400千米/时

实用升限：5 500米

微故事

伊尔-2是苏德战争期间苏联主力强击机，广泛用于低空火力支援陆军。该机于1939年研制，目的是要研制一种摧毁坦克和装甲车的强击机。在实际作战中，这款战机装甲坚固，威力强大，苏军战士称之为“飞行坦克”，德军士兵则称之为“黑色死神”，被认为是第二次世界大战期间最好的对地攻击机，是著名的坦克杀手。1943年夏季，在第二次世界大战中最著名的库尔斯克坦克大战中，伊尔-2发挥了巨大的作用。据称，会战中苏军伊尔-2强击机机群对正在突围的德军坦克集群进行了猛烈的突击，20分钟就击毁了坦克70余辆；在对另一坦克集群的突击中，2个多小时击毁敌坦克270多辆，为地面部队的进攻做出了巨大贡献。该机共生产36 163架，是第二次世界大战中生产数量最多的飞机。伊尔-10是伊尔-2的改进型。1950年，中国开始从苏联进口伊尔-10飞机。1951年10月1日，36架伊尔-10首次参加了国庆阅兵。1954年9月至1955年1月间参加了解放浙江沿海岛屿的作战，这是中国人民解放军第一次陆海空三军协同作战。

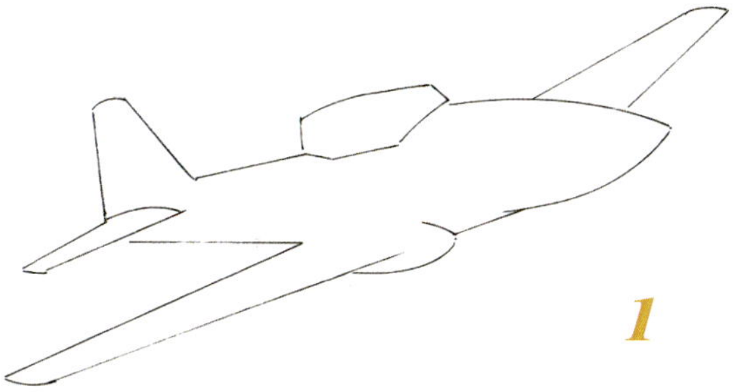

1

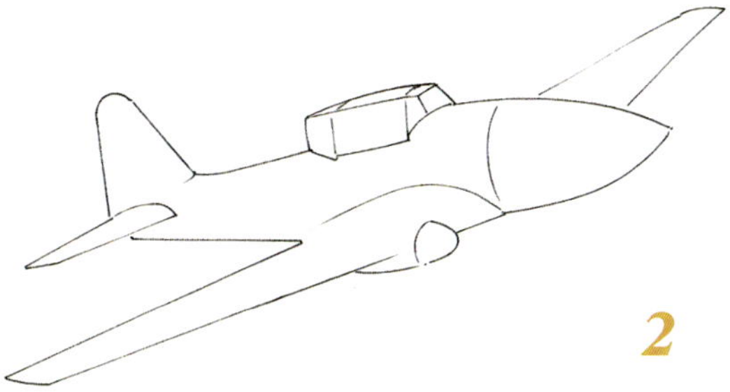

2

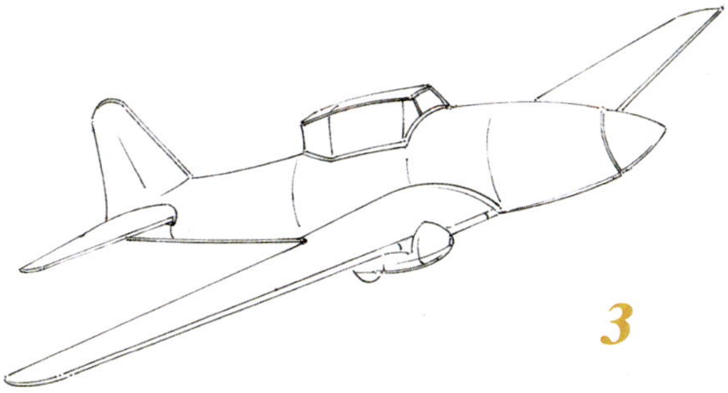

3

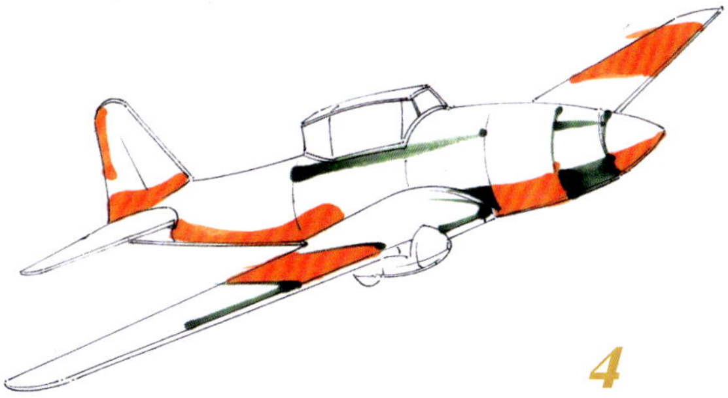

4

5

6

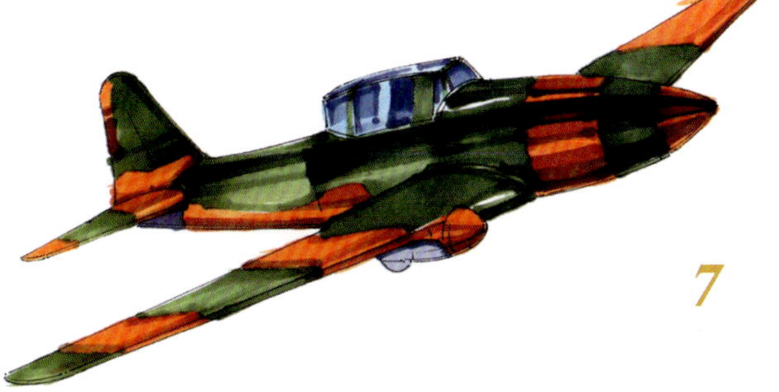

7

8

身份证

名　　称：伊尔-10攻击机

翼　　展：13.4米

机　　长：11.1米

机　　高：4.14米

最大起飞质量：6 335千克

最大平飞速度：550千米/时

使用升限：7 250米

知识舷窗

强击机也叫攻击机，主要用于从低空、超低空突击敌战术或浅近战役纵深内的目标，直接支援地面部队作战。强击机具有良好的低空操纵性、安定性和良好的搜索地面小目标的能力，可配备品种较多的对地攻击武器。美国的A-4、A-10、苏联的苏25、法国的“超军旗”、我国的强-5都是强击机中的佼佼者。随着技术的发展和战场环境的不断变化，在未来的空中战场上，单用途的攻击机的地位将会有所下降，而多用途的战斗轰炸机发展势头强劲。

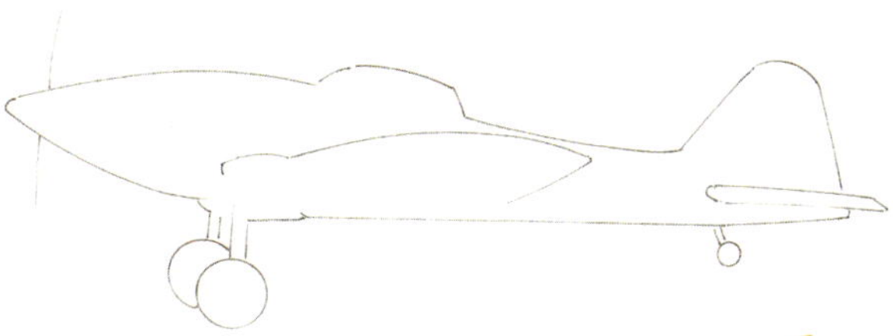

1

2

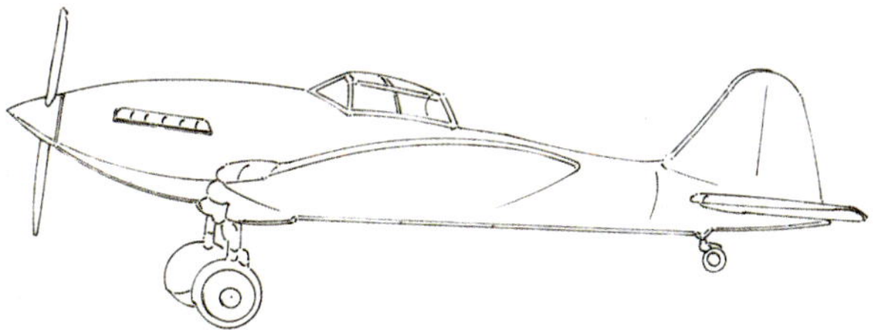

3

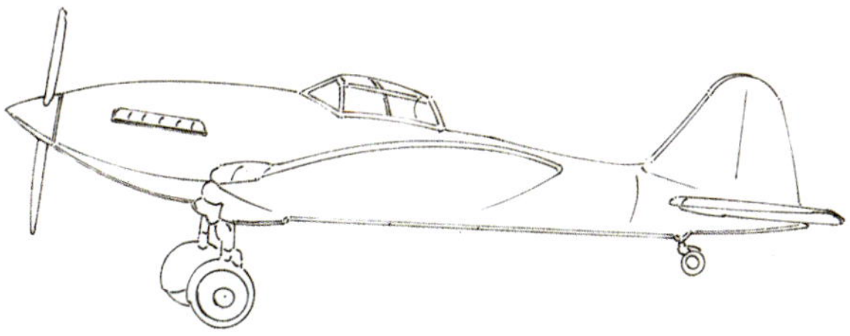

4

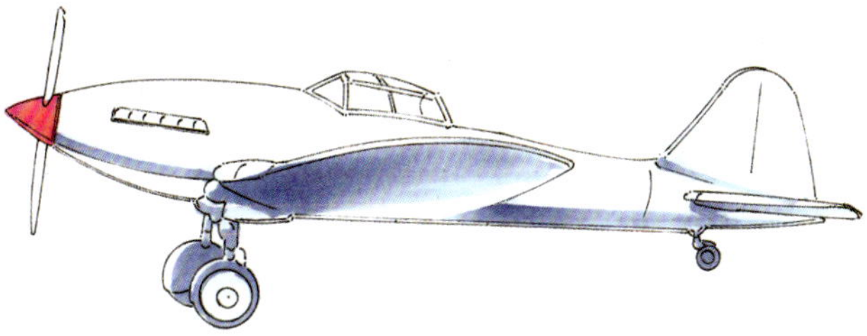

5

6

7

8

徐徐道来

伊尔-2与伊尔-10是同系列飞机。伊尔-2的机体颜色与现在的迷彩色相似。很多读者看到迷彩色后就觉得无从下笔。其实，绘制迷彩时，需要分析清楚迷彩的区域分布：先将飞机的固有色按照区域划分涂满；再根据形体的明暗关系添加马克笔的笔触，将暗部的颜色加深即可。绘制时，要特别注意根据形体结构归纳好飞机的暗部位置。伊尔-10的颜色简单明了，其形体属于圆柱体的构造，绘画时应画好重色，在圆柱体中间部位做出色差即可。

飞翔的战斧P-40

身份证

名　　称：P-40“战斧”战机

国　　别：美国

翼　　展：11.4 米

机　　长：9.7米

机翼面积：21.9 平方米

最大起飞质量：3 760千克

最大载弹量：450千克

最大平飞速度：580千米/时

实用升限：8 800米

微故事

1941年8月，陈纳德接收了来自美国的100架P-40战斗机，并招募了飞行员和地勤人员，组建了第二次世界大战中最具传奇色彩的飞虎队。飞虎队是帮助中国军民抗击日本空军的一支志愿队，他们针对P-40和日本“零”式战机的特点，制定了详尽的作战方案，而且给飞机外表涂上了怒目圆睁的鲨鱼，据说迷信的日本人非常惧怕鲨鱼。陈纳德总结的作战原则是爬高、俯冲，打了就跑，双机编队，永不单飞。12月20日，日本轰炸机来犯，24架飞虎队战机起飞迎战。日本轰炸机像往常一样，以为中国空军没有拦截能力，轻松愉快地飞向昆明，准备狂轰滥炸一顿。就在日军准备投弹时，突然发现领队长机的机翼上火花四溅，发动机着火，接着一头栽下去了。日本飞行员大吃一惊，抬头一看，才发现一群涂着凶恶的鲨鱼图案的飞机向他们猛冲过来，同时机炮隆隆，还没来得及反应就又有2架飞机被击落。日本人匆忙之间，加速逃跑，可还是被击落6架，击伤4架，而飞虎队只有一架飞机受了轻伤。

这是飞虎队抗战中漂亮的第一仗，从此日本飞机再也不敢在中国的天空上横行霸道！

知识舷窗

陈纳德，美国陆军航空队中将，抗日战争时期美国援华空军飞虎队队长。1936年1月，到杭州笕桥的中央航空学校担任飞行教官；1937年6月3日，宋美龄任命他为中华民国空军顾问，帮助建立中国国民党空军。1941年8月1日，中国空军美国航空志愿队成立，陈纳德担任上校队长。1942年7月4日，美国航空志愿队转变为美国驻华空军特遣队，陈纳德担任准将司令。1943年3月10日，美国驻华空军特遣队转变为美国陆军第14航空队，陈纳德担任少将司令。1943年10月，中美空军混合联队组成并投入战斗，陈纳德任指挥。陈纳德于1945年8月8日离开中国，他在中国生活了8年2个月零8天，与八年抗战结下不解之缘。1958年7月18日，艾森豪威尔总统和美国国会批准晋升陈纳德为中将。1958年7月27日，陈纳德逝世。

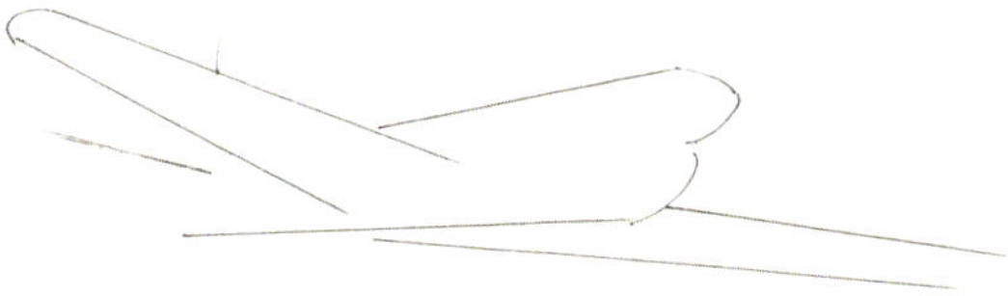

1

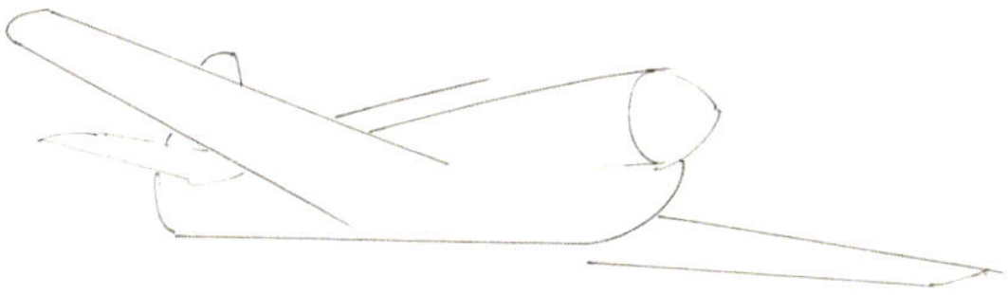

2

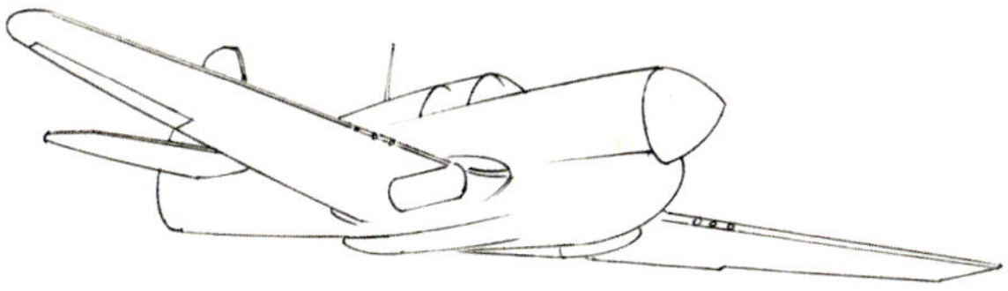

3

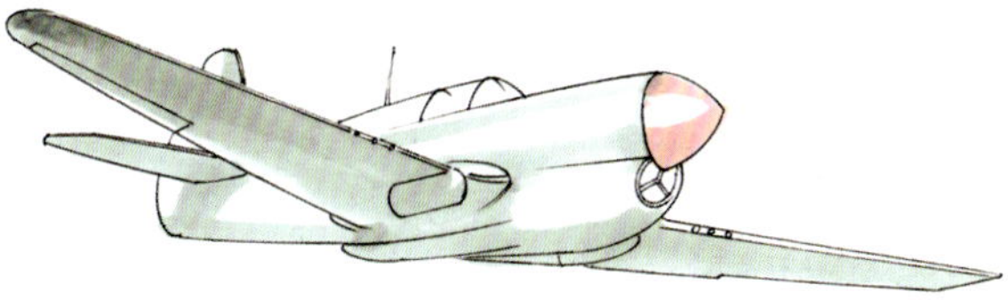

4

5

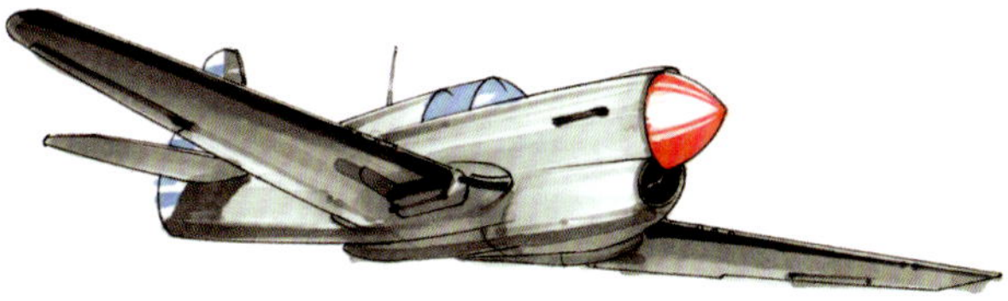

6

7

8

徐徐道来

下单翼造型的P-40颜色暗部集中于机翼与下转折处。绘制机身时将其分为三段圆柱体刻画，机舱、机身中部、发动机散热器三段圆柱各自独立又通过明暗层次结合在一起。暗部的区域主要在最下端，机翼下端的暗部层次处理得非常透气，仰角的绘画将机翼与尾翼的投影处理得颇为微妙。如果在发动机散热器上加上鲨鱼的牙齿图案后，我们会惊奇看到“飞虎队”向我们迎面飞来。

狂野的野马 P-51

身份证

名　　称：P-51D “野马”式战斗机

国　　别：美国

翼　　展：11.3米

机　　长：9.8米

机　　高：4.16米

最大起飞质量：5 490千克

最大载弹量：900千克

最大平飞速度：636千米/时

实用升限：12 770米

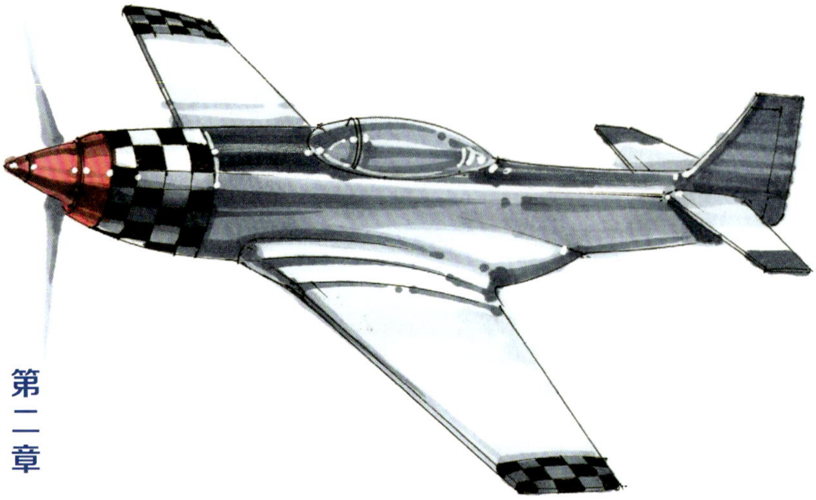

微故事

P-51战斗机，绰号“野马”，因为这种战机功率大，火力猛，速度快，在空中作战简直像横空出世的野马，所向披靡。1944年1月，被德国人反复轰炸的英国人决定炸毁德国的飞机厂。轰炸机队由3个轰炸机群组成，由50架P-51“野马”战斗机护航，护航机队指挥官霍华德胆大细心，经验丰富。机队接近德柏林南部的奥舍斯莱本飞机厂时，遇到了大批拦截的德国战机。霍华德一声令下，率先冲入德军机群，抓住机会击毁一架敌机。一转身，他才发现四周空无一人。这时，爱德华才想起来，自己的职责是给轰炸机护航，而不是随意冲杀。于是，他急忙赶回去，发现有30架敌机正在准备攻击轰炸机群，而自己只有一架飞机，其他飞机早不知道哪里去了。霍德华不顾一切地猛冲到敌机中间，就近开火，一下子就击落2架敌机。德国机群一下子被霍德华打得晕头转向，回过神来后，全部反过来攻击霍德华。发现只有霍德华一架飞机后，德国飞行员都快气晕了。可是，霍德华艺高人胆大，在敌人机群中猛冲猛打，而敌机担心误伤自己反而缩手缩脚。这场对比悬殊的空战中，霍华德驾驶着P-51“野马”战机击落敌机3架，击伤2架，而霍华德自己几乎完好无损。在霍华德大战30架敌机的同时，轰炸机群早已把德国飞机厂炸得面目全非。

知识舷窗

轰炸机少则装载几吨炸弹，多则装载几十吨炸弹，或者装载导弹和核弹。轰炸机具有突击力强、航程远、载弹量大等特点，不过由于自身太重，机动性比较差。但是，轰炸机往往要深入敌人核心地区执行轰炸任务，经常会遭到对方歼击机的拦截。歼击机机身小，质量轻，机动性好，火力猛，给轰炸机造成巨大的威胁。为了保证完成轰炸任务，通常需要给轰炸机群配备一定数量的护航歼击机，用于牵制、击落拦截的敌机，保护轰炸机的安全，并确保轰炸机完成轰炸任务。

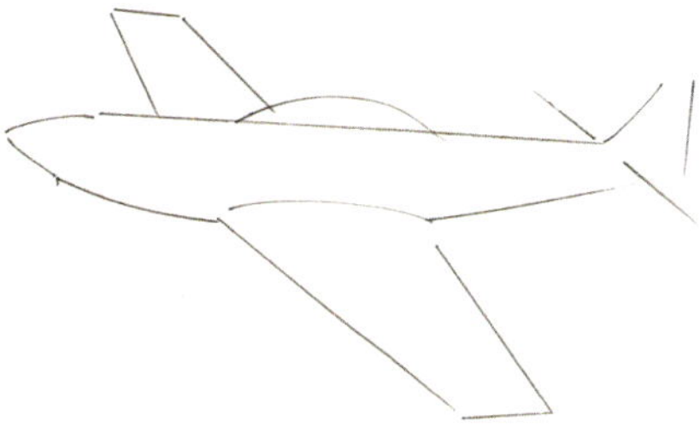

1

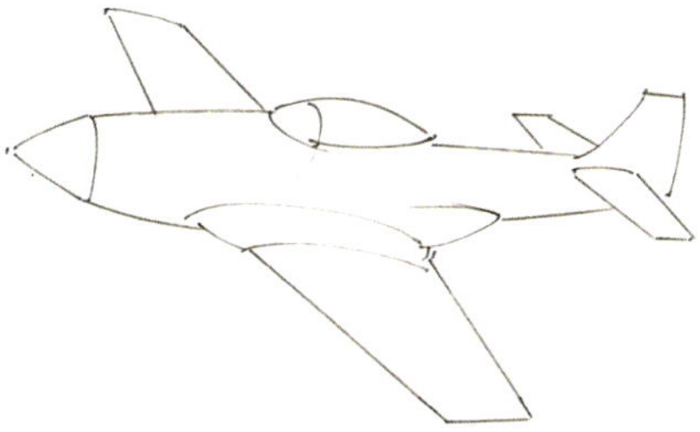

2

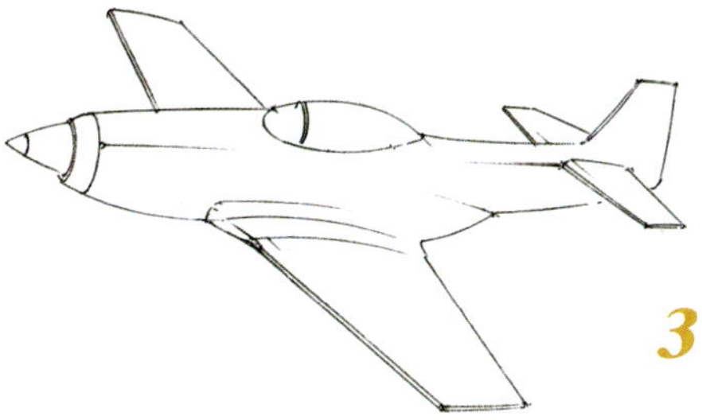

3

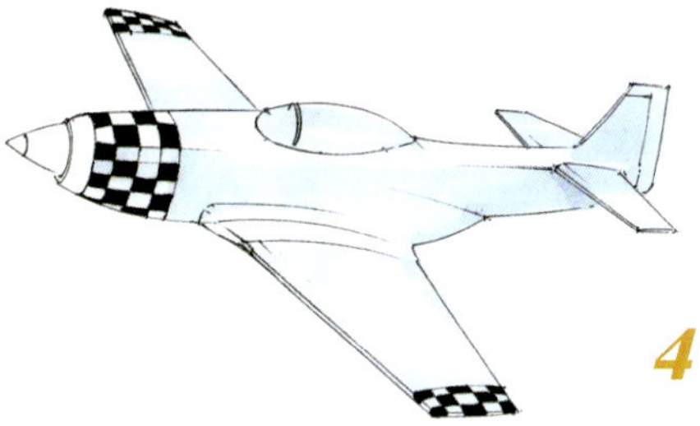

4

5

6

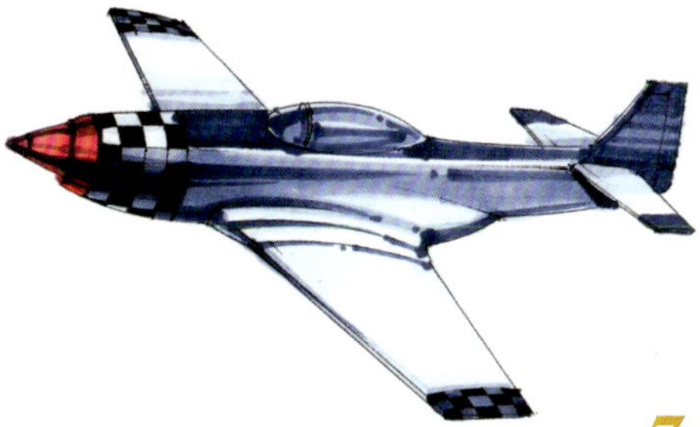

7

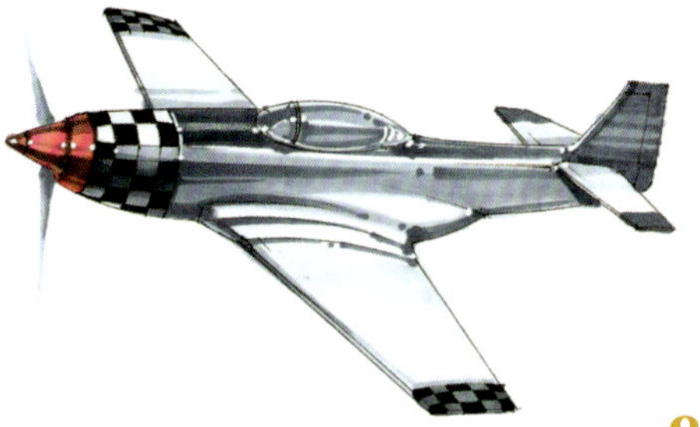

8

徐徐道来

绘制飞机需要寻找合适的角度去观察，选择恰当的角度很重要。“野马”战机是速度最快的螺旋桨飞机，从这个角度观察和刻画“野马”战机，造型比较流畅，速度感比较强。螺旋桨与机翼处的黑白装饰纹很有特点，绘画时要注意黑白装饰纹的明暗变化。

神秘的黑寡妇P-61

身份证

名　　称：P-61C“黑寡妇”夜间战斗机

国　　别：美国

翼　　展：20.2米

机　　长：15.1米

机　　高：4.47米

最大起飞质量：13 900千克

最大平飞速度：692千米/时

实用升限：12 500米

微故事

在北京航空航天博物馆中，有一架全身漆黑的飞机，个头很大，相当于一架中型轰炸机，这就是镇馆之宝P－61“黑寡妇”夜间战斗机。P-61是世界上第一种装有雷达的夜间战斗机，目前世界上仅存2架。抗日战争后期，日军空中力量薄弱，已经不敢再大白天来轰炸大西南了，于是他们选择夜袭。日军屡屡夜袭，规模不大，有时两三架战斗机，有时仅一架，从未造成重大的物质损失，但造成了相当大的精神压力。1944年10月，4架“黑寡妇”战机降落在双桂寺机场（双流机场前身）。29日夜，一架“黑寡妇”成功捕捉到一架来袭日机，并以强大火力将其击落。接着又有几架夜袭日机被击落，到12月19日最后一次夜袭失败后，日军惧于“黑寡妇”的威名，再也没有袭击成都的胆量了。“黑寡妇”在中国的抗日战场上，频繁出击，给夜间出来偷鸡摸狗的日军空军迎头痛击，战果辉煌。

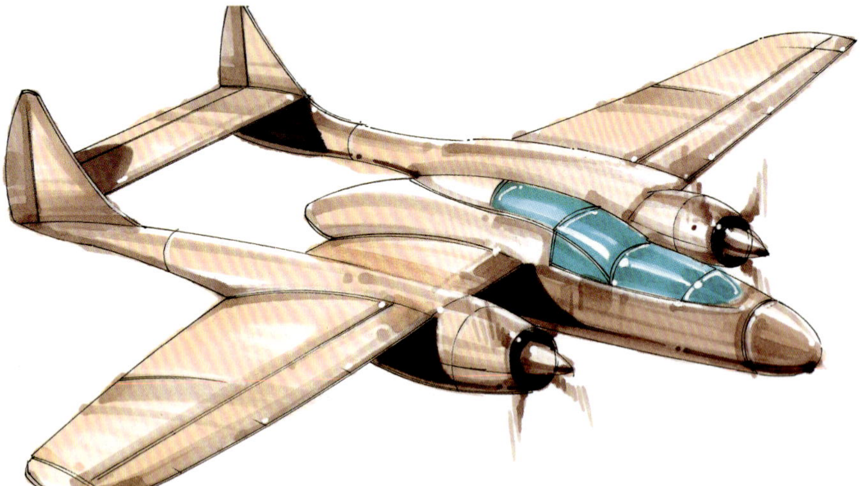

知识舷窗

雷达是用无线电的方法发现目标并测定它们的空间位置的电子设备。雷达发射电磁波对目标进行照射并接收其回波，由此获得目标至电磁波发射点的距离、距离变化率、方位、高度等信息。由于雷达无论是白天还是黑夜都可工作，不受天气变化的影响，因而具有全天候的优点。在第二次世界大战中，英国率先把雷达技术用于战场，得以提前发现德国轰炸机队，为皇家空军保卫伦敦、战胜德国空军做出了巨大的贡献。现在，雷达已经在诸多领域广泛应用。

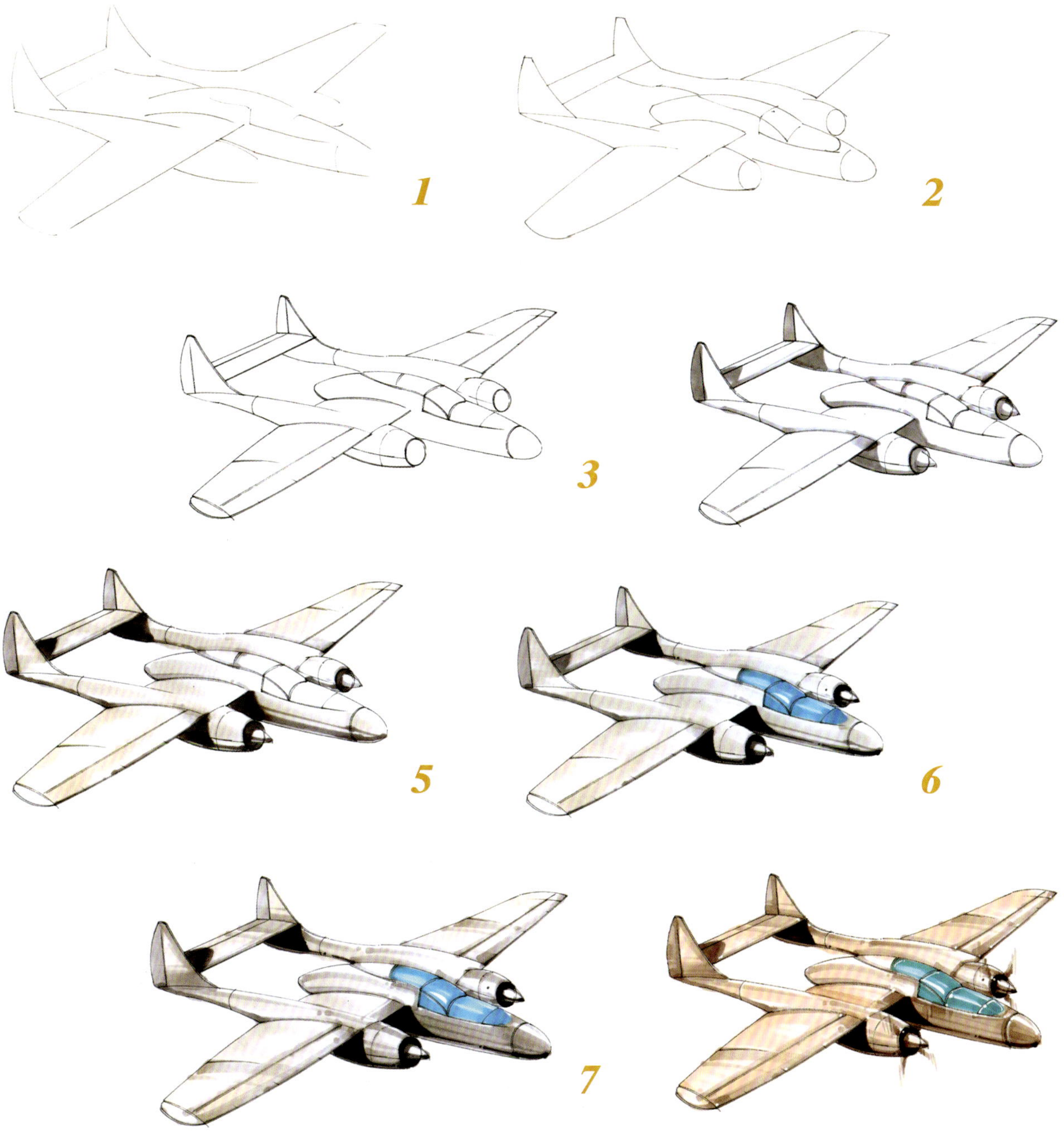

1 2 3 4 5 6 7 8

徐徐道来

“黑寡妇”战斗机是一款夜间战斗机，比较有特色的是它的双方向舵，这种造型与“喷火”战机类似。飞机本身的深色较少，集中于螺旋桨处，绘画时应将机翼与尾翼的投影深入下去，再找好色彩之间的微妙过渡；绘画的笔触尽量顺着机翼的结构缝合线走，以避免画面线条杂乱。

飞行堡垒B-17

身份证

名　　称：B-17轰炸机(B-17G)

国　　别：美国

翼　　展：31.6米

机　　长：22.7米

机　　高：5.8米

最大起飞质量：29 710千克

最大载弹量：7 983千克

最大平飞速度：462千米/时

实用升限：10 850米

微故事

B-17轰炸机是第二次世界大战初期美军的主要战略轰炸机，武器系统包括1门机炮和12挺重机枪，可携带8吨炸弹，其特种作战机型甚至可以安装30挺机枪，是名副其实的“飞行堡垒”。但是，在第二次世界大战初期，B-17却因各种疏忽而损失惨重。日本在偷袭珍珠港的同时，就准备攻击美国在菲律宾的空军基地，因为驻扎在菲律宾的B-17可以直接轰炸日本。1941年12月8日上午11时，菲律宾吕宋岛的美军机场雷达发现大批日军飞机飞向克拉克机场。雷达员大吃一惊，立刻向克拉克基地发出警报，同时给基地司令部打电话，可是接电话人却小声说：“指挥官吃午饭去了，我只是一个小兵……”

为了避免重蹈珍珠港的覆辙，被日本先发制人的空袭从地面上消灭，克拉克机场所有可飞的B-17被命令升空在吕宋岛周围水域盘旋。巧的是，指挥官布里尔顿将军恰好在这时命令盘旋的B-17返回克拉克机场，其中3架安装了照相机准备执行侦察任务，其余飞机则挂载了45千克和136千克炸弹。正当这3架飞机在跑道上滑行时，第一批27架日机出现在克拉克机场上空，而此时所有P-40战斗机都停放在地面。克拉克机场顿时变为一片火海，爆炸声连续不断。紧接着，第二批、第三批轰炸机相继袭来，把整个机场夷为平地。在这次空袭中，克拉克机场的B-17除一架幸存外，其余的都被击毁、击伤在地面。

知识舷窗

空军现在早已成为重要的军种。但是，美国空中力量从归属陆军到建立独立空军，经过了40年的演变。1907年，称为美国陆军通信兵航空科；1918至1926年，称为美国陆军航空勤务队；1926至1941年，成为美国陆军航空队。1947年9月17日，根据《1947年国家安全法案》的规定，组建与美国陆军和海军地位平等的独立的美国空军，即US－Air Force。

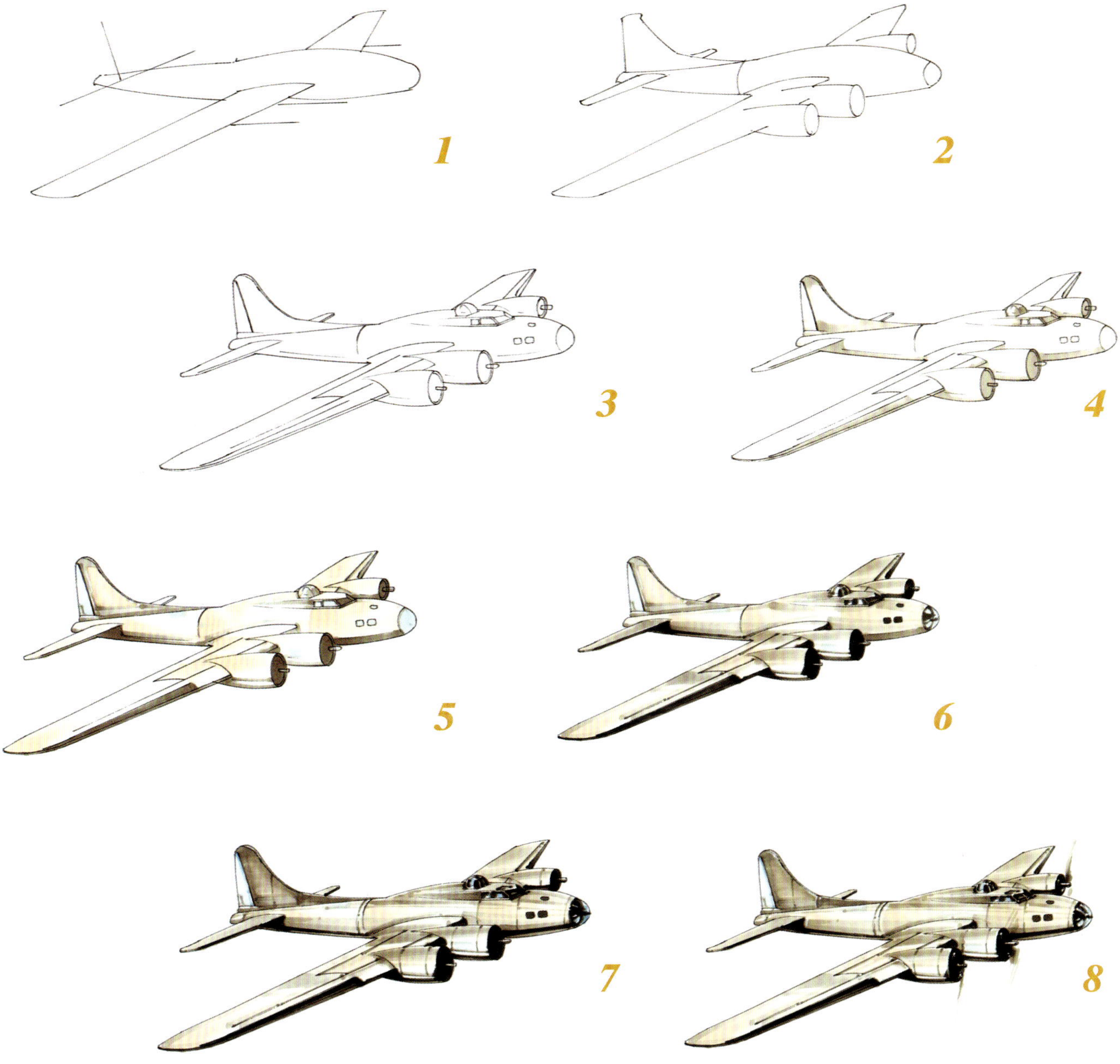

徐徐道来

B-17轰炸机采用了黑白对比的极限画法，将机身的深色处几乎涂黑，使画面变得沉稳。有了沉稳的暗部后，再用不同颜色的马克笔找色差。飞机结构的起伏会引起面与面之间的明暗变化，刻画时需要搞清楚色彩的明度变化。因为暗部黑色的存在，因而亮部的浅蓝色与暖灰色较和谐地统一在画面之上。

超级空中堡垒B-29

身份证

名　　称：B-29“超级空中堡垒”轰炸机

国　　别：美国

翼　　展：43米

机　　长：30.2米

机　　高：9米

最大起飞质量：56 245千克

最大载弹量：9 090千克

最大平飞速度：567千米/时

实用升限：9 710米

微故事

1945年8月6日8时，3架经过改装的美国B-29“超级空中堡垒”从高空进入日本广岛上空。几天来，B-29经常光临，人们已经见怪不怪了。但是，他们不知道的是，这次的3架飞机中，有一架已经装上了一颗绰号“小男孩”的特殊炸弹——原子弹。机长贝蒂斯上校知道，这颗5吨重的原子弹相当于2万吨TNT的爆炸能量，足以把飞机下的这个美丽城市彻底摧毁。由于所有机组人员都对原子弹一无所知，飞机上还搭载了一位技术专家柏森思。有意思的是，为了保密，如果飞机没能完成任务而被捕，柏森思必须立刻自杀。

8点14分17秒，广岛大桥中心出现在飞行员的瞄准镜中，这是制定的投弹目标。“小男孩”的自动投弹装置被启动了。机上人员都穿上了厚厚的防护服，带上特制的黑色眼镜。60秒后，原子弹从打开的舱门呼啸而下，在离地600米空中爆炸，巨大的蘑菇云腾空而起，立即发出令人头晕目眩的强烈的白色闪光，炽热的狂风席卷全城，广岛市马上沦为炽热的火海，近8万人当场死亡，十几万人受伤或者失踪，大部分房屋被毁。三天后，另一颗原子弹在长崎爆炸。随后，日本宣布无条件投降，第二次世界大战结束。

知识舷窗

核武器主要有原子弹、氢弹和中子弹。其中，原子弹主要利用核裂变释放出来的巨大能量；氢弹则是利用核聚变释放的能量。核裂变和核聚变都会释放出巨大的能量，能够在附近瞬间形成极高的温度，加热并压缩周围空气使之急速膨胀，产生高压冲击波，同时产生各种射线和放射性碎片，造成电磁脉冲。因此，核武器具备特有的强冲击波、光辐射、核辐射、放射性污染和核电磁脉冲等杀伤破坏作用。核武器一般用爆炸当量来表示其威力。第二次世界大战时，在广岛和长崎爆炸的原子弹只有2万吨当量，而现在的核武器可以达到千万吨以上的当量。

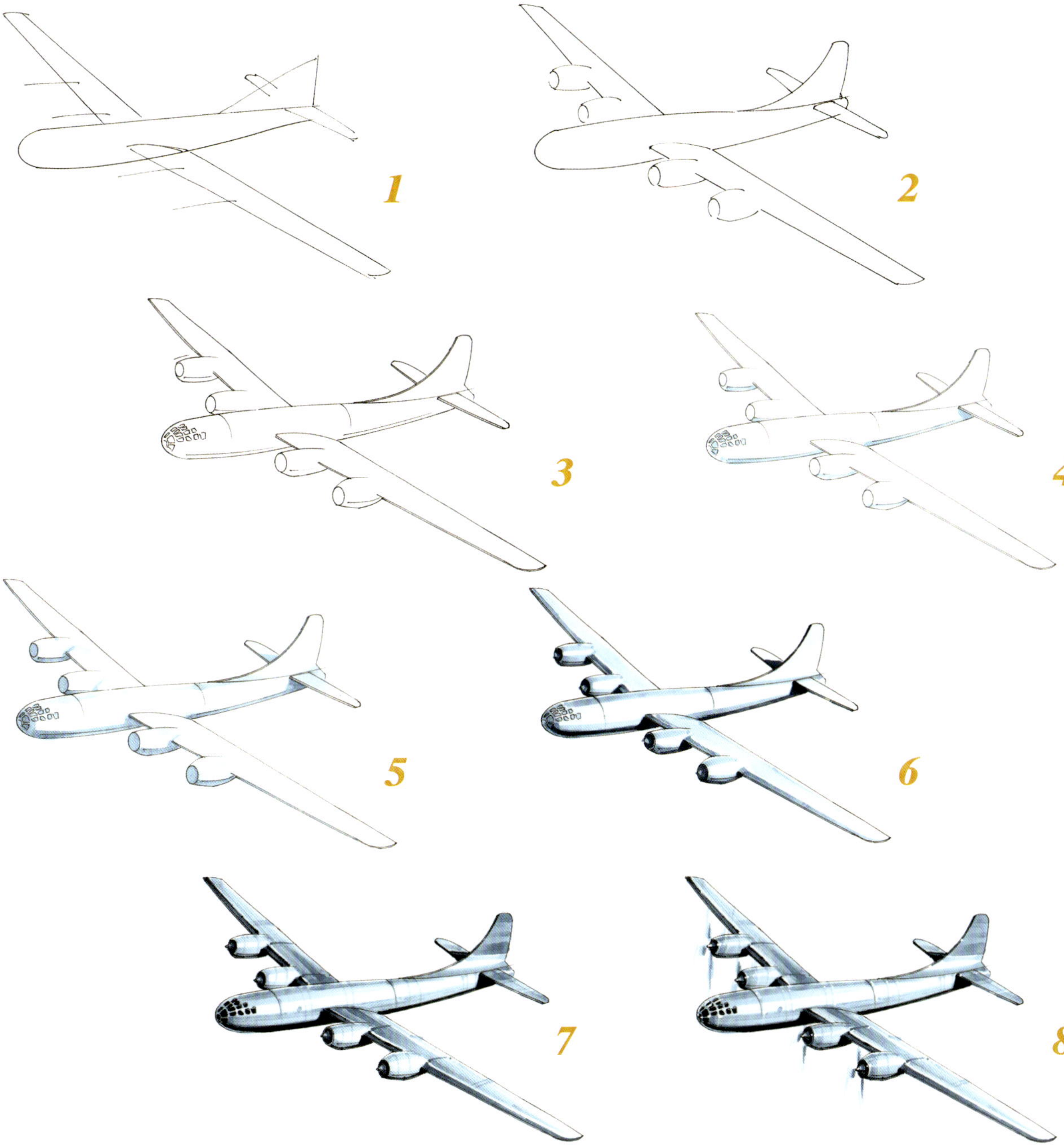

徐徐道来

这款飞机刻画得非常整洁。蓝灰色的色调让人感觉飞机正在大海上空翱翔，在机身的中间部分画了一条较为明显的分界线，将飞机光洁的质感表现得非常清晰，有如大海在飞机上的折射剪影。机身与四个发动机的圆柱体都非常圆润，富有光泽。在机翼的刻画上，我们也下了一番功夫，用侧面的深色与机翼顶面的灰色强调出机翼转折处的高光，机翼就显得异常饱满且富有体积感。

■ 大显身手

战场并不是飞机的最终归宿，飞机从诞生起，就脱离不了交通工具的固有属性。只要从炮火纷飞的战场“溜”出来，飞机立刻就显出其作为交通工具的本来面目。两次世界大战催生的技术进步，最终还是回归到造福人类的坦途上来了。颇有远见的企业家和政治家，在最为吃紧的战时也没有忘记发展民用航空，于是飞机很快便展现出其特有的魅力，让人们飞起来，飞到空中去享受俯瞰大地的别样滋味；让从地上“爬”的信件从空中“飞”，把鸿雁传信的愿望变为现实。

飞来飞去

身份证

名　　称：“维梅”式运输机

国　　别：英国

翼　　展：20.8米

机　　长：13米

机　　高：4米

最大起飞质量：5 706千克

最大平飞速度：161千米/时

巡航速度：121千米/时

实用升限：3 600米

航　　程：515千米

微故事

“维梅”式运输机是英国维克斯公司研制的民运飞机，这款飞机与中国颇有渊源。北洋政府很早就从英国购买了“维梅”式运输机。1920年，东北军阀张作霖联合曹锟、吴佩孚打垮了段祺瑞把持的北洋政府，瓜分了段祺瑞购买的飞机。其中，张作霖分得英国制造的双翼双发动机“大维梅”运输机、“小维梅”侦察机各4架。张作霖把这些飞机运回东北，并修建了一条500米的土质跑道。这是东北拥有飞机的开端。1921年6月，北京至济南航线开航，所使用的3架飞机都是“大维梅”型，分别起名为“大鹏号”“正浩号”和“舒雁号”。飞机从北京南苑机场起飞，至济南张庄机场，全程700千米。可惜的是，这条航线只运营了10天便宣告倒闭。

知识舷窗

飞机发明不久，就开始了民航业务。早在1910年6月，德国首次用硬式飞艇开辟了客运航线；1911年2月18日，法国进行了航空邮递飞行试验；1911年7月，英国进行了第一次航空货运飞行，并于同年8月，进行了航空邮递运输试验；1911年9月，意大利也进行了航空邮递试验。而美国则于1914年开辟了首条航空客运定期航线，从美国圣彼得堡飞到坦帕，全长35千米，收费5美元。

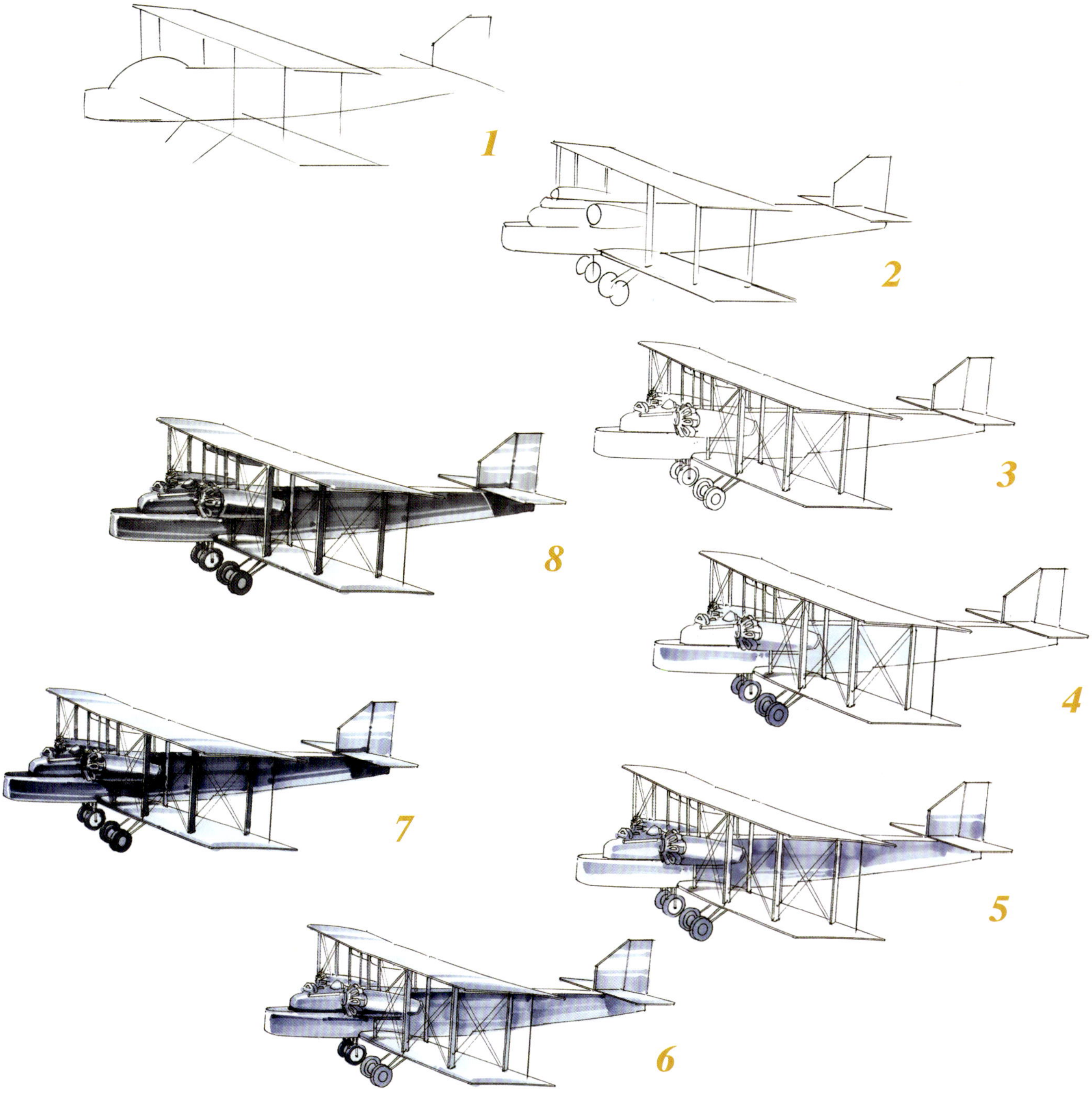

徐徐道来

“维梅”式运输机是双翼机，双翼造型必定有上层机翼投影的关系存在。分析这架飞机的几何体造型可以发现：机身的造型类似于长方体结构，且面与面的分界线清晰自然；螺旋桨的动力系统可归纳为圆柱体来刻画；机翼与尾翼可看做面片式的长方体，刻画时分清面片的遮挡关系即可；双翼之间的连杆与连接线通常会忽略掉，在绘画时需要根据形体归纳出连杆的体积关系，再根据体积刻画细节。

天上来信

身份证

名　　称：寇蒂斯JN-4邮政飞机（JN-4D）

国　　别：美国

翼　　展：13.3米

机　　长：8.3米

机　　高：3米

机翼面积：32.7平方米

最大起飞质量：871千克

最大平飞速度：121千米/时

巡航速度：97千米/时

实用升限：2 000米

微故事

第一次世界大战后，各国都开始想办法转移战时过剩的飞机产能。建立航空邮政无疑是一举两得，既能给飞机找出路，又能探索一种快捷的新式邮政方式。1918年，美国国会拨专款10万美元建立华盛顿与纽约间的航空邮路。同年5月15日，美国总统威尔逊和夫人出席了航线开通仪式。大约上午10点，一架寇蒂斯"珍尼"教练机从华盛顿起飞。按计划它应当向北飞往费城和纽约，但一上天飞行员就迷失了方向，向南飞去。结果第一个航空邮包最后是用火车运抵费城又转往纽约的。幸好由纽约起飞的一架飞机经费城加油后正点到达华盛顿。尽管出了些漏子，美国政府还是宣布航空邮政试验成功了。因此，1918年5月15日就成为美国航空邮政和美国商业航空的诞生日。

知识舷窗

1925年美国国会通过了著名的航空邮政法案，又称凯利法案。该法案要求政府把航空邮政事业转交给民间经营，政府与民营公司间签订承包合同，政府给予一定的补贴。这一法案对美国民航事业的发展起了关键作用。凯利法案还考虑到了对美国航空工业的保护，规定承包邮政航线的公司必须购买美国飞机。1926年5月20日，美国国会又通过了航空商业法案，该法案是美国关于民用航空的第一个立法，对一系列民用航空的运作问题做出了规定。其中特别要求邮政部把机场等设施全部转移给商业部，由商业部民用航空委员会负责管理。

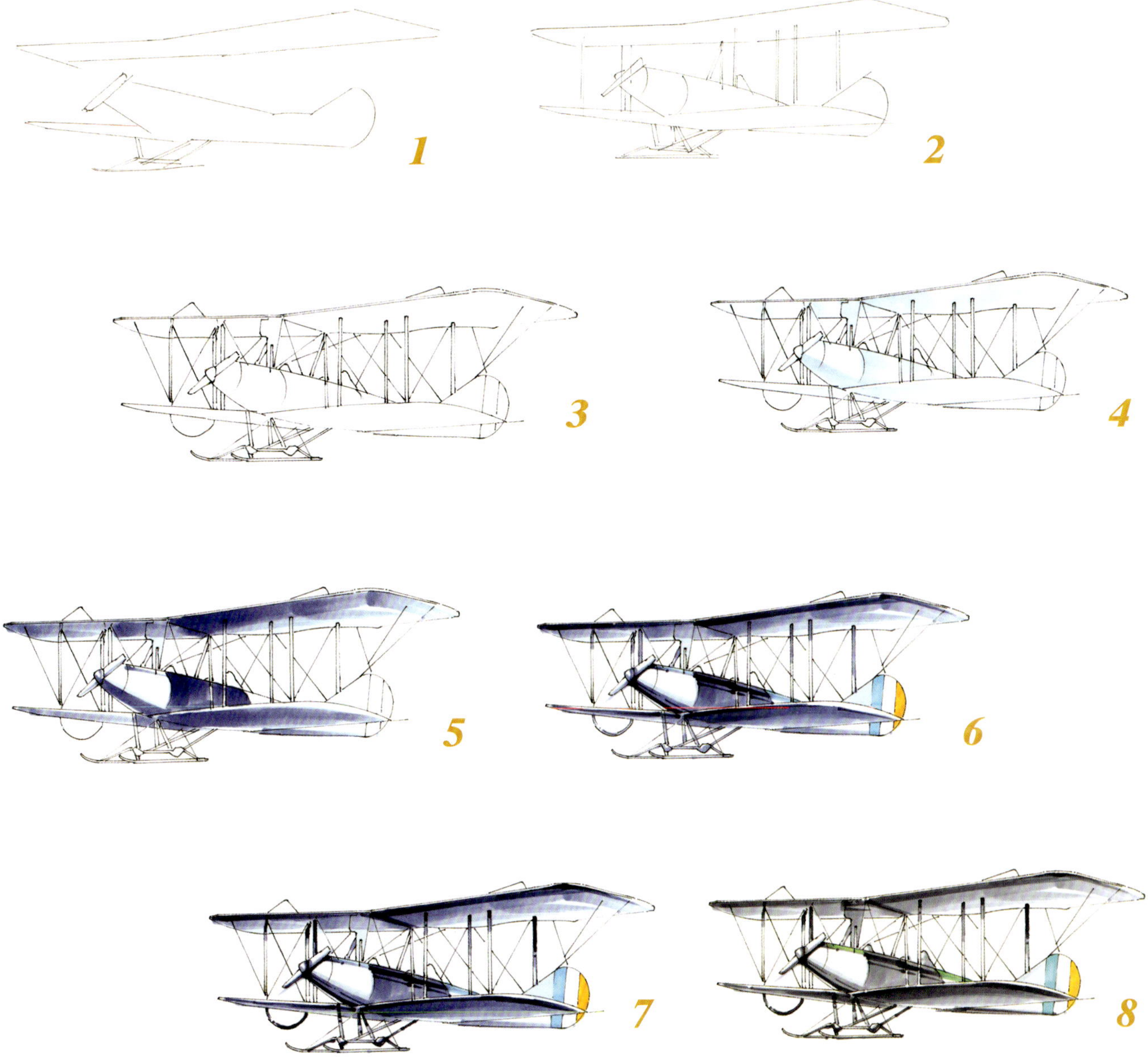

徐徐道来

观察时，我们把视角落在飞机的下半部分，暗部投影占据了主要的视线。刻画时，应以暗部为主。机翼的面片式结构处于阴暗部分，大面积的暗部刻画需要体现出空间关系，应做出层次对比，使暗部空间透气。机身的圆柱体可按照圆柱体归纳方法绘制，两边暗、中间亮的层次对比一定要体现出来。上翼在机身上的投影轮廓应该顺着机身侧面的圆弧方向走，机翼的连杆与起落架的形体偏向于线造型，将线的“体积”找出来，使其体积充实起来，完善画面。

丛林飞机

身份证

名　　称：DHC-2“海狸”单发活塞式轻型短距起降飞机

国　　别：英国

翼　　展：14.6米

机　　长：9.2米

机　　高：2.7米

最大起飞质量：2 313千克

最大平飞速度：255千米/时

巡航速度：230千米/时

实用升限：5 486米

航　　程：732千米

微故事

德·哈维兰加拿大公司凭借单发的DHC-2“海狸”和较大型的DHC-3“水獭”通用飞机建立了声誉，从此以制造坚固耐用的“丛林飞机”而闻名。所谓“丛林飞机”，就是在偏远地区提供不定期客运和货运的飞机，如阿拉斯加、加拿大北部、非洲丛林和澳大利亚内陆等。这些地区交通基础设施不足，需要飞机具有很好的短距和在粗糙地面的起降能力。这种飞机可归属为通用飞机。我们绘制的图片是加装了浮筒的水上飞机。

1918年春，北洋政府海军部在马尾福建船政局内设立飞机工程处，开始水上飞机制造。以留学英、美归国的450名学生为技术骨干，并在马尾船政局工人中挑选数十人加以训练，掌握制造飞机之工艺。海军飞潜学校飞机制造班的学生均随厂实习。利用福州船政局的机械设备，终于成功地制造了“甲型一号”第一架木质水上飞机。

知识舷窗

水上飞机是指能在水面上起飞、降落和停泊的飞机，其中有些同时也能在陆上机场起降的，称为两栖飞机。水上飞机分为船身式和浮筒式两种。水上飞机主要用于海上巡逻、反潜、救援和体育运动。

1

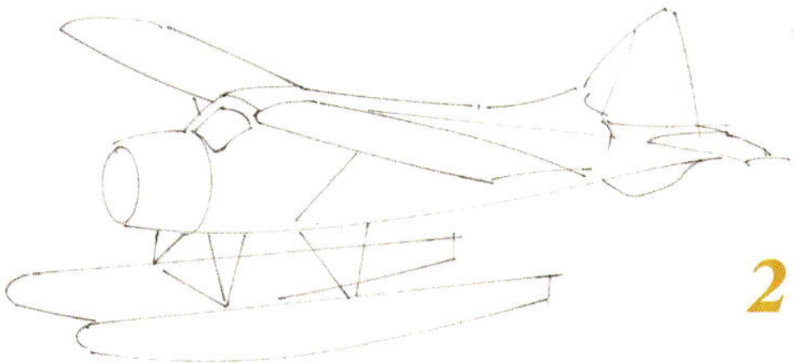

2

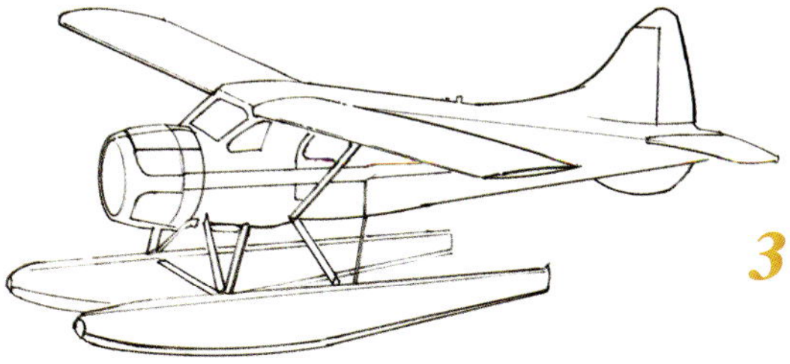

3

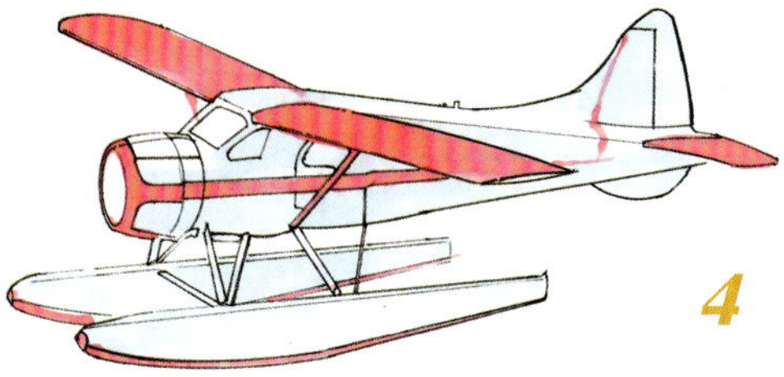

4

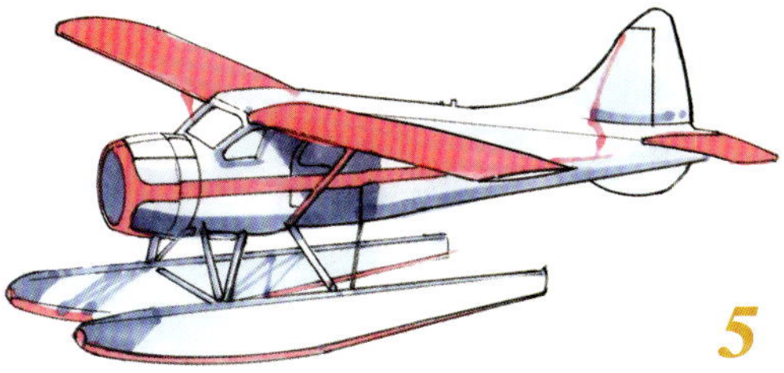

5

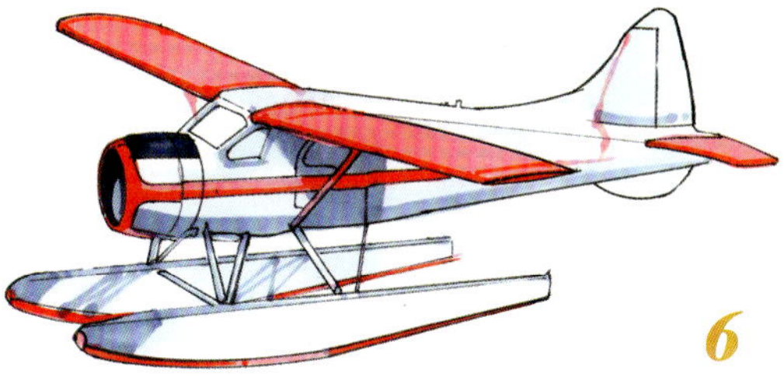

6

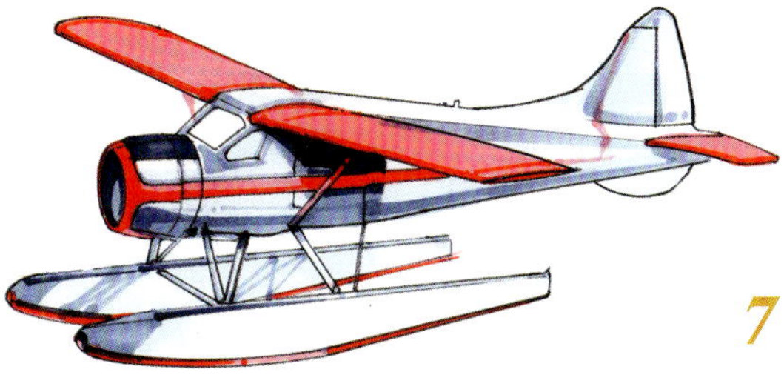

7

8

徐徐道来

有涂装色的飞机色彩比较丰富，能让画面更加充盈，当然绘制时会略微麻烦一些。归纳形体时，我们将颜色关系去掉，只看形体。这时就很容易发现，机身特别是机头处圆柱体形体非常明显。刻画时，简单地将灰色按圆柱体关系叠加，做出圆柱体结构的明暗层次。红色涂装可按照所处位置来分析。先平涂浅红色区域，再找出红色区域的层次对比，用马克笔细头画出结构的厚度线，使体积饱满起来。画面的重色集中于机头与机翼在机身上的投影处，浮筒上的投影线则较轻，与机身上的投影形成明显的虚实对比。

空中小姐

身份证

名　　称：波音247

国　　别：美国

翼　　展：22.6米

机　　长：15.7米

机　　高：3.8米

机翼面积：77.7平方米

最大起飞质量：6 192千克

最大平飞速度：322千米/时

巡航速度：248千米/时

实用升限：7 740米

航　　程：1 297千米

微故事

1933年，波音公司研制的全金属客机波音247型客机首飞成功。它具有全金属结构和流线型外形，起落架可以收放，采用下单翼结构。机上座位舒适，设有洗手间，还有一名空中小姐，这是世界上第一个空中小姐。这款客机很受航空公司欢迎，仅联合航空公司一家就订货60架，价值400万美元，是当时世界上最大的一笔客机交易。但是，波音公司这时采取了一项很不明智的做法，因为产能有限，只为联合航空公司供货，而不接受其他公司的订单，这就给另一家公司——道格拉斯公司提供了一个难得的机会。在环球航空公司招标时，道格拉斯公司背水一战，击败波音公司，从而催生了后来知名的DC-1及其改进型DC-2，并发展出了历史赫赫有名的DC-3。

知识舷窗

波音公司、道格拉斯公司和洛克希德公司是美国历史上实力雄厚的飞机公司。在发展过程中，三家公司此消彼长，各有千秋，共同推进美国乃至世界航空事业的发展。这三家公司都是军民兼顾，但是各具特色。后来，洛克希德公司退出民机领域，1997年波音兼并道格拉斯公司，最终在美国形成了波音民机一家独大的局面。

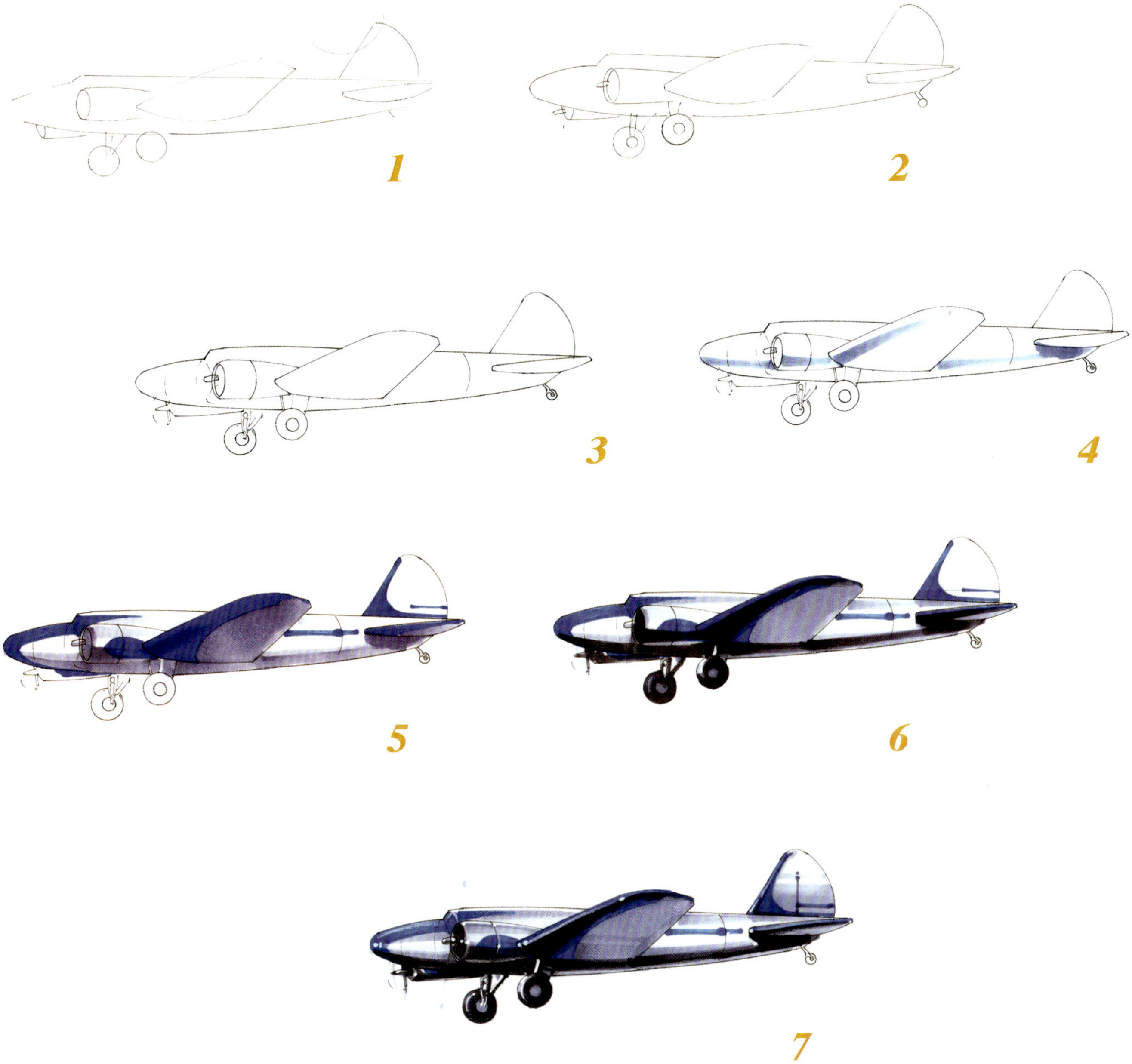

徐徐道来

波音247客机形态简洁，以圆柱体造型为主。机身与发动机的圆柱体造型非常明确，可采用相同的画法来表现圆柱体的质感，两边暗，中间亮。下半部仍采用暗部的色调，马克笔的笔触较为明显，造型硬挺有力。亮部的涂装色在光线的照射下有明暗变化，色调上则顺着结构起伏而带出明暗关系，处于暗部的涂装色需要画得透气，明暗色调必须统一。

第三章　喷气时代

梦想给人以希望，梦想激励人们去开辟新的领域。当螺旋桨飞机主宰天空、驰骋疆场时，一场动力革命悄然启动。螺旋桨飞机时速到700千米/时左右时，整个飞机就像突然撞到了墙上，不仅难以加速，而且机身抖动，甚至会坠毁。飞行速度必须突破，战争需要更快更好的飞机，时代呼唤全新的动力技术。

然而，技术进步并不全是冷冰冰的需求所致。有时某个人的灵机一动，也会触发一场全新的变革。乘坐螺旋桨飞机的德国年轻人瓯海因，只是感觉太吵，而且飞机不够平稳，灵机一动决心改变飞机的动力形式，经过一番努力竟然试制成功人类第一台喷气式发动机。巧的是，远在千里之外的英国，另一个年轻人惠特尔，几乎在同时也试验成功了喷气式发动机。喷气发动机尖利的轰鸣将给飞机带来一场革命性的变化，而飞机的变化将把我们星球变为地地道道的“地球村”，天涯海角不再遥不可及。

残酷的战争依然是飞机发展的重要驱动力。虽然第二次世界大战结束时，喷气式战机刚刚诞生，刚一露面战争就结束了。但是，此后的局部战争中，飞机日益重要，甚至成为获胜的决定性力量。战争推动喷气式飞机日新月异地飞速发展，同时民用航空也因喷气式飞机而迎来了一个前所未有大好时代。

喷气式飞机去掉了螺旋桨，整个飞机浑然一体，机体、机翼都因更符合空气动力要求的缘故而更加协调，一架架飞机宛若出水芙蓉，清新靓丽，光彩照人。在亚声速飞机中，米格-15、F-84等战斗机温文尔雅；波音、空客客机则憨态可掬，而C-54、伊尔-76都是庞然大物，一如大海中的鲸鱼，温顺中透出些许霸气。

■ 雄鹰展翅

第二次世界大战结束了，然而冷战双方的对峙却加强了。朝鲜战争中，双方的喷气式战机首次亮相，演绎了一场精彩绝伦的喷气对决。米格-15和F-84、F-86都是优秀的亚声速战机，它们在这场对决中平分秋色，难分高下。在随后的日子里，喷气战机成为空战的当然主角，引领着航空技术的发展方向。

第二次世界大战后的喷气式战机，更多的是在军备竞争中发展，战争的魅影如影相随。亚声速战机很快就被超声速战机全面取代，那些曾经笑傲蓝天的经典战机大都只能在博物馆里展出，在解说员的声情并茂中回忆已逝的光辉岁月。

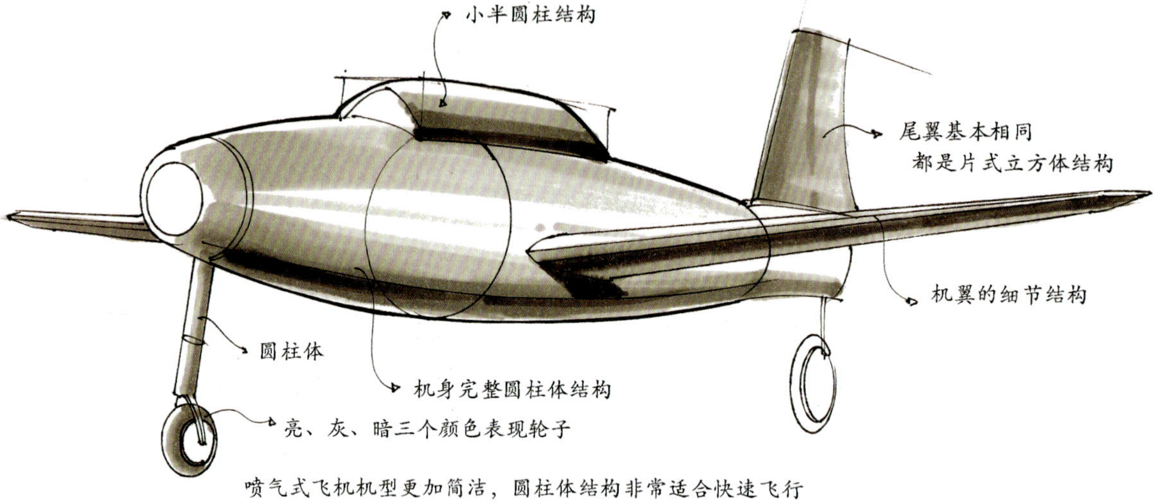

喷气式飞机机型更加简洁，圆柱体结构非常适合快速飞行

喷气战机首亮相Me.262

身份证

名　　称：	Me.262 A-1a
国　　别：	德国
翼　　展：	12.6米
机　　长：	10.6米
机　　高：	3.5米
机翼面积：	21.7平方米
最大起飞质量：	7 130千克
最大平飞速度：	900千米/时
最大载弹量：	1 000千克
实用升限：	11 450米
航　　程：	1 050千米

微故事

Me.262是世界上第一种实际投入战斗的喷气式战斗机。Me.262研制成功时，正值美英盟军远程轰炸机已深入欧洲大陆活动、德国本土面临的防空压力越来越大之际，Me.262以其使所有盟军飞机望尘莫及的速度，本可以在拦截和打击轰炸机中发挥作用。但是，德国军方并不认可，只订购了30架预生产型Me.262，还只是为了保持技术优势而已。对Me.262的发展还有一个致命的打击，竟来自纳粹头子希特勒本人。1943年11月26日，希特勒在因斯特堡观看Me.262飞行表演时，突然提出一个问题：“它可以带炸弹吗?”梅塞施米特顺嘴作了肯定的回答：任何飞机都可以带炸弹。话一出口，他意识到元首的提问后面可能隐藏着古怪的想法，果然，希特勒大叫起来：“闪电式轰炸机终于诞生了!”梅塞施米特公司只能按他的意见从1944年初加紧生产Me.262-2A轰炸机型，扬短避长，效果极差。

1945年3月，装备Me.262的部队第一次能够对盟军轰炸机编队发起大规模的攻击。但是第二次世界大战已近尾声，纵使性能再先进的飞机，也难以改变德国失败的命运。一款性能卓越的战机就这样匆匆而去了。

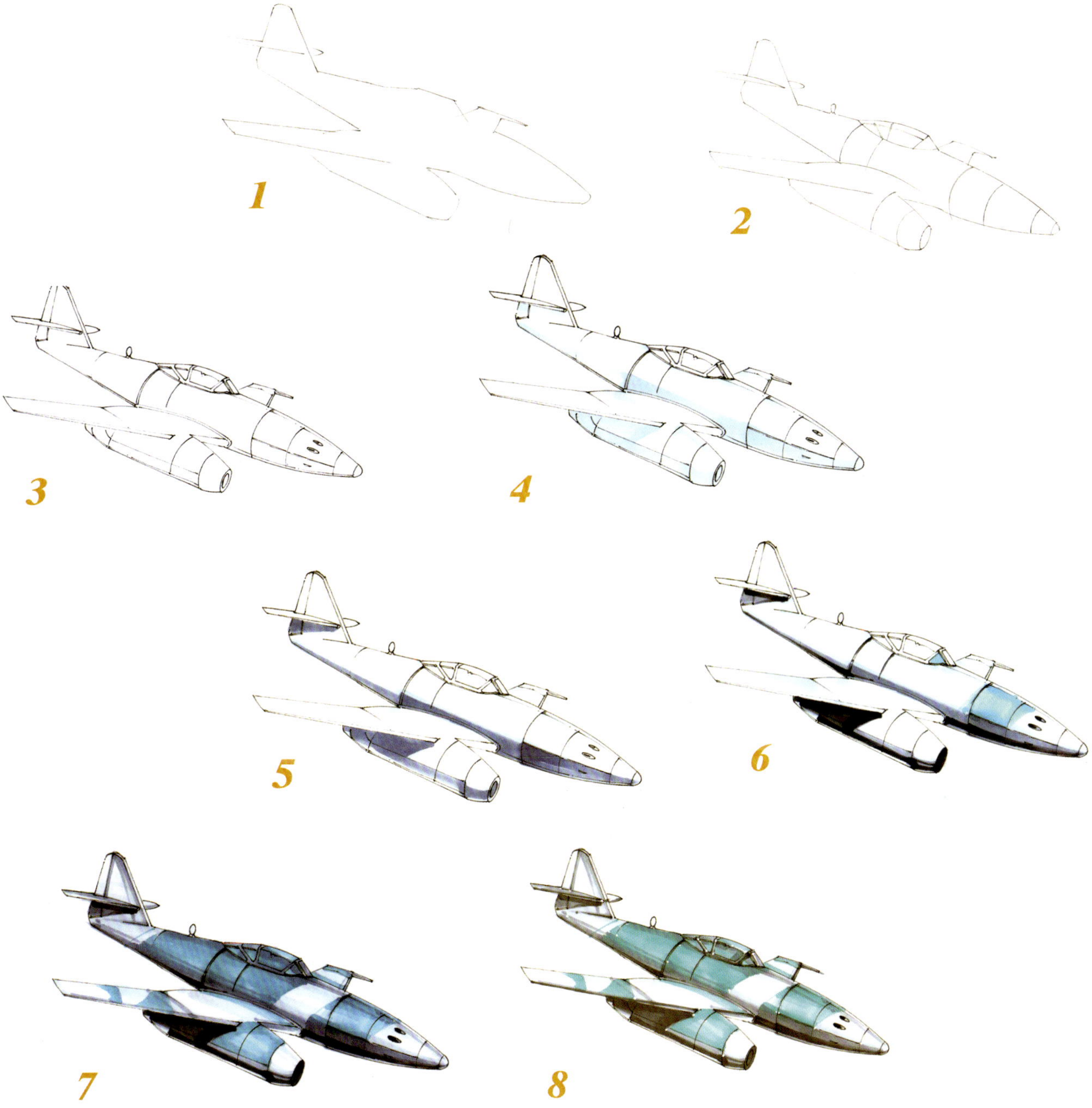

徐徐道来

作为第一款喷气式飞机，需要特别表现出其纺锤型造型。这种造型是喷气式飞机的基本特点，也是其与螺旋桨飞机在外形上的基本差异。前后两端形体明显，刻画时可当作倒扣在一起的两个圆锥体。圆锥体的形体造型非常有利于体现飞机的速度感，刻画时用圆锥体的绘画方法即可。蓝色的装饰花纹依附于圆柱体的体积之上，上端颜色浅，下端颜色重，绘制时应注意颜色的过渡。

喷气对决米格-15

身份证

名　　称：米格-15比斯战斗机
国　　别：苏联
翼　　展：10.08米
机　　长：10.1米
机　　高：3.7米
最大起飞质量：6 131千克
最大平飞速度：1 076千米/时
最大载弹量：200千克
实用升限：15 500米
航　　程：1 330千米

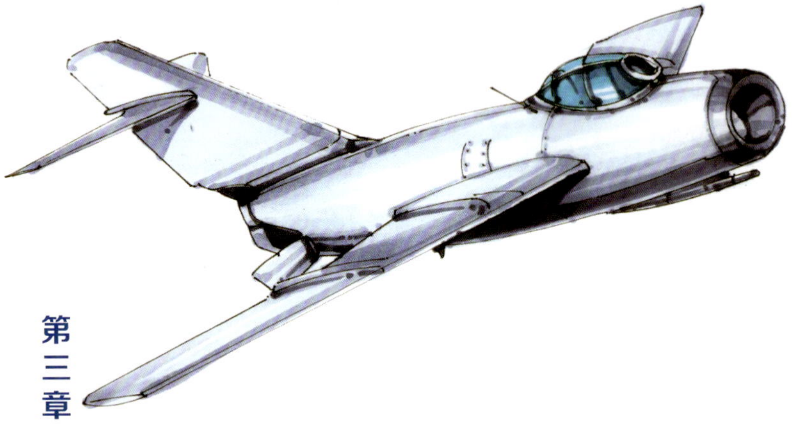

微故事

1951年11月23日，中国人民志愿军空军大队长刘玉堤率米格-15机队起飞迎战美军的F-84、F-86等100多架战机。不一会，地面通报“前方发现目标！”刘玉堤立刻投入攻击中，从8 000米高空一个下滑转弯向敌机扑去，可是下降到4 000米时，敌机不见了。仔细寻找，在右下方发现8架F-84正在向西海岸飞去。刘玉堤马上率队追了上去，敌机慌忙逃跑，刘玉堤瞄准后一按机炮按钮，敌机应声栽倒大海中了。一转身，发现敌机僚机正在转弯，眼明手快的刘玉堤再次开炮，顺带着击落了敌僚机。

这时，其余的6架敌机冲了上来，僚机王昭明冲着敌机一通猛打，打散了敌机，可是也跟丢了长机。此时的刘玉堤单机飞行，正在四下里找自己的僚机。僚机没有找到，却发现了正在轰炸铁路线的8架敌机。刘玉堤清楚自己是单机，机警地观察了四周，然后冲上去。敌机见状，马上钻到山沟里，刘玉堤也跟着钻到山沟里开炮，再次击落敌机。

飞机的燃料不多了，该返航了。刘玉堤转向机场方向飞去。可是到清川江时，竟然又发现了一大群敌机。刘玉堤毫无惧色，隐蔽接近，在距离150米时开炮，将敌机打成一团火球。另外一架敌机想赶快逃跑，被刘玉堤追上去一顿机炮痛击，敌机凌空爆炸。

刘玉堤凭借自己的过人的勇气和精湛的技艺一举击落8架敌机，狠狠教训了猖狂的美军，并成为了一级战斗英雄。

知识舷窗

朝鲜战争是发生于1950—1953年期间的朝韩之间的内战。1950年6月25日，朝鲜战争爆发，1951年7月10日，朝鲜和中国方面与联合国军的美国代表开始停战谈判。经过多次谈判后，于1953年7月27日签署“朝鲜停战协定”。

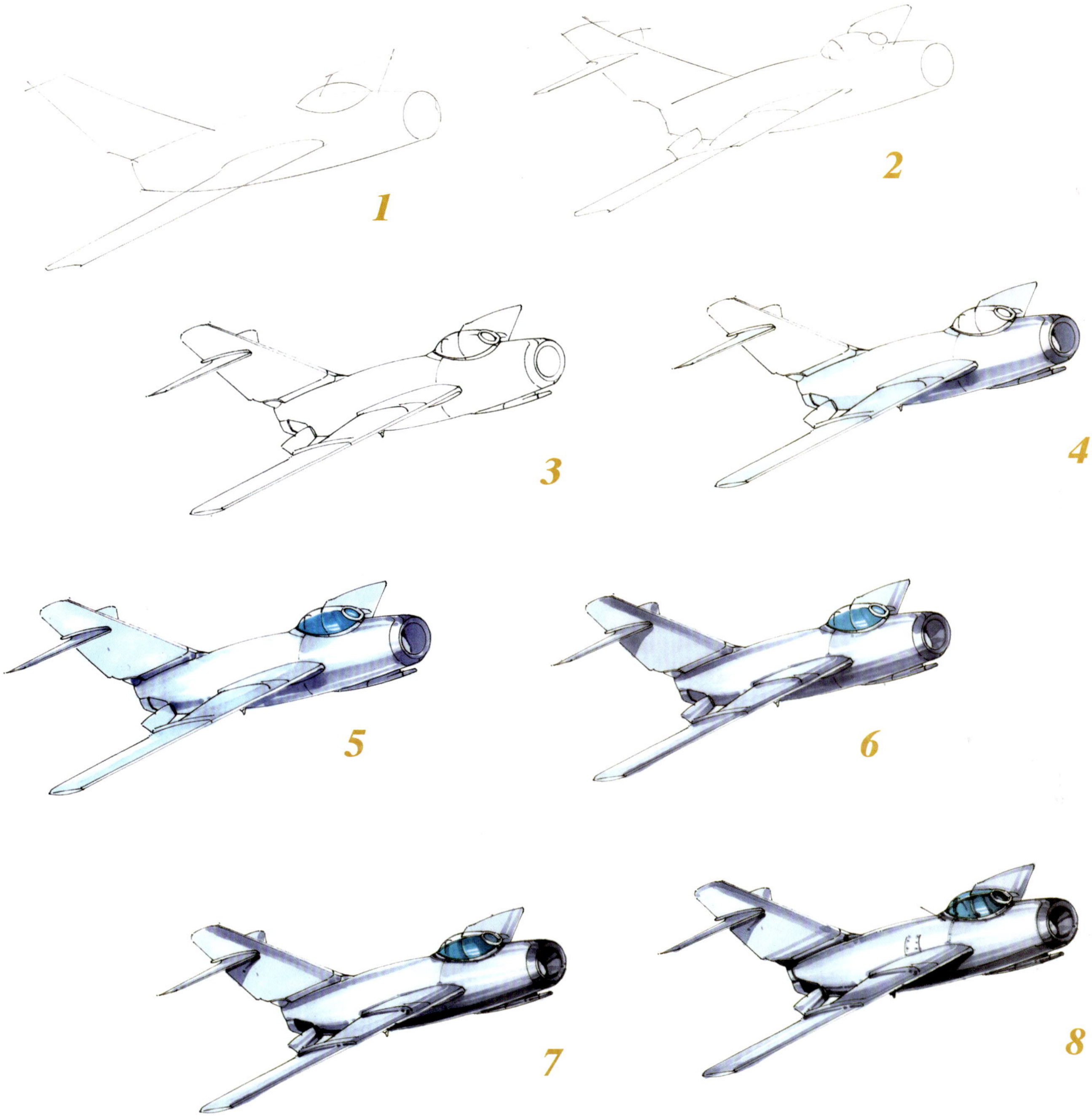

徐徐道来

米格-15飞机的刻画非常简洁。圆柱体的下端色调较深，靠近中间部分颜色最浅，往上端转折处颜色略深，带有明显的圆柱体结构画法。尾翼的前面与侧面转折处用色有较明显的对比，这样可表现出尾翼的厚度。机身前端的深色圆孔有外侧圆柱与内侧圆柱的区分，内侧圆柱与外侧圆柱的画法基本相似，都是两边深中间亮，内侧圆柱颜色略深。

雷电闪现F-84

身份证

名　　称：F-84G“雷电”战斗机

国　　别：美国

翼　　展：24米

机　　长：11.6米

机　　高：3.8米

机翼面积：24平方米

最大起飞质量：10 590千克

最大平飞速度：1 000千米/时

巡航速度：770千米/时

最大载弹量：2 020千克

实用升限：12 350米

航　　程：1 600千米

微故事

在中国人民革命军事博物馆中，涂着9颗红星的079号战机是抗美援朝战争中一级战斗英雄王海的座机。王海驾驶这架米格-15战机先后击落、击伤了9架敌机，王海率领的“英雄大队”两次入朝作战，与敌人空战80多次，击落、击伤敌机29架，战功赫赫！

1951年11月18日下午，美军出动了184架F-84战机，而我志愿军只有王海队长率领的6架战机迎敌。王海飞到战场时，发现前方低空有60多架敌机正在投弹扫射。他们不顾自己只有6架战机的不利形势，果断地冲了过去。美军见状，急忙摆出了圆圈阵，想利用自己战机的水平性能优势与我作战。王海一眼看穿敌人的伎俩，不去上当，而是指挥己方战机爬高，利用己方战机垂直机动性能优势迎敌。于是，6架战机在王海带领下忽上忽下翻飞，马上打乱了美军的队形，并乘机咬住敌机开炮，一举击落5架敌机，创造了在6：60的劣势下取得5：0的优异战绩。

知识舷窗

抗美援朝战争是世界上第一次喷气式战机之间的对决。开战伊始，美军的主力战机就是F-84战机，中朝方面则是米格-15战机。从性能上看，这两款战机各有千秋，难分伯仲。但是，在战场上，中国人民志愿军的飞行员作战勇猛，战术灵活，取得了相当不错的战绩。

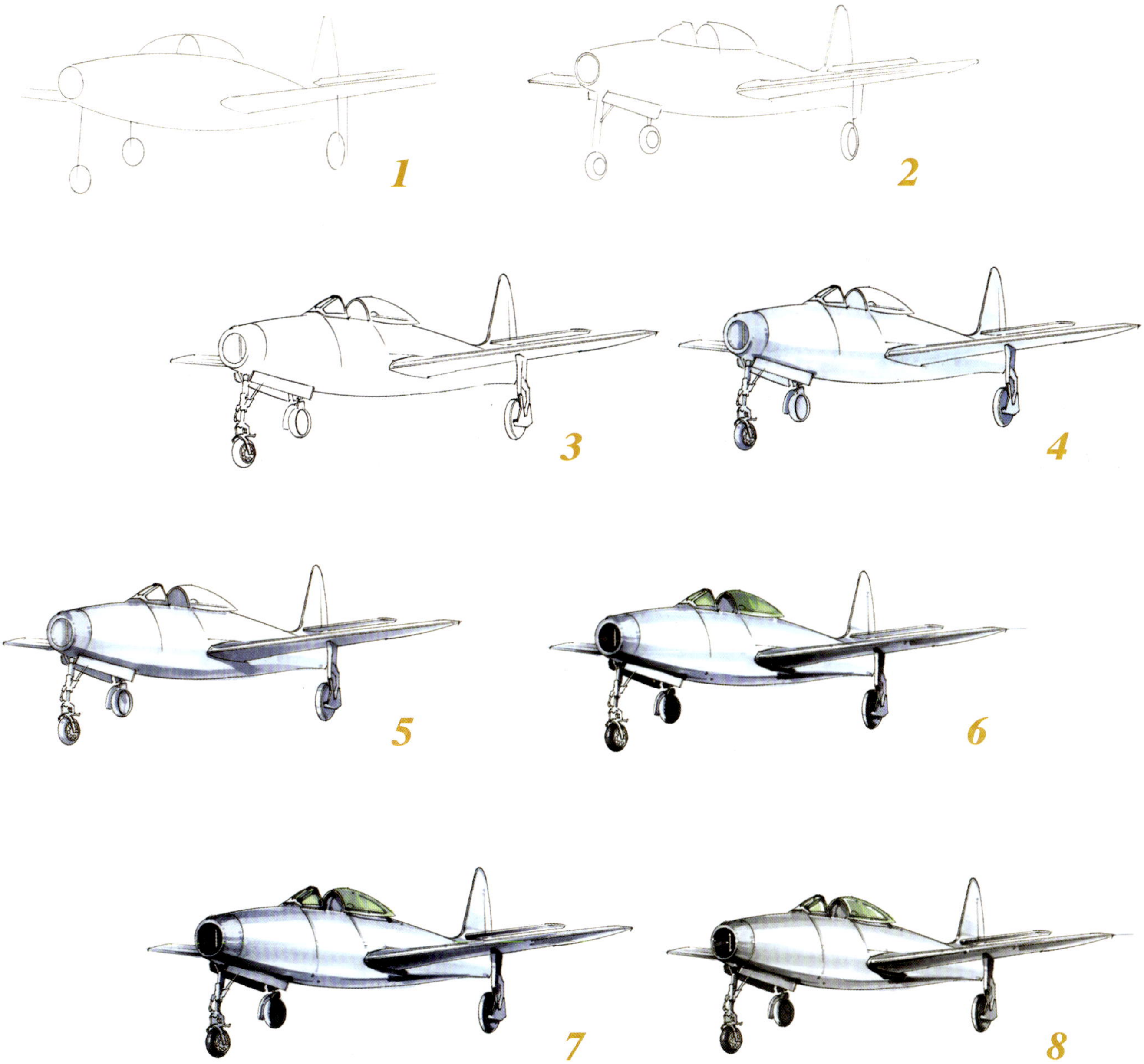

徐徐道来

F-84“雷电”飞机画得非常光洁，光泽度高。绘制时整个机身的基本色调非常柔和，色差微妙。用中灰色勾勒出上边缘线，使色调对比较为统一。机翼的转折处与投影颜色最深，同样采用勾线的方式，结合大面积的暗部，突出机翼的暗部透气空间。自动起落架的空间处理则应注意前后关系。

出鞘的佩刀F-86

身份证

名　称：F-86F“佩刀”战斗机
国　别：美国
翼　展：11.9米
机　长：11.5米
机　高：4.5米
机翼面积：29平方米
最大起飞质量：8 234千克
最大平飞速度：1 106千米/时
巡航速度：850千米/时
最大载弹量：900千克
实用升限：15 100米
航　程：2 454千米

微故事

1960年2月16日，中国台南机场的4架F-86战机直奔福建粤东地区侦察，其中的2架带有“响尾蛇”空空导弹，他们有恃无恐，大摇大摆地飞了过来。驻福建的空军随即起飞8架歼5迎战。其实，F-86和歼5都是亚声速战机，性能上的差异并不大，但是携带“响尾蛇”空空导弹后，情形就大不一样了。“响尾蛇”导弹是一种红外制导的自动寻的导弹，可以在更远的距离上发射。但是，“响尾蛇”一般需要在敌机后方发射，红外导引头才能更好地捕捉到敌机的红外信号。

发现歼5战机后，F-86立即左右分开，企图引诱我方战机，然后绕至尾后用导弹攻击。我方大队长王子明不上当，而是一个急上升转弯，敌机一不小心冲到了前面，反被我战机咬住了一架携带导弹的敌机。敌机一下子慌了，赶快发射掉导弹，减轻重量，企图逃跑。可是王子明紧紧咬住不放，敌机上升他也上升，敌机下降他也下降，上下翻滚，从10 000米高空缠斗到1 000米高空，王子明先后两次开炮，被打伤的F-86仓皇逃跑，我方战机安全返航。

知识舷窗

导弹的出现无疑使战机如虎添翼。与机炮相比，导弹的射程要远得多，而且导弹具有自动寻的功能，也就是说，只要让导弹捕捉到目标信号，导弹就可以自行飞往目标。在早期空战中，机炮是最重要的机载武器，但是现在机炮只是最后的防御武器。有些战机甚至不再安装机炮。

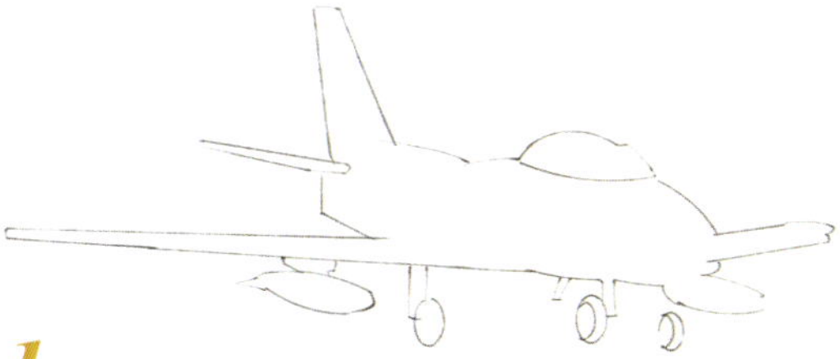

1

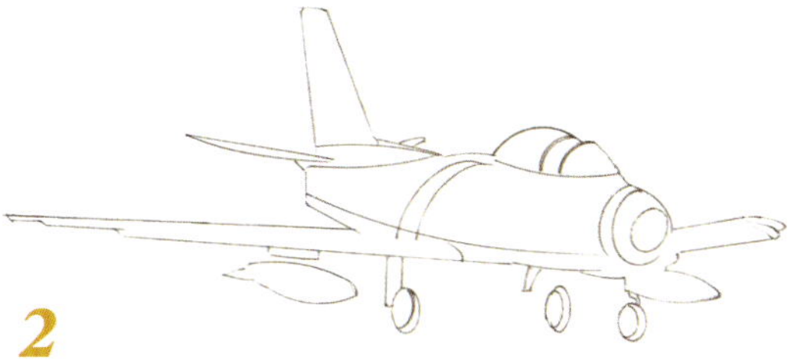

2

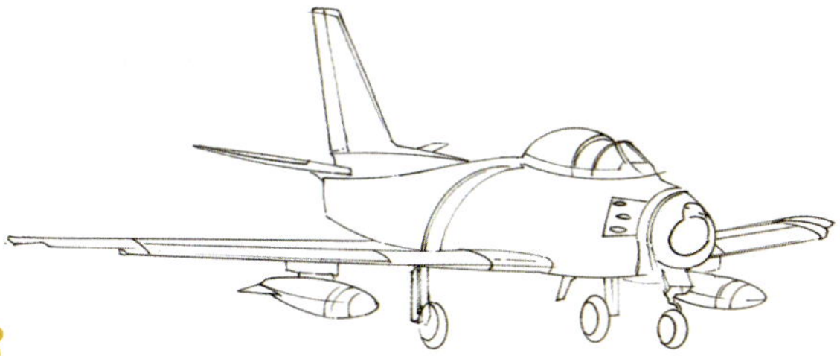

3

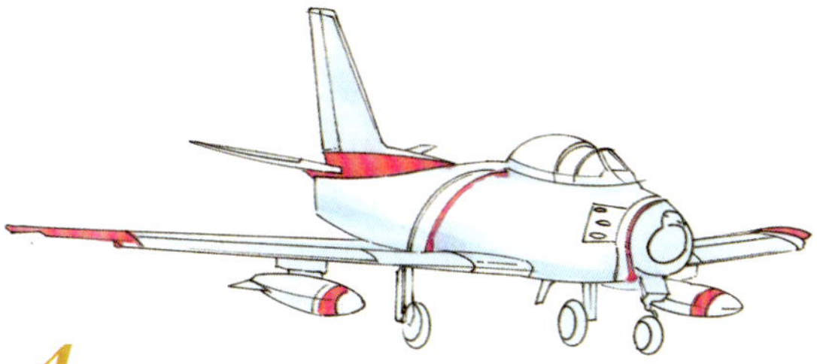

4

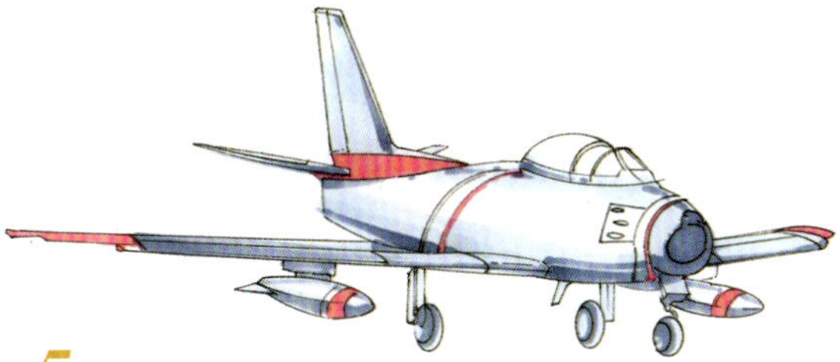

5

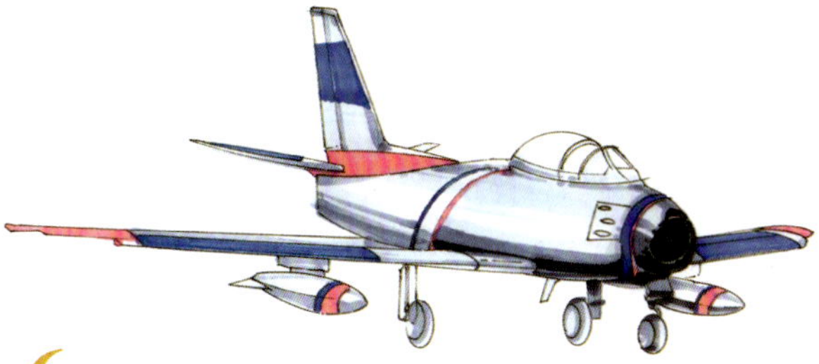

6

7

8

徐徐道来

F-86机身上有并列的蓝色与红色。蓝色与红色颜色对立，蓝色属冷色，取红色时也应取偏冷的红色，否则颜色冲突过大，画面会出现“花”的问题。机翼上的蓝色与红色在侧面上的暗部虽然面积小，但是能够起到平衡色彩冲突的作用。机舱表现透明性需要较弱的色差，这样方法比较适合于表现透明性材质。

老当益壮的B–52

身份证

名　　称：B–52H轰炸机

国　　别：美国

翼　　展：56.4米

机　　长：48.5米

机　　高：12.4米

机翼面积：370平方米

最大起飞质量：220 000千克

最大平飞速度：1 047千米/时

巡航速度：844千米/时

最大载弹量：31 500千克

实用升限：15 000米

航　　程：16 232千米

微故事

B–52于1955年服役，本属于“老旧”战机。然而，这款战机堪称老当益壮，不仅没有疲态，而且在高度现代化中的几次战斗中依然扮演者主角，发挥着不可替代的重要作用。在海湾战争中，B–52G全程参加了对伊拉克的空袭作战。42天中总共出动了1 624架次，投弹25 700吨，包括72 000枚炸弹，占美国总投弹量的29%和美国空军总投弹量的38%。在科索沃战争中，美军大量使用B–52H投掷面积杀伤武器，攻击南大型目标，使许多机场、工业区等遭到巨大破坏。在2001年10月开始的对塔利班和基地组织的反恐战争中，以B–52为首的战略轰炸机起了极大作用，B–1、B–2和B–52尽管其出动架次只占空袭行动的10%，但其投弹量则占总投弹量的70%。2003年3月起，B–52参与了伊拉克战争的猛烈空袭，攻击的目标是总统官邸、通信指挥机构和地空导弹发射场，同时攻击伊拉克周围的共和国卫队阵地。2016年，美国还部署B–52战略轰炸机去中东打击ISIS。如果按照现在的计划，B–52将服役到2050年左右，将成为90高龄的“老寿星”。

知识舷窗

从飞机发明至今，各种飞机的服役期限都不相同。大部分飞机退役是因为技术发展后，原来的性能不能满足新的使用要求，只能被更新的型号代替。还有些飞机是因为大环境变化，没有了用武之地，本来性能还不错的飞机，早早退出现役。无论如何，B–52服役到现在，已经是一个奇迹，服役90年更是一个长得不可思议的年限。或许B–52真的可以延续一个不老的传奇而永载史册。

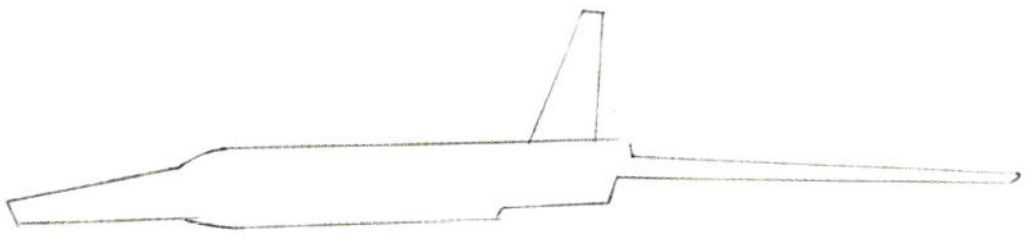

1

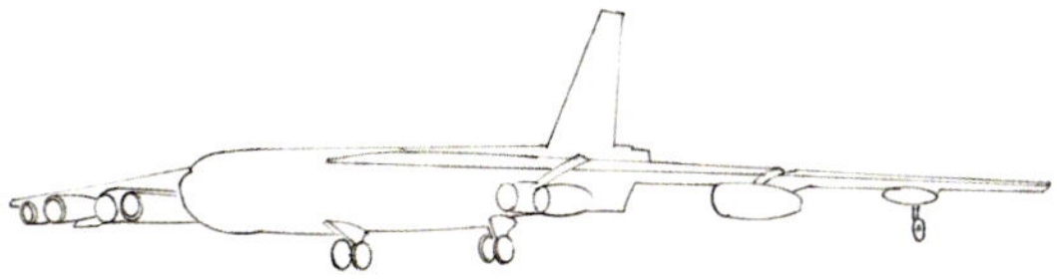

2

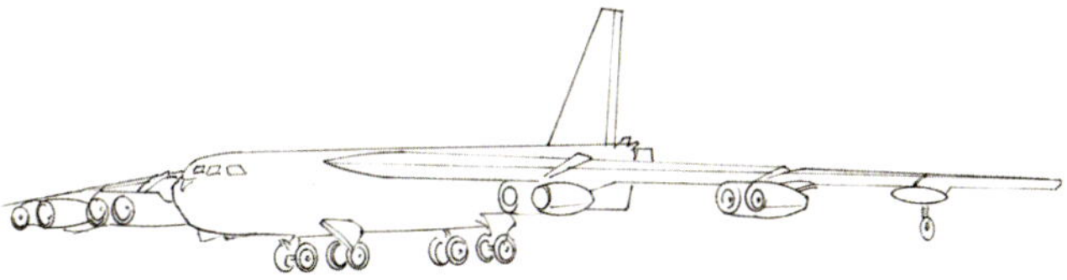

3

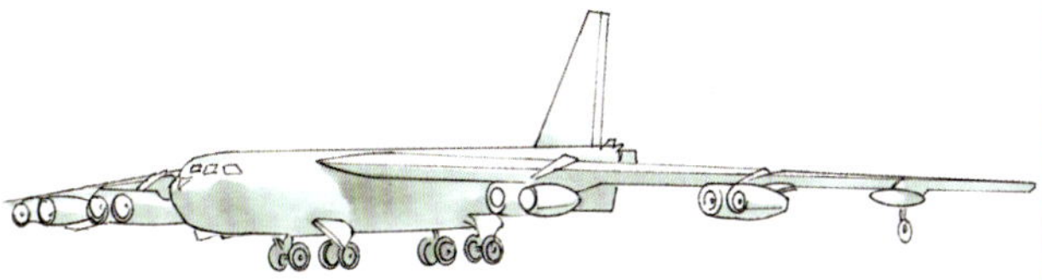

4

5

6

7

8

徐徐道来

这款飞机选择的角度比较特别，阴暗面积非常大，暗面处理相对复杂。为了画出透气感，应将反光留得比较强，而且马克笔的墨水比较充足，使画面色彩异常饱满，特别是笔触与笔触之间相互浸润，通过笔触的充足融合将质感表现得淋漓尽致。

长寿的熊图-95

身份证

名　　称：图-95“熊”战略轰炸机

国　　别：苏联

翼　　展：50.1米

机　　长：46.2米

机　　高：12.1米

机翼面积：310平方米

最大起飞质量：188 000千克

最大平飞速度：920千米/时

最大载弹量：15 000克

实用升限：13 716米

航　　程：15 000千米

微故事

图-95战略轰炸机家族是苏联图波列夫飞机设计局研制的远程战略轰炸机。苏联解体后，图-95依然保持服役。从第一架原型机算起，图-95已经走过60多年的历程，是名副其实的“长寿”机型。但是，不知什么原因，这款老当益壮的战机近年来事故频频。2015年7月14日，一架图-95战略轰炸机在俄罗斯哈巴罗夫斯克边疆区坠毁。事故发生在距离哈巴罗夫斯克市8千米处，当时机上没有配备武装，7名机组人员全部弹射出舱，但是两名飞行员着陆时遇难。其实，在6月8日，一架图-95战略轰炸机在阿穆尔州乌克兰卡机场执行教学训练任务时冲出起降跑道，机组人员在逃出飞机时5人受伤。其中1人在送往医院时死亡。奇怪的是，事故发生后，俄罗斯曾经下令停飞图-95，但是一个月后就又发生坠机事故。图-95无论是在东西方冷战战场上，还是后来的空中对抗中，屡立战功，频创佳绩，然而在俄罗斯国力下降的今天则疲态渐露，力不从心。

知识舷窗

战略轰炸机是指用来执行战略任务的远程轰炸机。它是战略核力量的重要组成部分，是大量核武器的主要运载工具和构成核三位一体的一极。它既能带核武器，也能带常规炸弹；可做战略进攻武器使用，在必要时也遂行战术轰炸任务，支援陆海军作战，是一个大国不可缺少的手段。

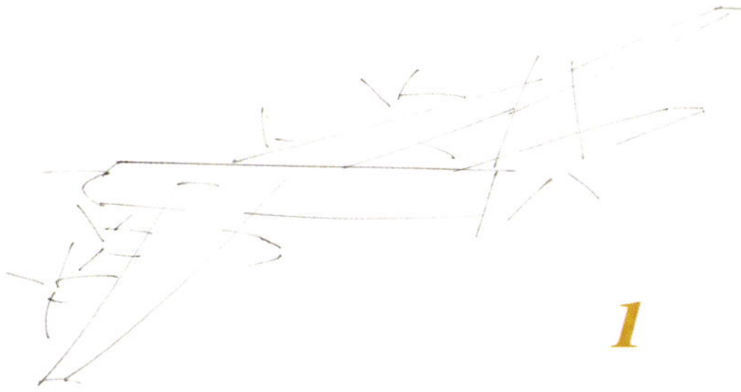

1

2

3

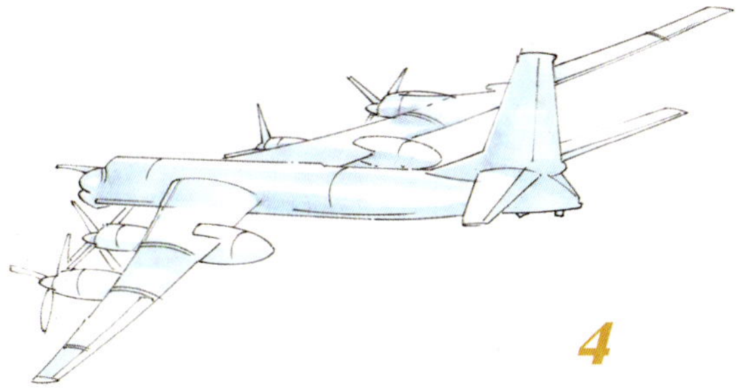

4

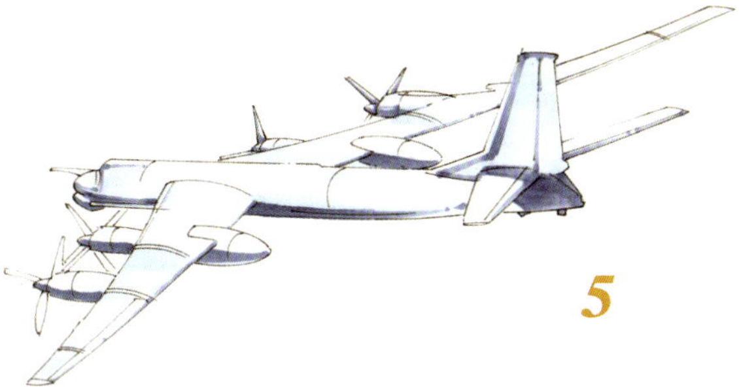

5

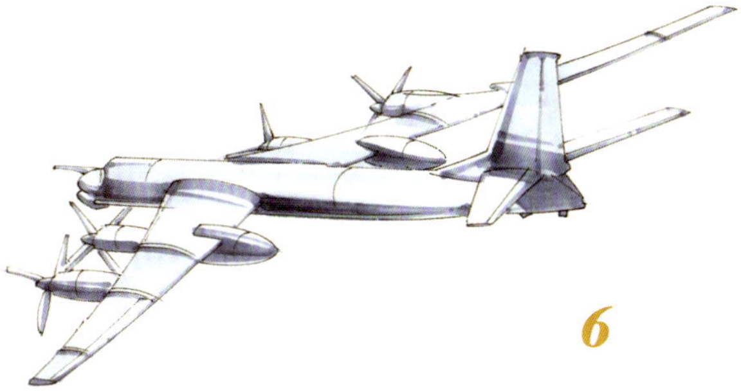

6

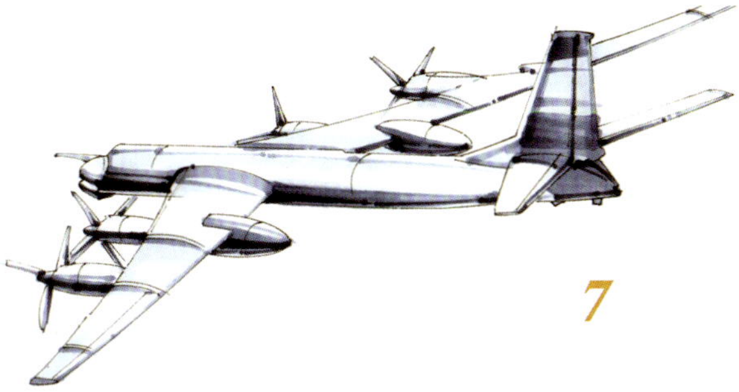

7

8

徐徐道来

我们选择从后侧角度看飞机，因而尾翼占据的面积比较大，刻画的重点应放在尾翼部分。表现尾翼的厚度时，要注意侧面颜色与正面颜色的区别。侧面的暗部同样要有透气性的刻画，只要能够看到暗部结构即可。这幅画绘制的笔触较明显，绘画感略强。

■ 日行千里

技术可以成为利器，也可以成为杀器，但技术本身没有过错。喷气式客机在没有硝烟的市场推动下，开启了一场交通运输的革命。而在无情的市场竞争中，波音公司凭借雄厚的技术实力和超常的经营魄力，推出一系列卓尔不群的优良客机，波音707、747、777，还有737、757、767，每一款客机都闪烁着那么耀眼的光芒，并最终挤垮了所有的竞争对手，成为称霸全球民航市场的民机制造商。然而，在地球的另一侧，欧洲各国联合起来，组建了空中客车公司，经过无比艰辛的努力，硬生生地从波音手中抢走了民机市场的半壁河山，上演了一场虎口夺食的精彩好戏。但是，对于普通人来说，巨无霸之间的争夺战无关要紧，要紧的是这场民航革命带给我们的是日行万里的快捷与舒适。

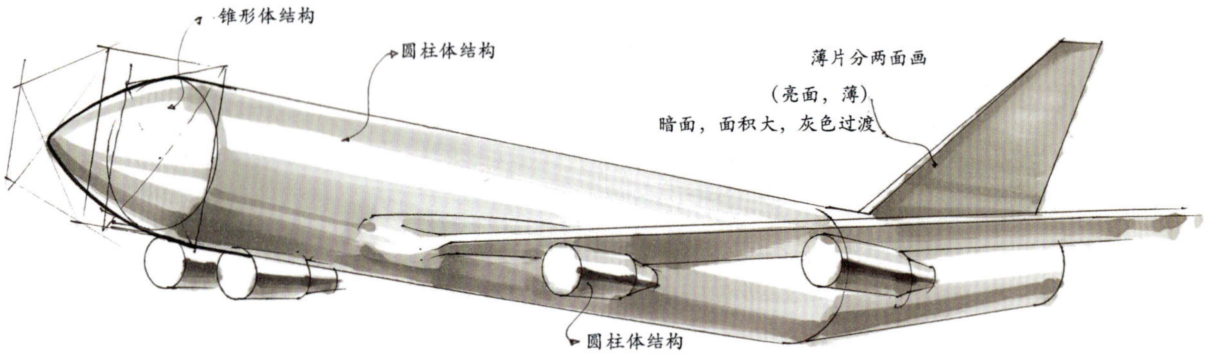

喷气式飞机机体多由圆柱体组成

多灾多难的彗星客机

身份证

名　　称：“彗星”4B

国　　别：英国

翼　　展：32.9米

机　　长：36米

机　　高：9米

最大起飞质量：71 669千克

最大燃油质量：28 304千克

最大巡航速度：847千米/时

最大载客量：72~101人

最大载重航程：5 021千米

微故事

1951年1月9日，为英国海外航空公司生产的第一架“彗星”号飞机——“彗星”1号出厂。经过一年的试飞，1952年5月2日，该公司就将这架飞机投入了伦敦至约翰内斯堡的航线。“彗星”号刚刚投入航线不久，它就以极大的速度优势吸引了航空公司前来订货。“彗星”喷气式客机的出现使民航客运的平均速度由400千米/时提高到800千米/时，极大地缩短了空中旅行的飞行时间，而且由于飞到了万米高空，又提高了飞行的平稳性和舒适性。

不幸的是，“彗星”号自投入使用后，接连出现了几次重大的空难事故。据统计，自1952年投入航线到1970年，重大事故就发生了21起，直接导致乘客死亡的事故就有11起。最惨重的一次发生在1970年7月3日，“彗星”4型客机满载112名乘客，结果所有乘客包括机组人员全部遇难。其余还有七起是机组与乘客全部死亡。发生空难的原因是飞机密封座舱结构发生疲劳破坏所致。正是由于“彗星”1号的教训，一门新的学科——疲劳力学诞生了。

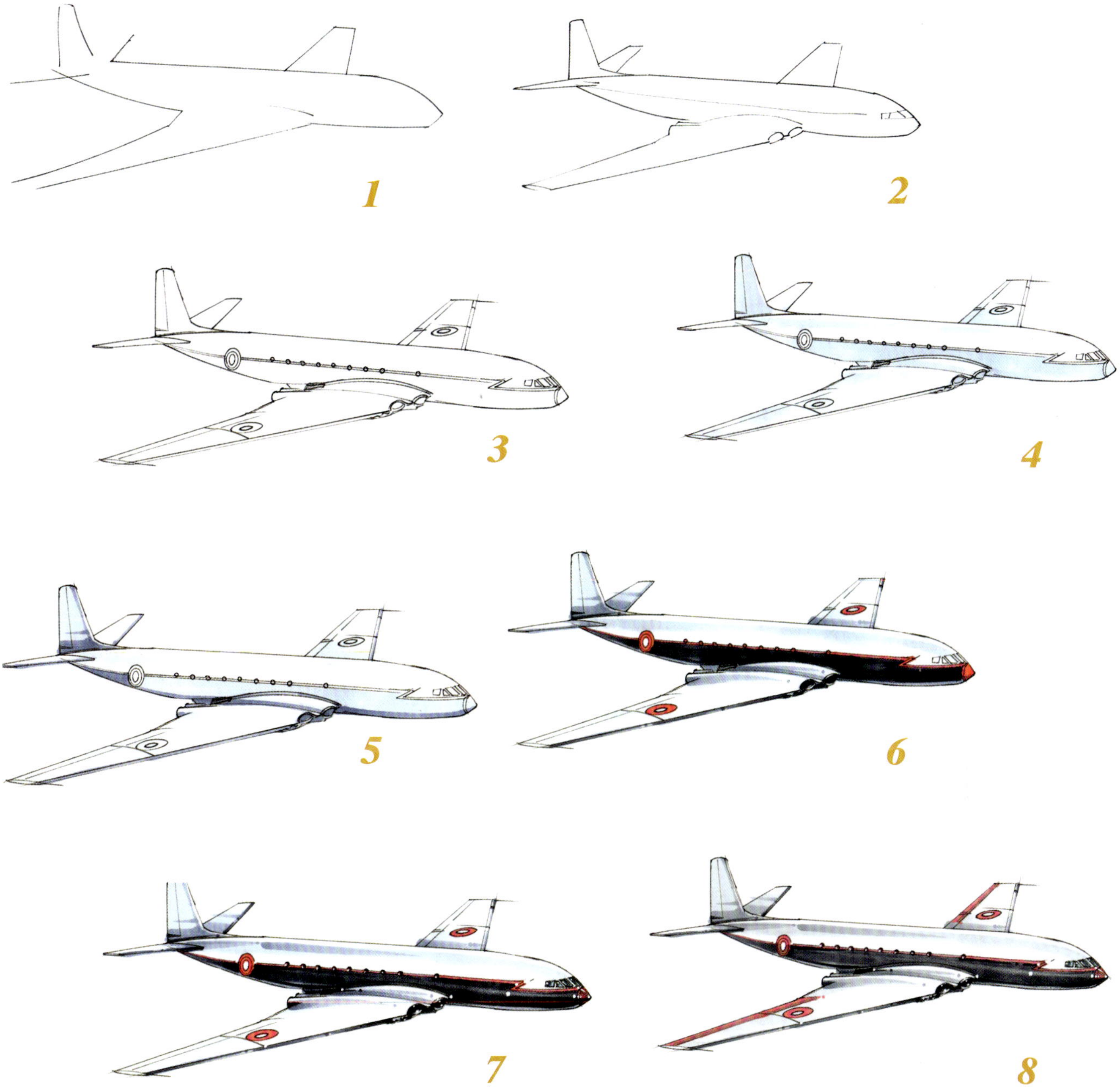

徐徐道来

从这个角度看，“彗星”客机宛若一只空中翱翔的海豚，优雅可爱。“彗星”客机整体的造型流畅圆润，很多细节部分都是弧形结构，绘制时要充分考虑弧线的连接问题。“彗星”客机的涂装很有特点，红色的条纹可以直接平涂，下半部分的中灰色平涂后需要找出明暗区别，应该运用圆柱体的刻画方法。绘制时，将窗口的位置放在红线的位置上，为画面增加了不少细节。

后来居上的波音707

身份证

名　　称：波音707
国　　别：美国
翼　　展：44.4米
机　　长：46.6米
机　　高：12.9米
最大起飞质量：150 590千克
最大燃油质量：72 500千克
最大巡航速度：966千米/时
最大载客量：219人
最大载重航程：6 300千米

微故事

1952年4月22日，波音公司董事会决定将喷气客机投入研制生产，对外编号367–80。考虑到市场的不确定性，367–80的设计具有双重目的：既可以作为客机，也能作为军用运输机，即使民用市场没有充足的订货，也可以寻求军方购买。这种首鼠两端的做法，是真正的市场高手的远见卓识。不出所料，美国空军把开发喷气式空中加油机KC–135的任务交给了它。KC–135借用了367–80的设计和技术，很快就研制成功了。美国空军第一批就订购了28架。KC–135共生产了820架，成为美国空中加油的主力机种。波音公司大赚了一笔。可是，真正的民用飞机却没那么简单。董事长艾伦的这项决定是波音创立36年来最大的冒险。一架707的造价是1 600万美元，可当时波音公司的资本净值才1 500万美元。1955年7月，波音公司得到空军的许可，在KC–135的基础上发展民用客机波音707。泛美航空公司于1955年10月13日订购了20架，合同金额1亿美元。至此，总算可以略微松口气了。波音707上市后，立刻成为民航客机中的明星，名利双收。就这样，波音公司开始了制造喷气式民航客机的全新征程。

知识舷窗

波音公司的创始人威廉姆·波音本来是一个木材商人。1909年，他到西雅图参观一场博览会时，首次看到飞机表演并且对飞机产生了浓厚的兴趣。他当即从格兰·马丁公司购买了一架飞机，并学习飞机驾驶技术。1916年，波音在西雅图注册成立了太平洋航空产品有限公司。两次世界大战使波音公司慢慢发展壮大。1960年代以后，波音公司的主要业务由军用飞机转向商用飞机，波音707一炮打响。波音公司后来发展了波音727、波音737、波音747、波音757、波音767、波音777、波音787等一系列喷气客机，逐步确立了全球主要的商用飞机制造商的地位。

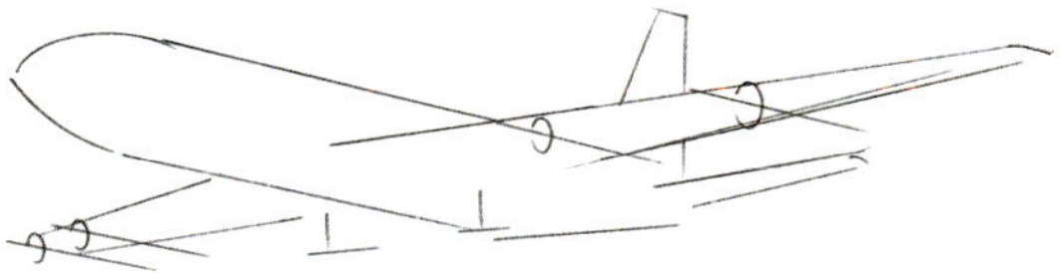

1

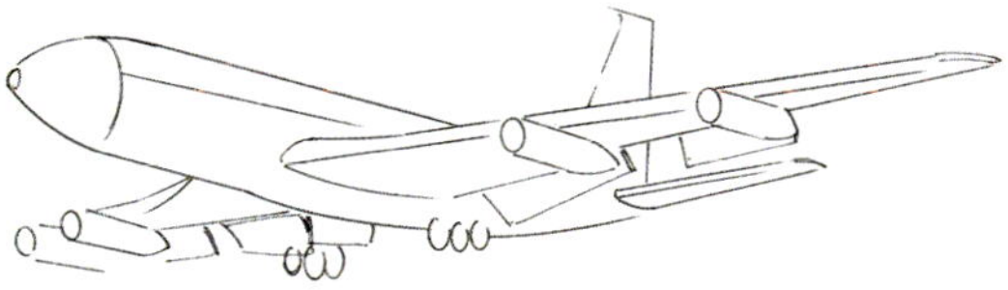

2

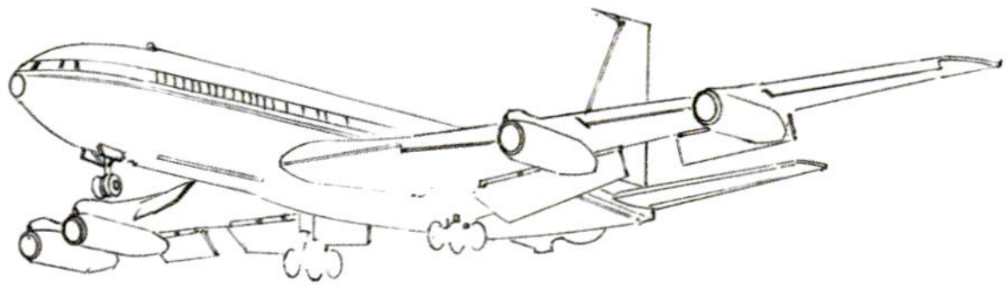

3

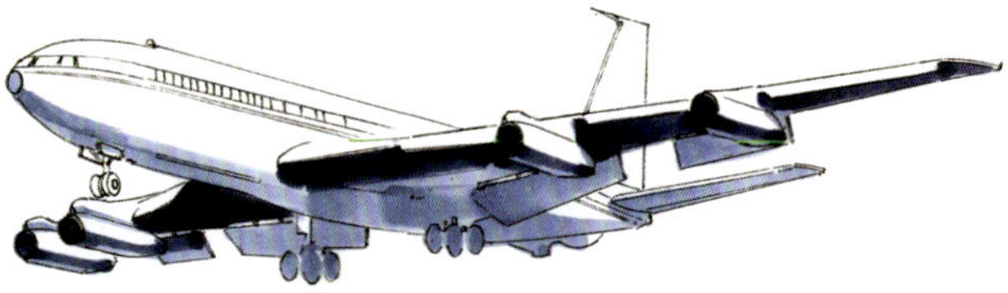

4

5

6

7

8

徐徐道来

波音707在仰角视觉中，机身的暗面面积较小，画面暗面主要集中在机翼与尾部。大面积的暗部刻画一定要分清前后层次关系，用明暗渐变分清各部分组件的连接位置，用反光与投影可以较清晰地区分出部件之间的连接关系。画面的精彩部分集中在暗面部分，蓝色涂装直接平涂即可，在画面中起到装饰作用。

宽体革命波音747

身份证

名　　称：波音747-400

国　　别：美国

翼　　展：64.4米

机　　长：70.7米

机　　高：19.4米

最大起飞质量：394 625千克

最大燃油质量：242 670千克

最大巡航速度：985千米/时

最大载客量：421人

最大载重航程：13 528千米

微故事

1968年9月30日，波音公司举办了盛大的首架波音747出厂仪式。这架编号N7470的宽体客机，全身银白，机窗下有一道亮丽红线。26位美丽的空姐代表26家航空公司，敲碎了26瓶香槟酒瓶，在芳香四溢的气氛中，光彩照人的波音747首次亮相于众人面前。人们不知道的是，这架客机的研制源于波音公司竞标美国军方大型运输机C-5A的失败。竞标C-5A失败后，波音公司自然就想要“军转民”，要把花在竞标上的钱赚回来。正好泛美航空公司董事长胡安·特里普想要一种400座的大型客机，并正式向波音预定25架，价值5.5亿美元。波音747的研制异常艰难，问题成堆，公司资金非常紧张，大肆举债，想尽办法找钱，以致于偌大的公司竟然演绎了造电车、种土豆和经营垃圾场的故事。

波音747上市后，逐步得到市场的认可，成为跨大洋航空运输的主力，波音公司也因此走向新的辉煌。

知识舷窗

特里普是美国民用事业航空的重要先驱者之一。他毕业于耶鲁大学，第一次世界大战时当过飞行员，1927年参与创办泛美航空公司，1930年把该公司经营成世界上最大的民航公司。他对航空新技术情有独钟，并一直扮演航空新技术“啦啦队长”的角色。1965年时，泛美航空公司每周有258个航班飞越大西洋，当年盈利5 000万美元。鼎盛时期其航线遍布六大洲160个国家和地区。由于后来者经营不善，泛美航空公司于1991年破产倒闭。

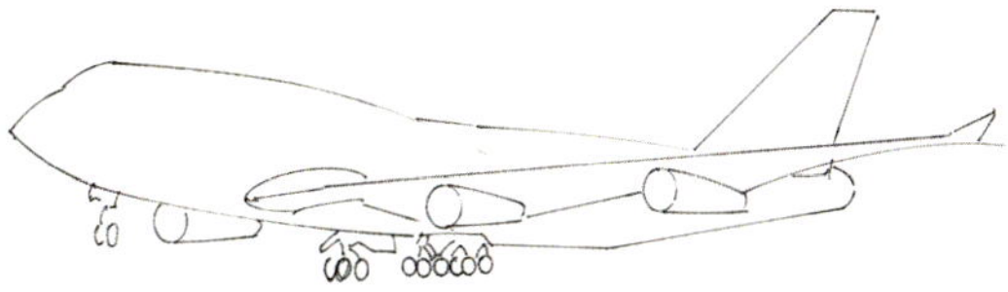

1

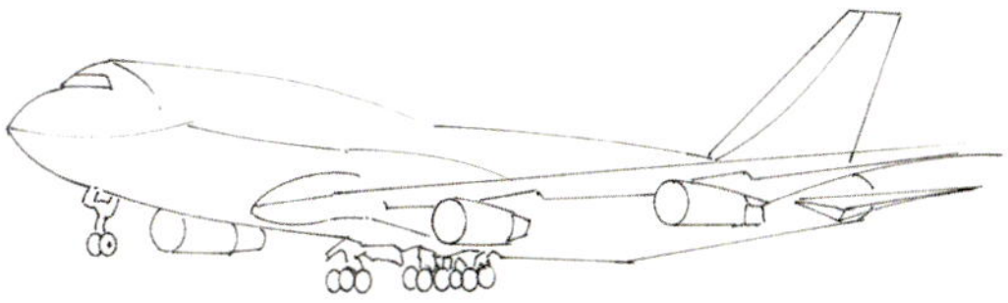

2

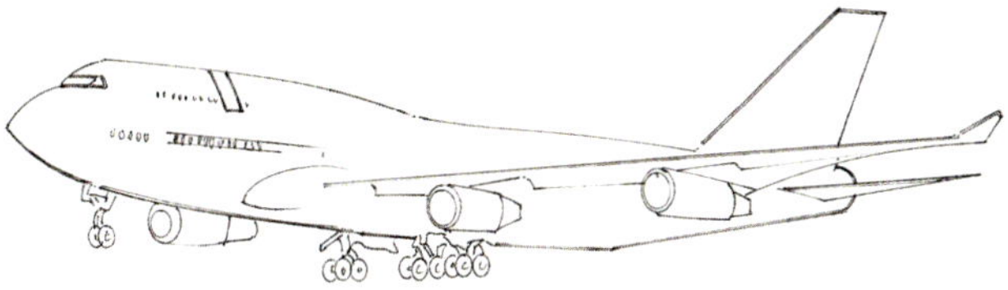

3

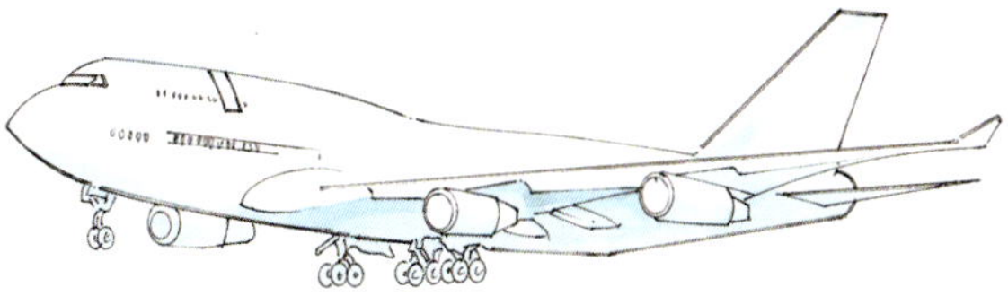

4

5

6

7

8

徐徐道来

波音747在相当长的时间内都是最大的客机，载客量大，机体宽大，造型大气，“鹅包机头”是其标志性设计。波音747型号的飞机机身同样可作为一个标准的圆柱体去概括绘制，蓝色的涂装面一样符合圆柱体的结构画法。机翼离我们的眼睛较近，所以明暗对比刻画的相对强烈；发动机的刻画也比较精致，都是属于画面的前面位置，需重点刻画。

无纸设计波音777

身份证

名　　称	波音777-300
国　　别	美国
翼　　展	60.9米
机　　长	73.9米
机　　高	18.5米
最大起飞质量	299 370千克
最大燃油质量	135 845千克
最大巡航马赫数	0.89
最大载客量	550人
最大载重航程	10 593千米

微故事

1986年冬天，波音公司考虑发展一种填补波音767－300和波音747－400之间的市场空白的飞机，称为波音777。波音公司在研制过程中，采用了多种创新方式。在管理模式上，波音公司第一次大规模实行“和用户携手合作”的办法。波音公司邀请美国联航等8家航空公司派出技术人员，从始至终与波音公司工程部门一起工作。在技术创新方面，波音777比以前各型波音飞机向前迈出了一大步，机翼设计采用效率最高的空气动力学翼型；为了减少机场拥挤，机翼翼尖可以折叠；用户可以自主选择由三家发动机公司研制的不同发动机；在飞机结构上广泛使用复合材料。波音公司还第一次全部使用计算机辅助设计和制造系统，实现了“无纸设计”，并采用电子化预装配整架飞机，提高了精度和质量。

1994年6月，第一架波音777首次试飞，随后用5架飞机完成了为期11个月的试飞计划。1995年4月19日，波音777成为第一个获得美国联邦航空局和欧洲联合适航局颁发的型号设计证书和生产许可证的飞机。同年5月3日，波音777又成为航空史上第一种在开始投入使用就获准作ETOPS的飞机。一周后，波音777在美国联合航空公司投入客运，成为世界上最大的双发喷气客机。

知识舷窗

随着计算机辅助设计和制造的发展和普及，无纸化设计逐渐实现。无纸化是指所有参与设计的相关人员都具有办公自动化能力和计算机辅助设计能力，不需要手工书写和绘制图纸，所有图纸都以电子文件的形式存在。因此，在产品设计、加工过程中，图纸就是三维或二维的电子文档，直接用三维图生产加工，不需要打印图纸。波音777是世界上第一架无纸化设计生产的大型客机。

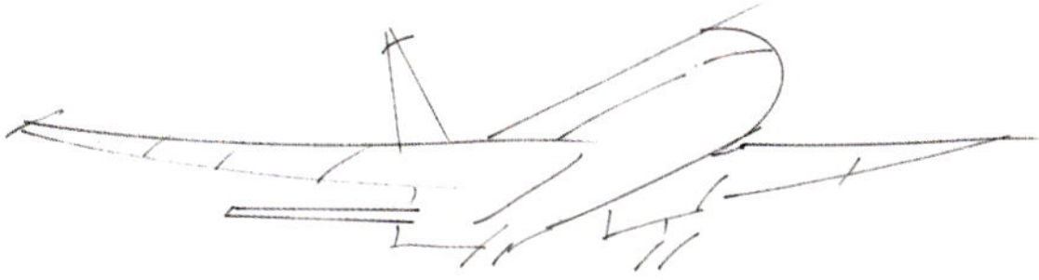

1

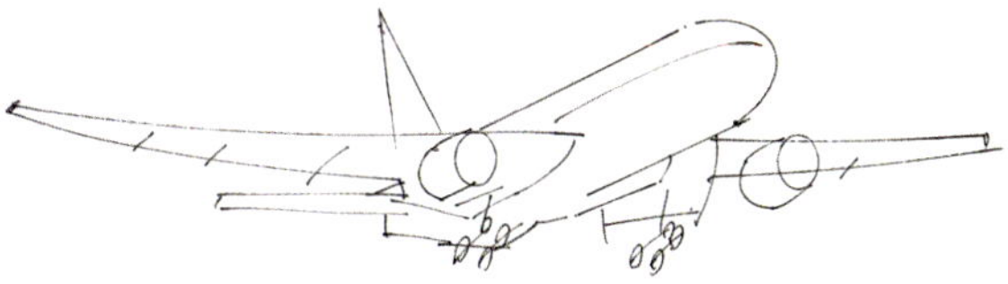

2

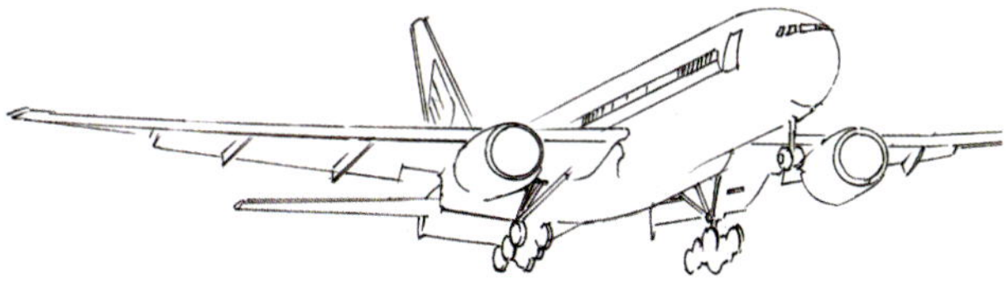

3

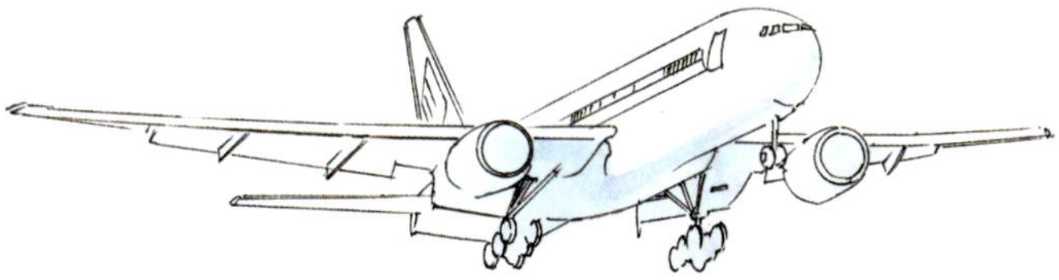

4

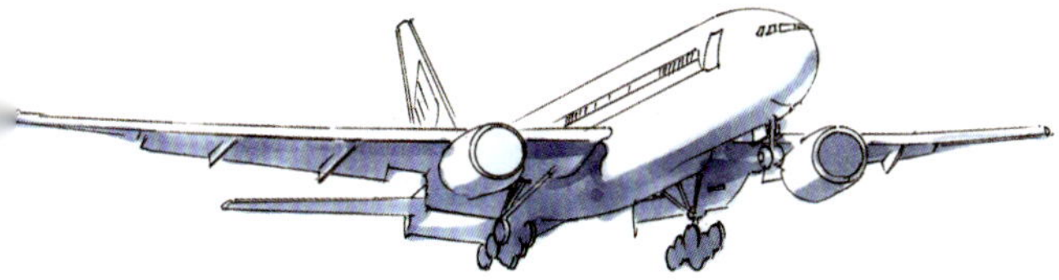

5

6

7

8

徐徐道来

迎面而来的飞机机身结构依然属于圆柱体造型。应该注意圆柱体的透视与走向，两侧机翼用颜色渐变的方法逐渐过渡延伸，使层次对比度逐渐减弱。发动机部位的光泽度较强，在画面中是一个亮点，整体的高光画法遵从光照的方向去刻画，高光点依附于面与面之间的分界上。

空中巨无霸空客A380

身份证

名　　称：空客A380-800

国　　别：欧洲多国（英法等）

翼　　展：79.87米

机　　长：72.7米

机　　高：24.1米

最大起飞质量：575 000千克

最大燃油容积：320 000升

最大巡航马赫数：0.96

最大载客量：800人

最大载重航程：15 200千米

微故事

空客A380大型客机比波音747-400还大了35%，最大载客量高达800人。A380首航之后，各种复杂的测试项目接踵而来，2006年进行的环球载客测试飞行则是正式交付前的重头戏。虽然这次测试以技术试验为主要目的，但精明的商家不会白白放过如此大好机会，本来严谨甚至刻板的技术测试，竟然变成了一场堪称豪华的“全球秀”。这场测试历时17天，A380先后降落停靠亚洲、非洲、大洋洲和北美洲的多个国家，还先后抵达香港、广州、北京和上海。验证飞行任务由空客公司和欧、美适航当局（EASA和FAA）的联合飞行机组来完成。飞行线路均为闭合航线，起点和终点都是A380的诞生地图卢兹。

11月13-16日：法国图卢兹—新加坡—韩国首尔—新加坡—图卢兹

11月17-20日：图卢兹—中国香港—日本东京—图卢兹

11月21-24日：图卢兹—中国广州—中国北京—中国上海—图卢兹

11月25-30日：图卢兹—南非约翰内斯堡—澳大利亚悉尼—加拿大温哥华—图卢兹

可以看得出来，这场测试飞遍全球，的确是一个广告推销的大好时机。每到一个地方，空客都要大肆宣传一番，吸引了无数人的眼球，收获了无数的赞叹！此后，空客380的确收获了不菲的订单，真正是名利双收！无论如何，空客A380终于超出了波音747的载客量，成为新一代的载客量最大的客机。

知识舷窗

空中客车公司是欧洲一家飞机制造、研发公司。1970年12月18日，在巴黎凡尔赛大街160号，由法国、德国联合组建挂牌。其实，早在1967年9月，英国、法国和德国政府签署一个谅解备忘录，开始进行空中客车A300的研制工作。1972年10月28日，第一架A300进行了成功的首飞。A300于1974年3月15日通过法国适航局（DGAC）和德国适航局（LBA）的型号合格审定，于1974年5月30日通过了美国联邦航空局(FAA)的型号合格审定。空客的发展历程并非一帆风顺，尤其是1976年，空客公司仅售出一架A300飞机。但是经过坚忍不拔的努力，凭借A300优异的性能，终于打开了市场，取得了一席之地。之后，空中客车又推出了A320、A330等客机，给世界民航机业界带来了新的气象。

1

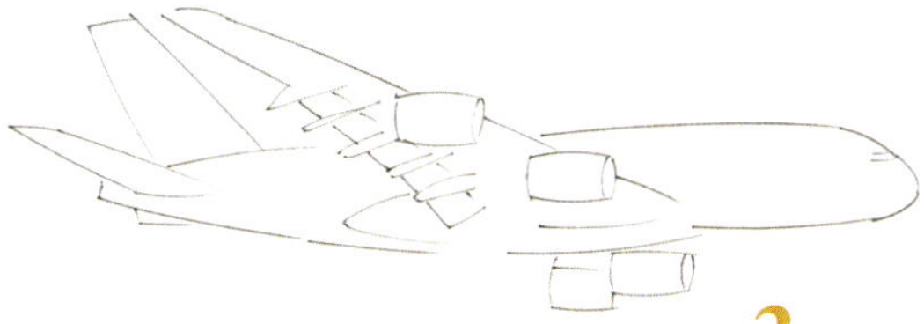

2

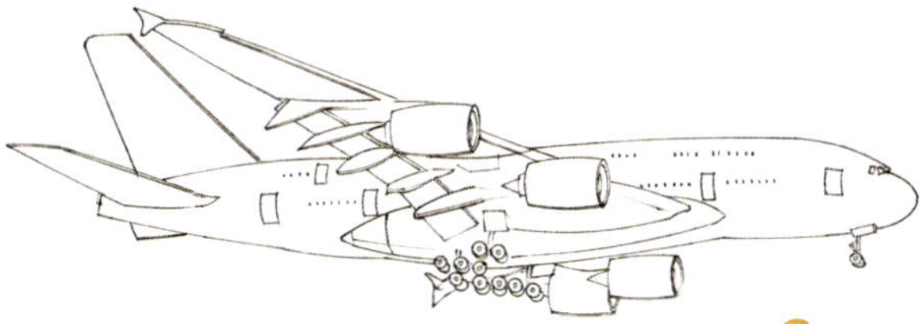

3

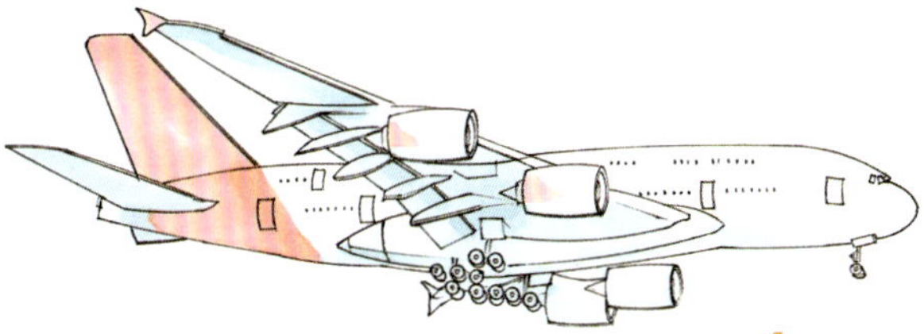

4

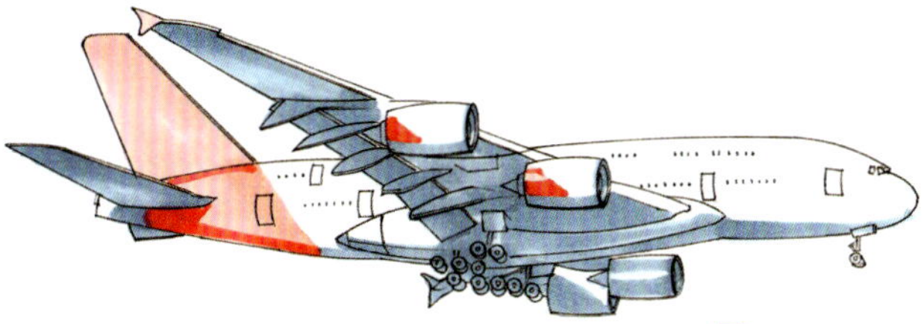

5

6

7

8

徐徐道来

空客A380造型大气，从侧下角度看，颜色丰富，细节饱满，应注意涂装色与镂空这两个细节。画面的主要色调处于暗部，应注意暗部的层次对比，做出透气感。机翼镂空处的面积很小，画完后再用高光笔修出镂空造型，但应避免刻画得过于拘谨而造成的笔触杂乱。亮部的大色调主要用马克笔平扫，做出细微的色差即可。涂装色在画面中鲜艳抢眼，绘画时注意区分涂装色处于明暗交界的区域，应画出对应的红色色块。

■ 空中巨舟

在遥远的古代，人们逐水草而居其实是无奈的选择。水不仅仅是生命的源泉，水还是运输的主要途径。在火车发明之前，几乎所有的发达城市都处在水上交通要道上，其重要的原因正在于此。飞机发明后，空中运输一直是人们追求的目标，空中运输必然快捷、方便、高效。而且，空中运输没有道路的限制，可以运送超大型的装备。

与战斗机一样，对空中运输推动最大的动力是战争。物资运输是决定战争胜负的重要因素。世界上的大型运输机差不多都发轫于军事用途。无论军用仰或民用，这些空中巨无霸本身就是不朽的传奇。

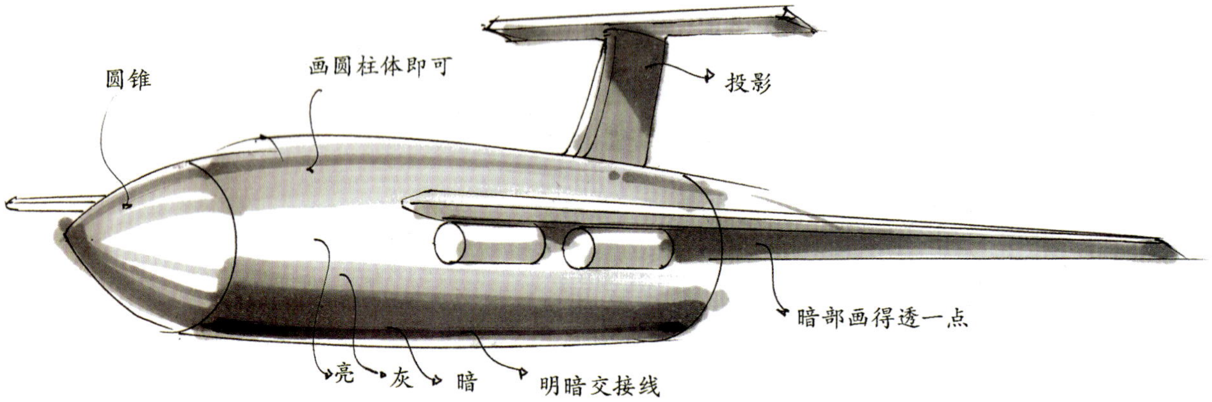

更简洁明了的概括形式，圆锥、圆柱、薄片式立方体，从简单几何体去理解飞机造型

空中大力神C-130

身份证

名　　称：C-130H“大力神”运输机	最大起飞质量：70 310千克
国　　别：美国	最大有效载重：19 356千克
翼　　展：40.4米	最大燃油容积：36 416升
机　　长：29.8米	最大巡航速度：602千米/时
机　　高：11.7米	最大载重航程：3 791千米

知识舷窗

凯利·约翰逊是著名飞机设计师。1937年，约翰逊设计的P-38“闪电”战斗机是第二次世界大战中美国最知名的战斗机之一。第二次世界大战结束后，约翰逊研制出美国第一架喷气式战斗机F-80。1954年2月，他研制的F-104试飞成功，成为美国第一架超声速两倍的战斗机。不过在约翰逊研制的飞机中，最著名的还是U-2侦察机和SR-71远程战略侦察机。约翰逊一生设计了40多种军机，曾被授予自由奖章、莱特兄弟奖、国家安全奖章等。

微故事

洛克希德C−130“大力神”是世界上设计最成功、使用时间最长、服役国家最多的运输机之一，从1954年8月23日首飞至今已服役60余年，有70余个国家或地区使用。人们不知道的是，这架飞机在设计之初却遭到知名的凯利·约翰逊的否决。1951年4月，37岁的霍金斯应美国空军新型运输机的招标，带领团队奋战两个多月拿出了Model82方案，并制作了一个模型。谁知，凯利·约翰逊看了模型并翻阅了方案书的性能部分，认为这个方案不可行。但是公司副总裁希巴德支持。1951年7月2日洛克希德公司中标。其实，霍金斯此前已经参与设计了洛克希德的不少经典飞机，他是P−38、“哈德森”和“北极星”的构件设计师，1947年他组织并领导了一个团队研制X−7冲压动力验证机。他还是“星座”、P−80、XF−90、F−94和F−104初步设计小组负责人。现在，终于要在C−130运输机上大显身手了。1954年8月23日，YC−130首次飞行。空军对两架原型机的试验表示满意，1956年12月9日开始交付美国空军使用。一款经典飞机就此问世。C−130可在前线简易机场跑道上起落，向战场运送或空投军事人员和装备，返航时可用于撤退伤员。C−130改型后适用于执行各种任务。用于电子监视、空中指挥、控制和通讯的型别有EC−130、EC−130Q等；此外还有搜索救援和回收型、空中加油型、特种任务型、气象探测型、海上巡逻型及空中预警型等。

徐徐道来

C−130的机头并不是光滑的圆柱体形体，而是有几处转折，亮面上色非常少，且颜色层次并不分明。绘制的重点是明暗交界线与暗部的刻画，在暗部中寻找层次；反光与明暗交界线的层次变化非常大，使画面的光线充足；发动机的明暗对比要逐渐减弱，可以展现空间推进的效果。

庞然大物C-5

身份证

名　　称	C-5B运输机
国　　别	美国
翼　　展	67.9米
机　　长	75.5米
机　　高	19.9米
最大起飞质量	379 657千克
最大有效载重	118 387千克
最大燃油质量	150 815千克
最大巡航速度	908千米/时
最大载重航程	5 526千米

微故事

2006年4月3日清晨，一架编号为4059的C-5计划从美国多佛空军基地起飞，前往位于德国的美军拉姆施泰因空军基地。机长特瑞斯具有C-5机型上万个飞行小时经验，飞行工程师高达12000个飞行小时，可谓经验丰富。这架飞机于6：11分起飞，10分钟后，机场塔台接到机组报告说，出现紧急情况，需要返回机场着陆。就在飞机调回头，对准跑道时，一头扎了下来，在跑道外触地，机头和尾部断裂，与主机身分离。机上有14人轻伤，一人骨折，三人脊椎扭伤。这是C-5巨无霸服役37年来首次在美国本土坠毁。事后调查显示，飞机起飞时，飞行机组发现2号发动机的“反推力装置未锁定”指示灯燃亮起来后，根据操作程序，关闭这台发动机，并返回基地机场。飞机调头回飞时，副驾驶拉福瑞达把所有发动机功率调到慢车状态，开始下降。但是他犯了一个错误——关闭2号发动机的同时，也把1号和4号发动机关掉了，只剩下3号发动机处于慢车的工作状态。其次，根据C-5飞机的操作要求，着陆时，襟翼应放置在40%~62.5%位置上，但是拉福瑞达把襟翼错误地放置到100%位置上，飞机阻力骤然增加，这一错误使飞机速度比计划减少了37千米/时。如果襟翼操作符合着陆操作要求，两台发动机就可以保证安全着陆。飞机处于最终进近阶段时，飞机位于最低安全高度的一半都不到。机组发现这个问题，连忙修正，但已来不及，飞行高度仅有45米，随即进入失速状态，飞机无法保持姿态，机尾撞上一根电线杆，激烈扭转，驾驶舱与机身分离，机身在地上犁行了一段距离后，在距离跑道口不足300米的地方停了下来。2006年6月14日，美国空军机动司令部发布调查报告，认为这是一起人为操作事故。

知识舷窗

襟翼是指飞机机翼边缘部分的一种翼面形可动装置，主要用于增加飞机升力。襟翼可装在机翼后缘或前缘，可向下偏转或（和）向后（前）滑动。依据所安装部位和具体作用的不同，襟翼可分为后缘襟翼、前缘襟翼。

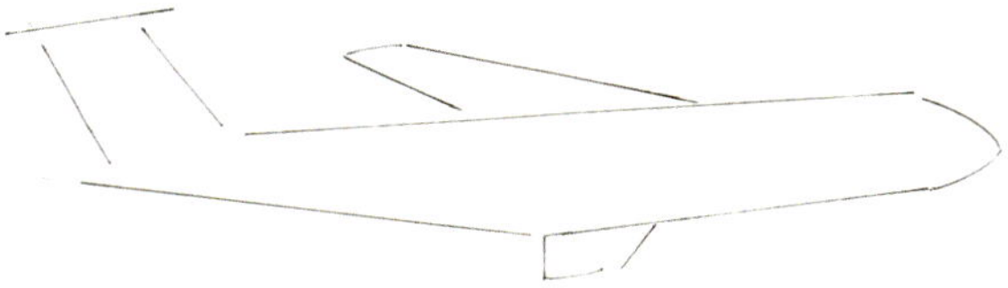

1

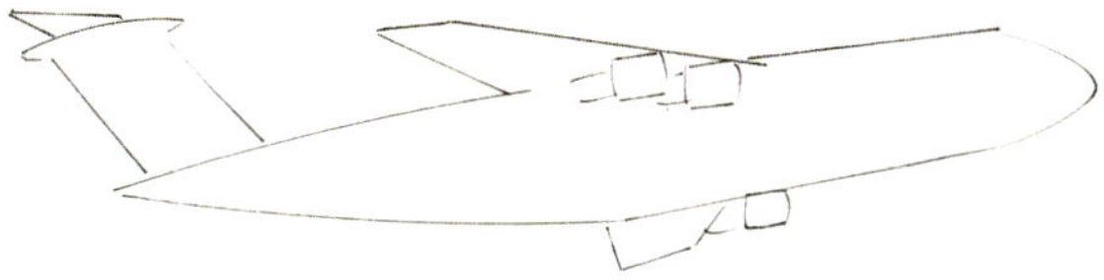

2

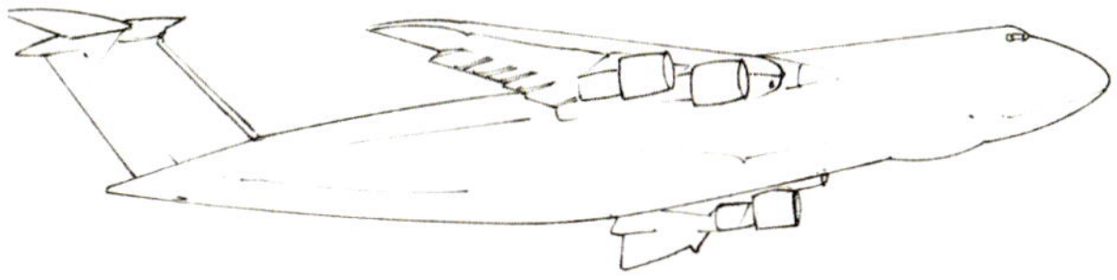

3

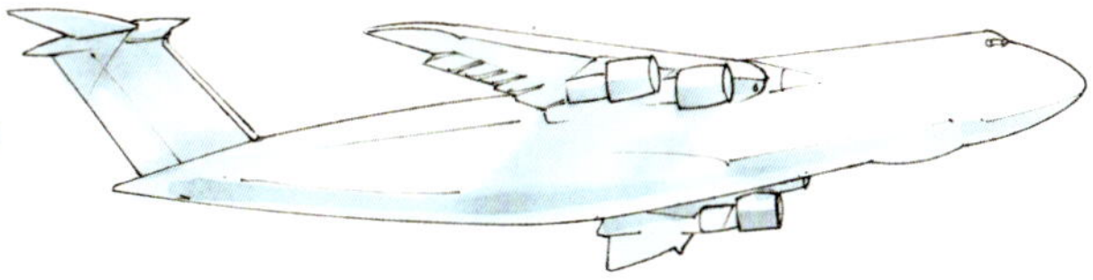

4

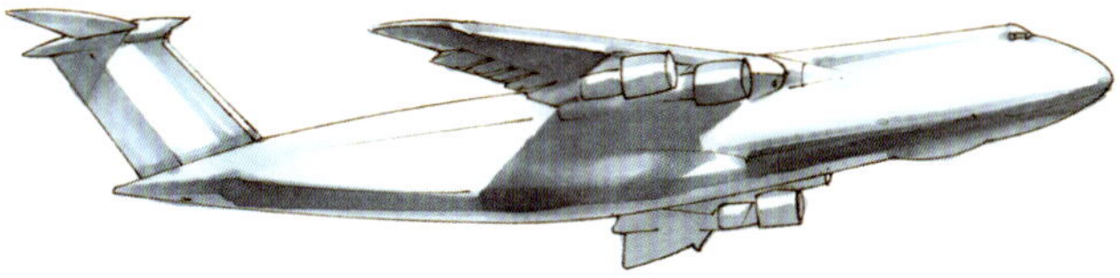

5

6

7

8

徐徐道来

暗部画明暗，亮部画结构。暗部多用明暗变化来区分结构，亮部用颜色层次来表示起伏。从机翼到投影处，可以看到颜色的深浅变化非常丰富，同时一层层的结构关系也明晰地体现出来。在马克笔的绘画中，要学会合理利用颜色变化来表示结构。亮部颜色少，对比较弱，用马克笔画时必须体现结构的起伏变化，从而使形体结构明确，画面干净。

环球霸王C-17

身份证

名　　称：C-17A

国　　别：美国

翼　　展：50.3米

机　　长：53米

机　　高：16.8米

最大起飞质量：263 083千克

最大有效载重：78 108千克

最大燃油容积：102 610升

低空巡航速度：648千米/时

最大载重航程：4 445千米

微故事

2015年11月29号中午12点半左右，最后一架C-17从波音的长滩总装厂起飞，飞往波音的圣安东尼奥工厂，等待交付卡塔尔空军。至此，几年来C-17要停产的消息终于尘埃落定，成为不可逆转的现实。

在美国的运输机中，C-17应该是比较“年轻”的一代，而且是一种非常特殊的运输机型，实际上是全世界唯一一种能同时完成战略与战术运输能力的大飞机。这种机型于上世纪80年代开始研发，历时14年，耗资34亿美元，被称为环球霸王，技术相当先进，载重量远大于现役的C-130，装卸方便省时，而且这个庞然大物能够在仅900米长的简陋跑道上起降。1996年，在执行波斯尼亚的运输任务时，由于萨拉热窝的机场跑道遭到破坏，C-5运输机无法起降，而C-17却能够在这样恶劣的条件下起落自如。如此精品，为何要停产呢？原因很简单，美国现在已经拥有足够多的C-17运输机，完全可以满足美国的需要，一时不会再采购这种飞机。但是这款飞机价格高达3.2亿美元，因而全世界也没有几家能够买得起，连英国当初都只能租用。因此，这款性能优异，价格昂贵的飞机就只能“含恨”停产了。

知识舷窗

1980年2月，美国空军提出了C-X重型运输机的需求草案，当时的波音、洛克希德、麦道都提出了C-X的设计方案，最终麦道公司中标。麦道公司全称为麦克唐纳-道格拉斯公司，是当时美国制造飞机和导弹的大企业。1939年由詹姆斯·麦克唐纳创办，称麦克唐纳飞机公司；1967年兼并道格拉斯飞机公司，改称为麦道公司。麦道公司经过10多年的研发，终于研制出了C-17，并得到各方面的认可。1997年波音公司兼并了麦道公司，C-17也自然而然地又成了波音公司的产品。

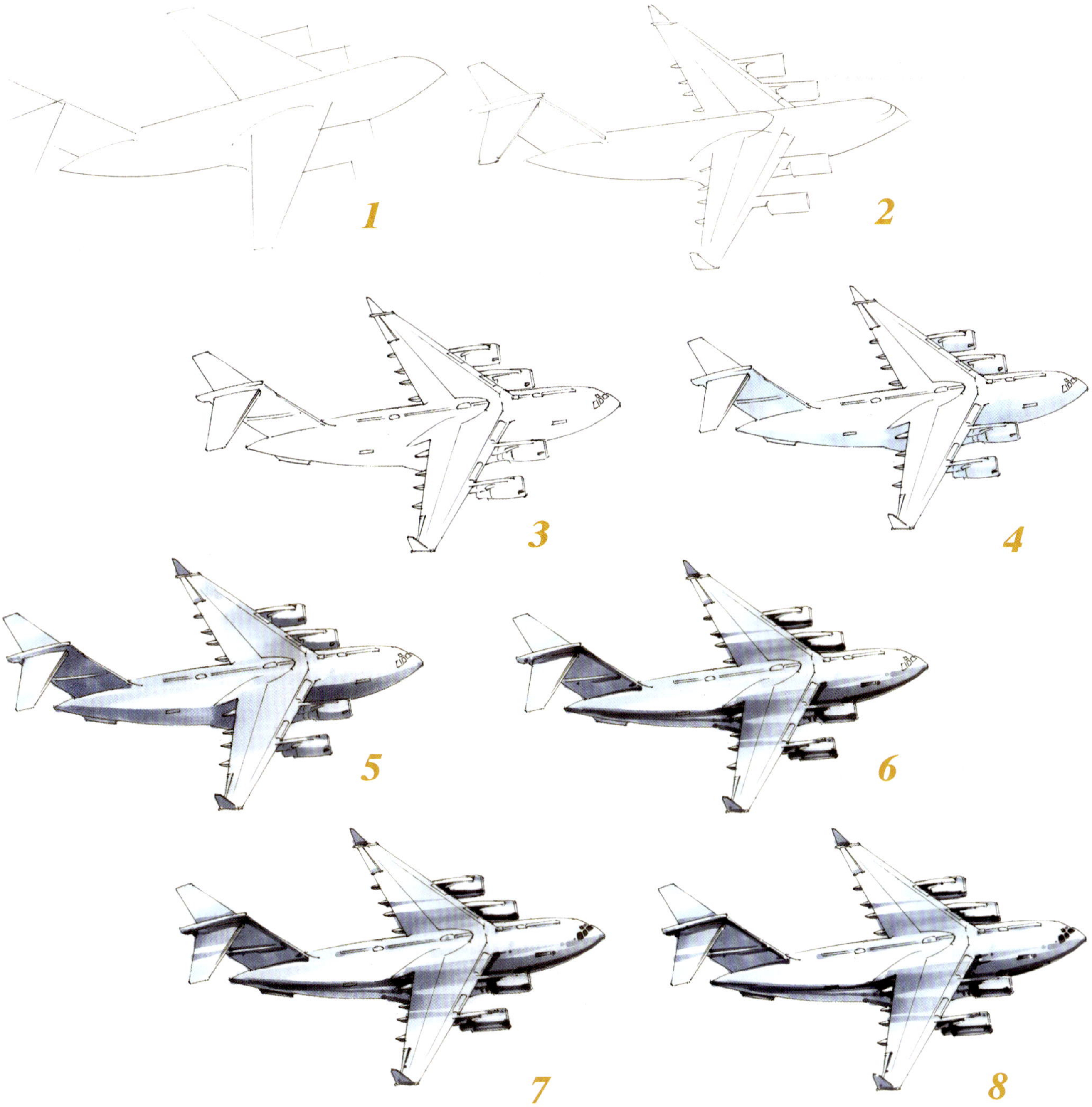

徐徐道来

首先，把C-17的明暗面找出来，暗面部位基本平涂，略作色调对比，加深明暗交界线，凸显暗部的反光。这时，我们想要的画面效果基本达到了。亮面则可以用笔的宽头快速扫动，不过要注意宽笔和细笔的对比关系。宽笔与细笔的对比在很多画幅中都可以看到，应充分利用这种笔触的对比。

蓝天遨游伊尔-76

身份证

名　　称：伊尔76-TD-90

国　　别：苏联

翼　　展：50.5米

机　　长：46.6米

机　　高：14.77米

最大起飞质量：195 000千克

最大有效载重：60 000千克

最大巡航速度：900千米/时

最大载重航程：4 300千米

微故事

1996年11月12日，一架从哈萨克斯坦起飞的伊尔-76货机飞至新德里附近上空时，与一架沙特阿拉伯的波音747-168B飞机迎面相撞。伊尔-76的左机翼削开了沙特747的机身后半部和机尾，并使其立刻解体。两架飞机坠毁后，349名乘客全部死亡。这是一起十分罕见的大型飞机空中相撞事故，尤其是在10 000米以上的高空相撞更是少之又少。其实，民航机是非常笨拙的，机动性很差。因为民航机的重点是多载客人，要求乘坐舒适，飞行平稳，所以在设计时就不会把飞机机动性作为重要因素来考虑。再说，乘坐民航机的都是普通客人，普通人是受不了严重的过载超重的。所以民航机实际上不能做激烈的动作，急升、急降、急拐都是做不来的，只能慢慢爬升，慢慢下降，慢慢侧身拐弯。同样，运输机的机动性也是比较差的。为了飞行安全，现在民航机上都装有空中防撞系统，而且所有民航机都必须按照预定的路线，在地面指挥系统的调度下飞行，因此一般情况下是不会相撞的。

知识舷窗

伊留申设计局是苏联著名飞机设计单位，以飞机设计师伊留申命名，主要设计攻击机、轰炸机和运输机。苏联解体后，伊留申设计局已改制为莫斯科的伊留申航空股份公司联合体和乌兹别克斯坦塔什干市的塔什干飞机生产企业。1933年，伊留申实验设计局成立，伊留申任总设计师。1938年，伊留申设计出伊尔-2攻击机。伊留申设计局还设计出伊尔-4轰炸机，这是当时苏联性能最优秀的战略轰炸机。战后，伊留申设计局主要转入运输机研制。1957年，伊尔-18远程客机问世。1963年，伊尔-62大型远程客机试飞成功。1974年，伊留申设计局设计了伊尔-76中程中型运输机。

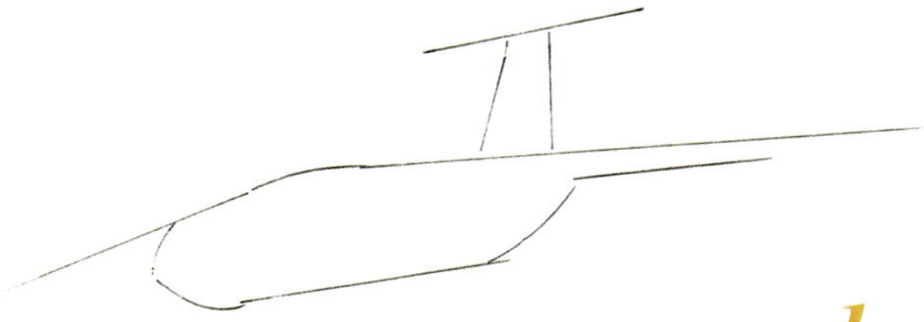

1

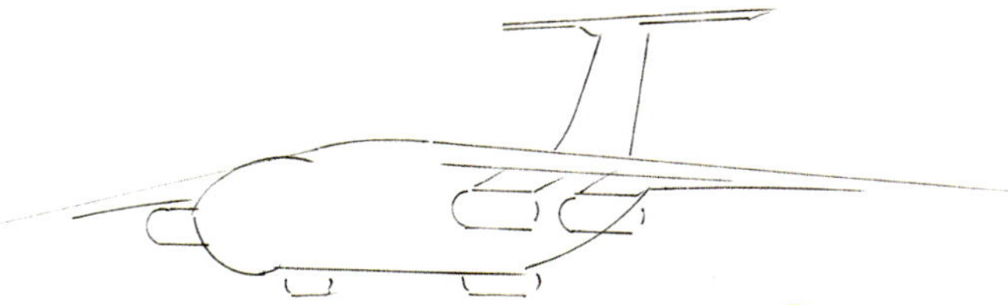

2

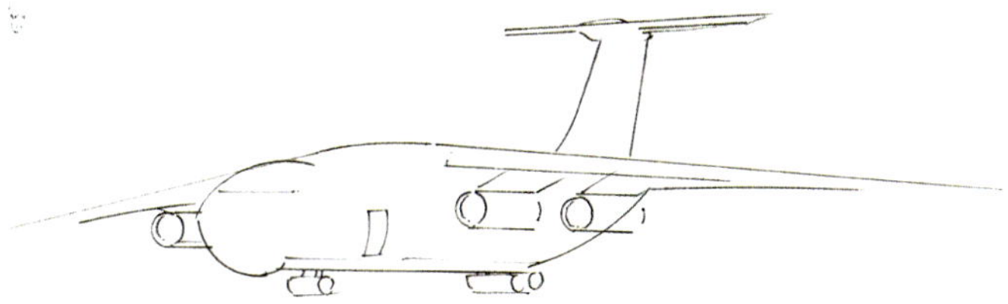

3

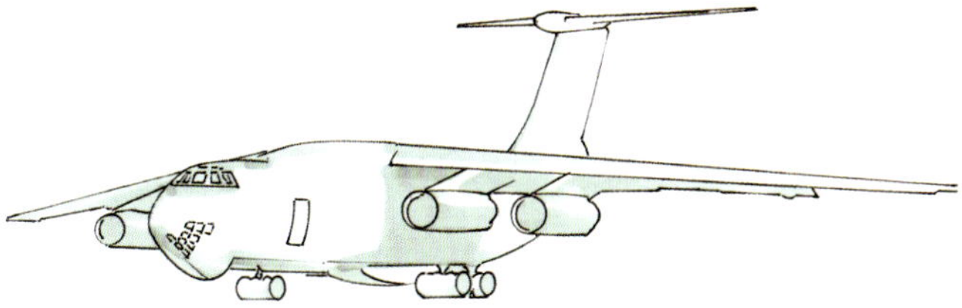

4

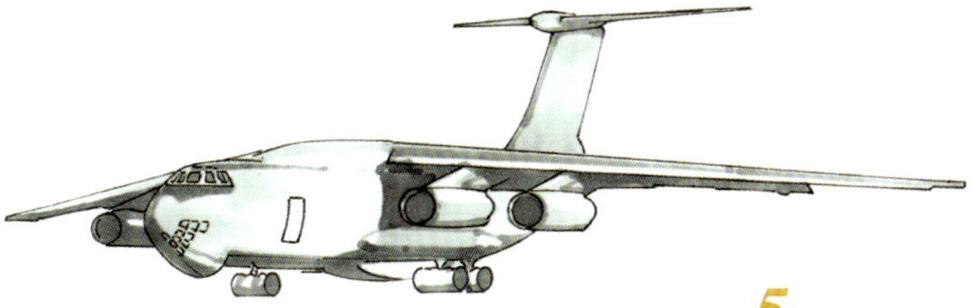

5

6

7

8

徐徐道来

画幅中深色面积较少，并且位置集中。亮部的笔触应尽量快速扫画，作出细微的色差最好，层次应保持在中间亮、两边暗，以体现出圆弧的体积感。适当在暗部边缘处顺着结构描出较窄的暗面，以完善暗部的色调层次。机翼与尾翼的转折面刻画得非常精彩，圆润而又对比强烈。机翼的刻画是在机翼上缘将反光推远，在高光附近将对比略为加大而形成效果；尾翼上的对比则是合理地利用了高光。

中国大运运20

身份证

名　　称	运20运输机
国　　别	中国
翼　　展	50米
机　　长	47米
机　　高	15米
最大起飞质量	220 000千克
最大有效载重	66 000千克
低空巡航速度	800千米/时
最大载重航程	4 400千米

微故事

运20大型喷气式运输机，是中国自主研发的新一代重型军用运输机，由中国航空工业集团公司第一飞机设计研究院设计、西安飞机工业集团为主制造，并于2013年1月26日首飞成功。运20运输机由西飞负责包括总装在内的大部分制造工作，沈飞、成飞、陕飞、哈飞及上飞也参与部件制造。运20参考了C−17、伊尔−76的气动外形和机体结构，并创新加入了超临界机翼设计。与中国目前使用的伊尔−76运输机相比，运20的电子设备有所改进，载重量也有所提高。运20飞机入役后将成为我军远程战略运输的新主力，对我国空军的发展具有重要的意义。

知识舷窗

大型军用运输机一般指最大起飞质量超过100吨的军用运输机。按用途划分，大型军用运输机又分为战略运输机和战术运输机两类。现代大型运输机的航程已达数千甚至上万千米，经过空中加油后，可实施全球输送。目前世界上的大型运输机有美国的C−5、C−130、C−17、俄罗斯的伊尔−76、安−225、安−124等。

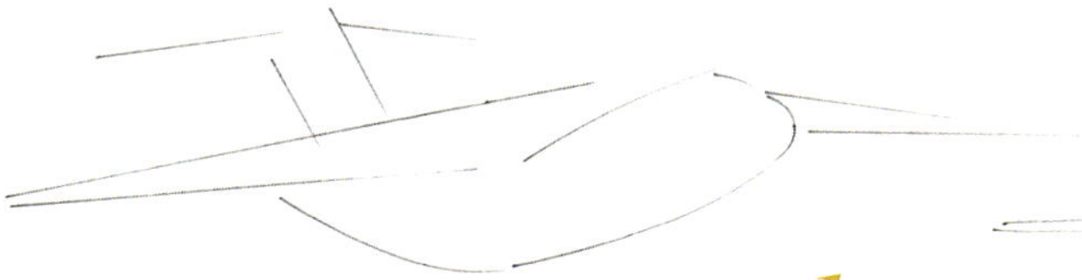

1

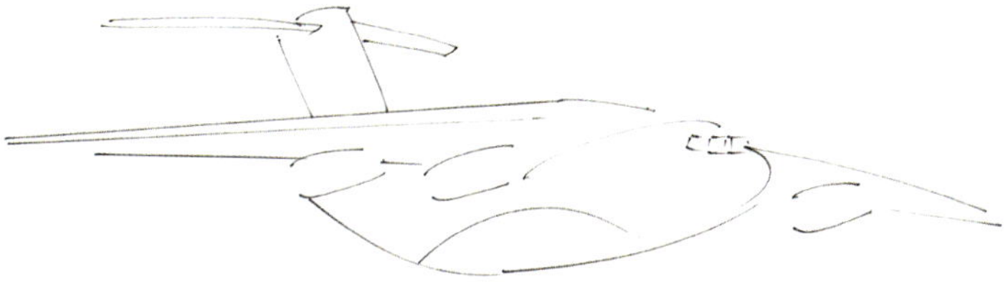

2

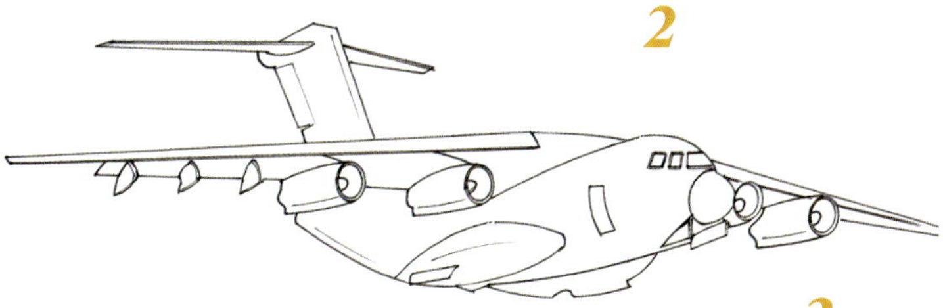

3

徐徐道来

运20的色块划分非常明显，大块的色调简单简洁。马克笔的笔触都可组合成大面积的色块，并适当强调了转折线的明暗对比，与暗部的虚化处理构成了空间关系，强化了空间层次。这幅画中色块与色块的对比相对整齐。绘画时，如果想要画面整齐，就可以考虑将笔触集中为色块画出来。

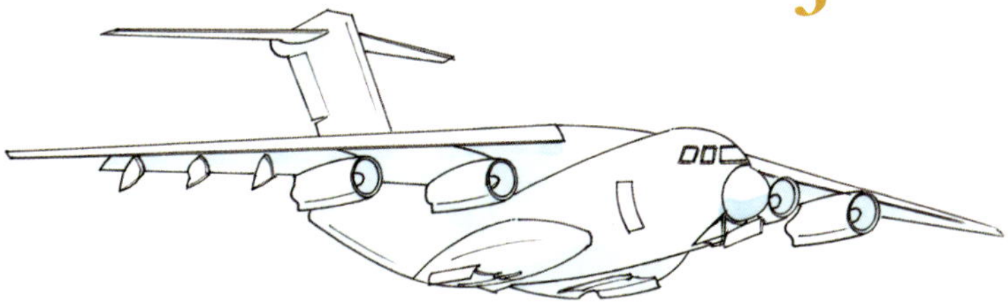

4

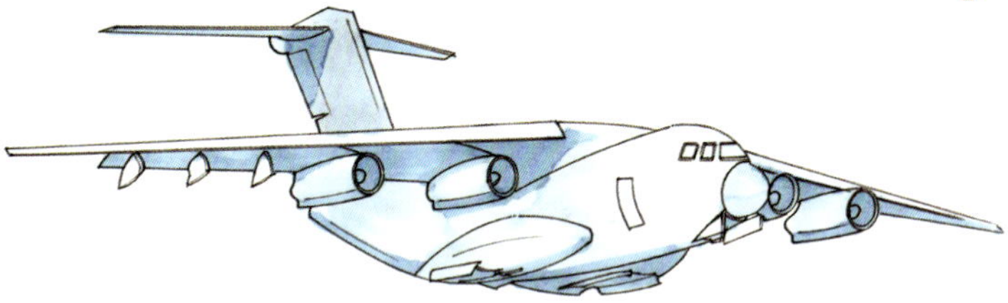

5

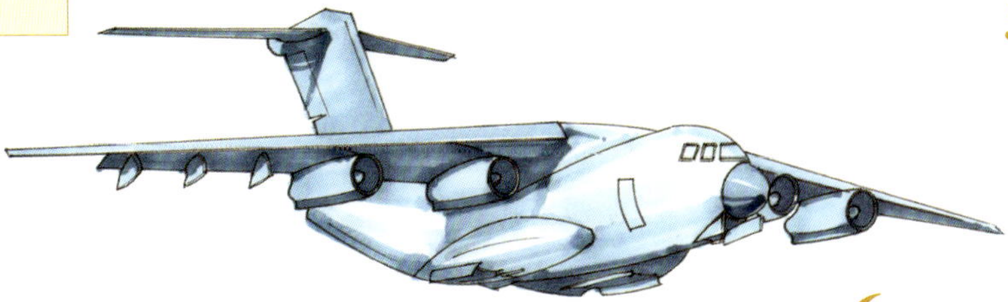

6

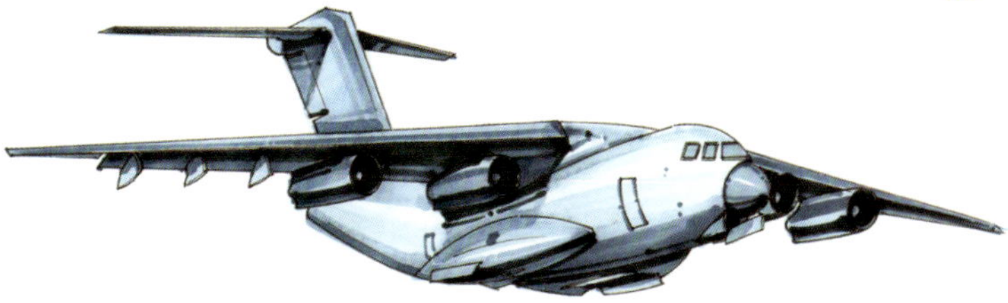

7

8

第四章　超越声速

人类对速度的追求永无止境。日行千里，夜行八百，曾经是古人向往的行进速度。火车和汽车发明后，日行千里便是家常便饭，毫不稀奇。而飞机发明短短的30年后，便可追赶声速，遭遇声障。为了突破声障，天才的科学家们经过艰苦的努力，终于找到了产生声障的原因。而喷气式发动机的发明则给突破声障提供了有力的动力装备。1947年10月14日，美国飞行员耶格尔在两根肋骨骨折的情况下，驾驶X-1火箭研究机在万米高空的飞行马赫数达到了空前的1.07，突破了声障。人类飞行速度首次超过声音的速度。

突破声障，给飞机的发展开辟了另一个广阔的天地。超声速飞机的出现带来的不仅仅是飞机性能上的突破，而且由于超声速的气动特性与亚声速的差别巨大，飞机的外观因而产生了飞跃性变化。超声速飞机大多采用后掠机翼，机翼往往采用三角翼。为了减小激波的阻力，超声速飞机一般都机身细长，机头尖锐。大部分超声速飞机采用两侧进气，或者机腹进气，外观峭拔凌厉，霸气十足。绘制时应注意表现其锐利的风格。

隐形战机的外形特殊，与以往所有战机的都大不相同。这是由隐身的要求所致，为了隐身只好牺牲一些气动方面的性能。与隐身要求相配的还有其涂装，这种战机一般都是黑色涂装，对绘制用色有一定的限制。

■ 长空雄鹰

超越声速并非一蹴而就。超声速战机同样经历着不断地自我超越，飞行马赫数从略超1到2、3，最高达到7。与此同时，其他方面因素也改变着飞机的性能和外观。飞机的机动性、稳定性、经济性都影响着飞机的发展。当苏-27首次表演“眼镜蛇”机动时，所有人都目瞪口呆，如此不可思议的飞行动作若非亲眼所见，一定不会相信。最明显的改变来自隐身需求，由于隐身要求，F-117变得有些古怪，与此前所有的飞机外形都大相径庭。

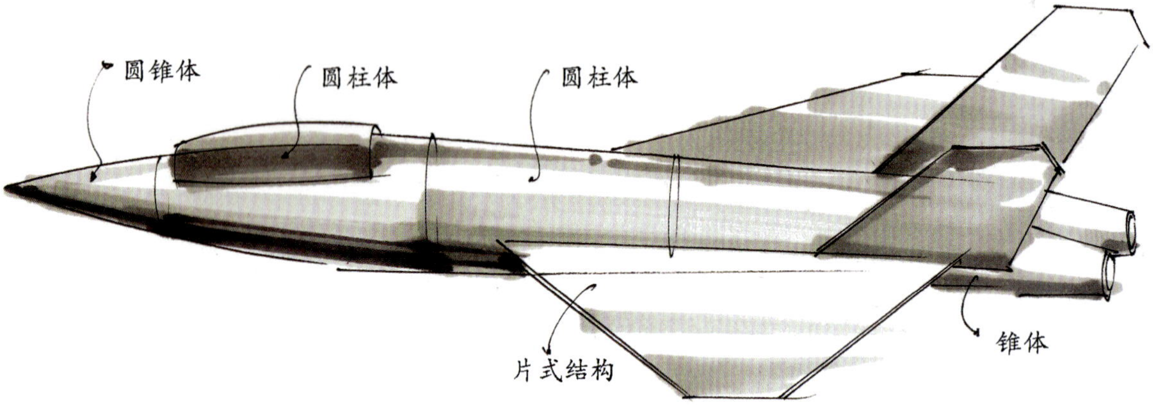

整体上色时，将用笔方向统一，使速度感得到加强

不俗的农夫米格-19

身份证

名　　称：米格-19S战斗机

国　　别：苏联

翼　　展：9米

机　　长：12.5米

机　　高：3.9米

最大起飞质量：8 662千克

最大平飞马赫数：1.355

实用升限：15 600米

最大航程：2 200千米

微故事

突破声障是航空史上的一个里程碑。飞机飞行速度超越声速后，为减小波阻，飞机的外形也发生了明显的变化。最直观的变化是，亚声速飞机的机身比较圆润，而超声速飞机的机身细长，往往采用后掠翼，更显锐利霸气。米格-19虽然超越了声速，但是速度并不是很高，因此其外形上还保持了一些亚声速飞机的特点，机头还比较圆润，虽然采用了后掠翼，但机翼也比较厚，机翼面积稍大。

米格-19是世界上第一种批量生产的超声速战斗机。其实早期的米格-19只有在俯冲时才可以超声速飞行，改进后飞行马赫数可达到1.3，成为名副其实的超声速战机。米格-19在中国仿制后改称歼6，是中国相当长一段时间内的主力战机，为保卫我国领空立下了赫赫战功。

米格-19先后有多种改型，在不少国家服役，参加过越南战争、中东战争，表现良好，是一款性能优异的作战飞机。

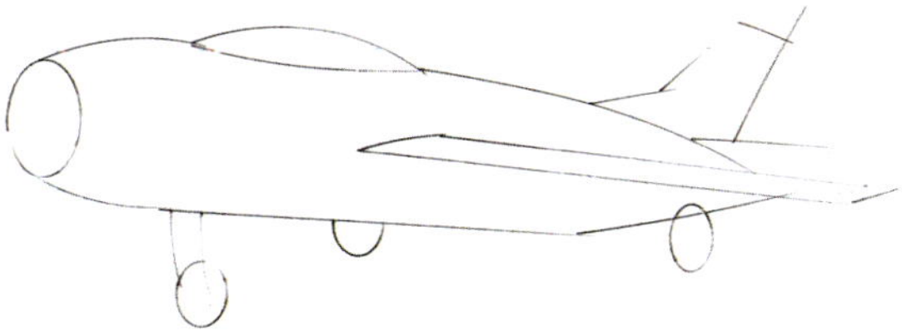

1

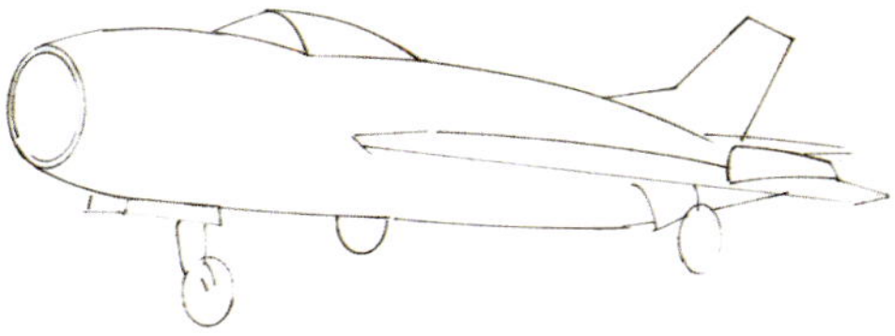

2

3

4

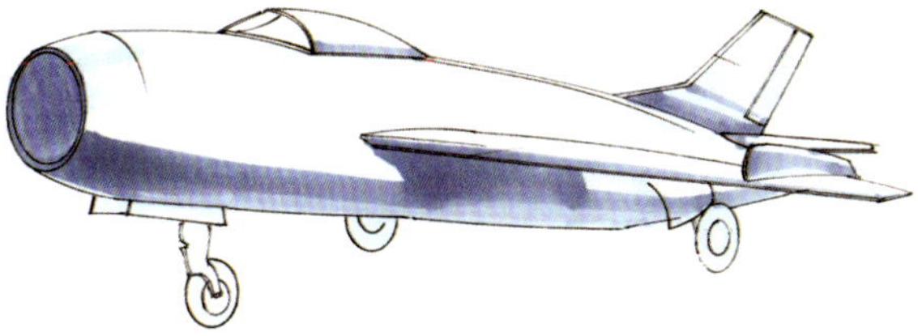

5

6

7

8

徐徐道来

米格-19的造型非常简洁，近似于一个倒下的圆柱体。刻画时，直接按照圆柱体的绘画方法去画即可。在飞机的中间部位增加了一点细微的颜色层次，避免机身过于空洞。最后，画机翼的投影透气部分，整张画面就基本完成了。

纤细的铅笔米格–21

身份证

名　　称：米格–21M战斗机

国　　别：苏联

翼　　展：7.2米

机　　长：15.4米

机　　高：4.1米

最大起飞质量：9 600千克

最大平飞马赫数：2.1

实用升限：17 500米

最大航程：1 210千米

微故事

1972年12月27日深夜，美国F–111战机对越南周围的机场开始了轰炸。同时，美国飞机又对越南雷达实施了电子干扰，之后美军第一批B–52轰炸机起飞，对越军阵地展开轰炸。20分钟后，第二批B–52飞来，接着更多的B–52开始空袭河内。情况危急！越南军队事先在河内一个秘密的机场隐蔽了一架米格–21战机。这时，米格–21起飞迎敌，迅速接近一架B–52轰炸机。护航的F–4慌忙发射了两枚导弹，但是都没有打中。越军飞行员冲上去，死死咬住B–52，B–52慌了手脚，用机炮射击，可惜米格–21在射程之外，没有任何用处。当米格–21距B–52只有1 800米时，闪电般地发射了两枚导弹，B–52没有来得及反应就被炸得粉碎。

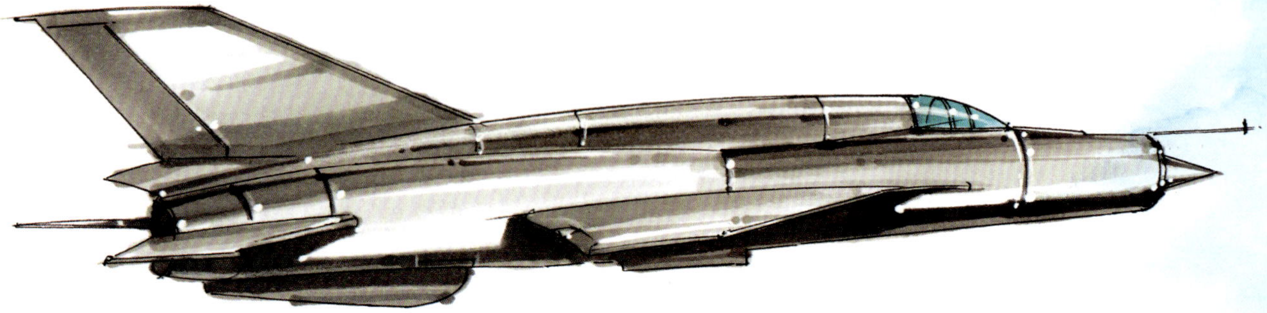

知识舷窗

米格–21是一款优秀的超声速战机，我国仿制后改名为歼7。歼7是我国比较成功的一款战机，先后多次改型，在相当长一段时间内都是我国的主力战机，并出口国外。

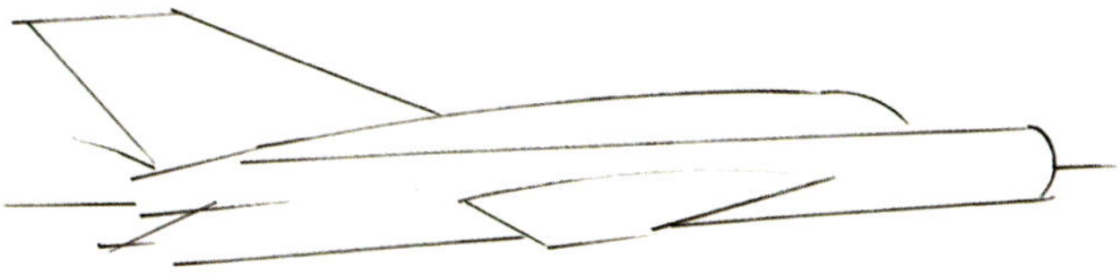

1

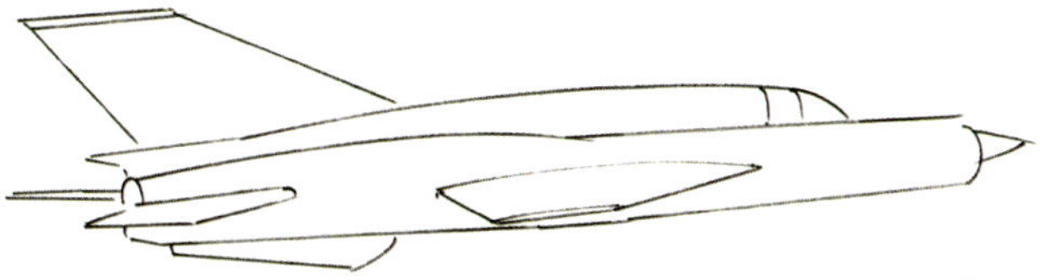

2

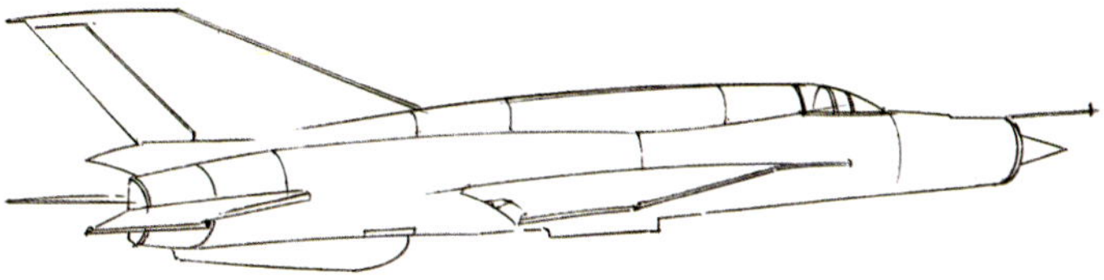

3

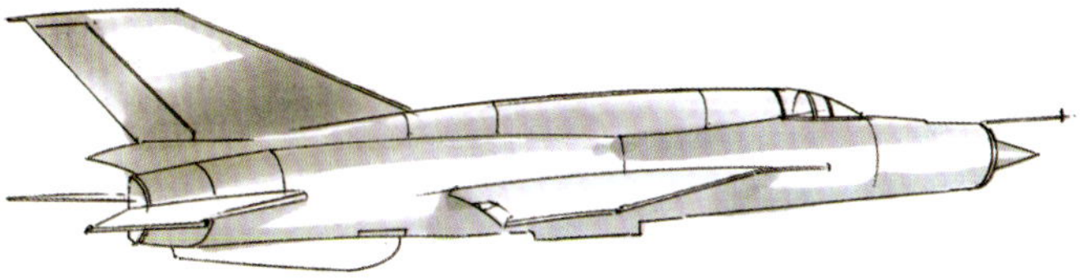

4

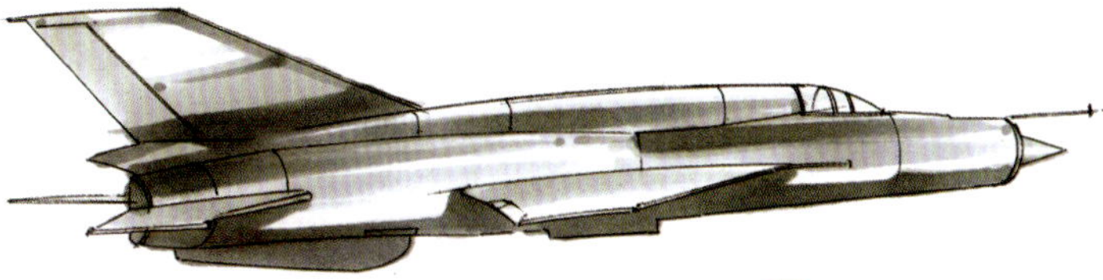

5

6

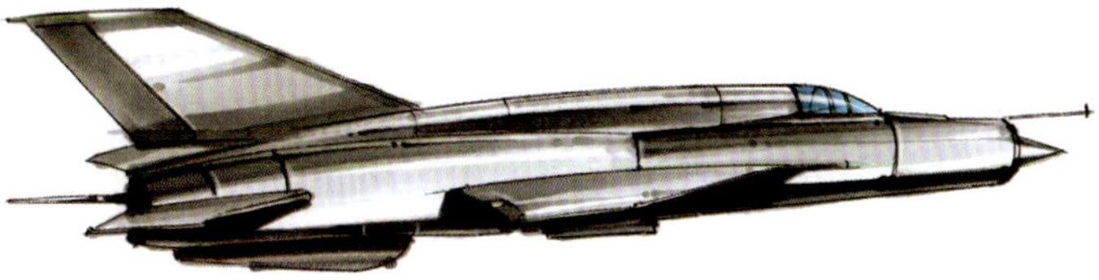

7

8

徐徐道来

绘制米格-21的时候可以将细长的圆柱体分段来画。机身与机舱可以分为两层。机身分为两段，每段都按照圆柱体来绘制，应注意绘制出圆柱体表面的微小的起伏变化。很薄的大后掠角三角翼的体积感较弱，应适当表现出投影。飞机整体的笔触保持一个方向，既突出了速度感，也符合飞机设计的美感。

声名显赫的米格–29

身份证

名　　称	米格–29战斗机（基本型）
国　　别	苏联
翼　　展	11.4米
机　　长	17.3米
机　　高	4.7米
最大起飞质量	8 825千克
最大平飞马赫数	2.25
最大过载	9*g*
实用升限	1 800米
最大航程	1 500千米

微故事

巴黎航空展是世界上最大的航空展之一，各国飞行员都会在航展上大显身手，展现本国飞机的卓越性能。1989年的巴黎航展上，苏联的米格–29无疑是展会明星。此前，苏联研制的高性能飞机一直未能在世界航展上好好露脸。这次苏制战机第一次向世人撩开了神秘的面纱，想借此机会一炮打响，向世界推荐米格–29战机。米格–29表演时，晴空万里，表演非常精彩，观众在啧啧赞赏。可就在这时，米格–29突然失控了，米格飞机急速下坠，观众们目瞪口呆，难以相信自己的眼睛。米格飞机坠地同时燃起了熊熊大火。幸运的是，飞行员跳伞成功。后来飞行员回忆说，在做最后一个机动动作时，一台发动机熄火，飞机无法正常操纵，在最后时刻只好跳伞逃生。虽然飞机坠毁了，但是能够在零高度弹射逃生，也是一个奇迹。事后调查表明，这是一起因小鸟撞击引发的恶性事故。

知识舷窗

弹射座椅是飞行员用的座椅，可在紧急情况下将飞行员弹离飞行器并使其安全着陆的航空救生设备。现代作战飞机和一些小型民用飞机大多装有弹射座椅。

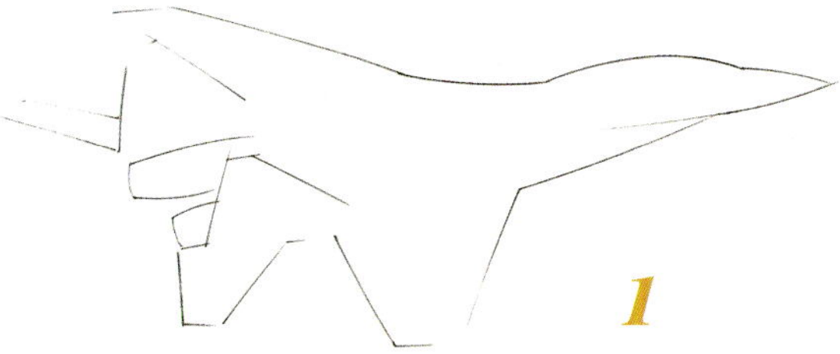

1

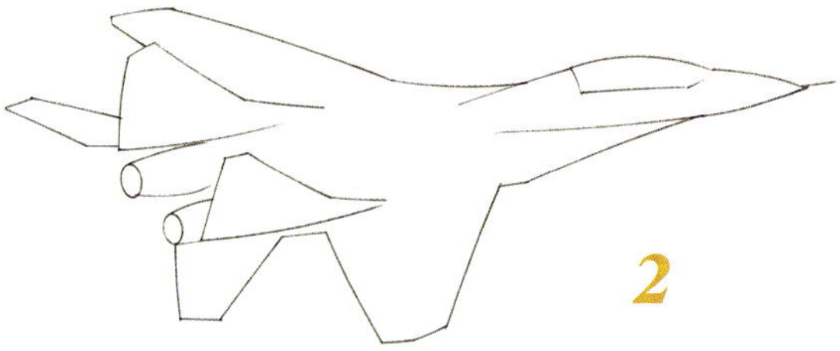

2

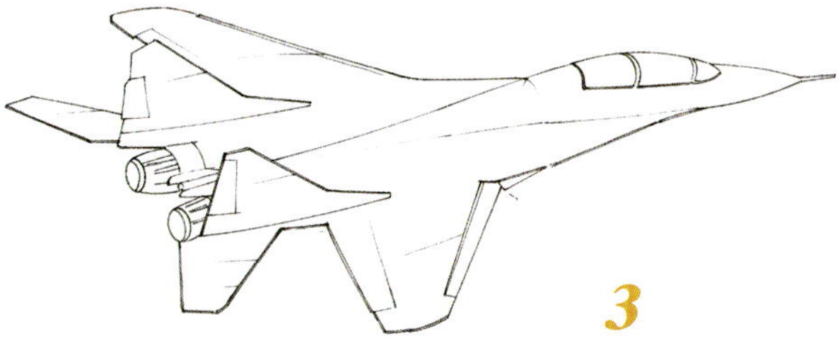

3

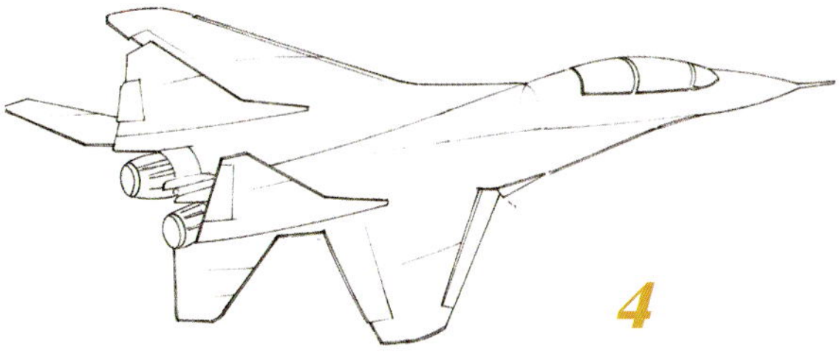

4

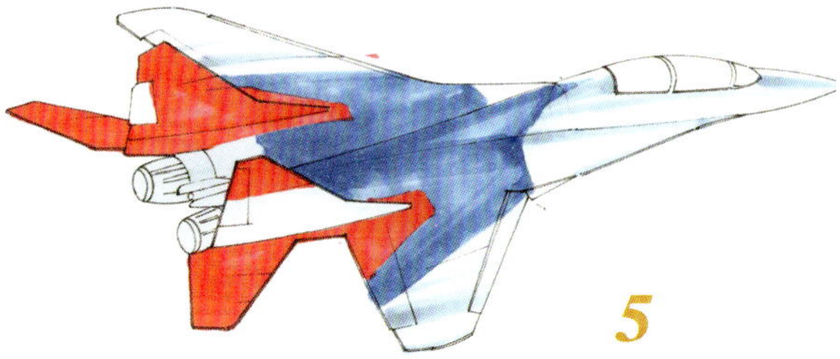

5

6

7

8

徐徐道来

米格-29精心设计了翼身融合体，其主机身和机翼内段之间呈圆滑过渡，机翼内段前缘形成边条，为飞机拉升提供了更好的机动性能。俯视看飞机，整体视觉较平滑，可以用马克笔宽头快速拉线，突出速度感；机舱的突出部分当作球体刻画，画出体积即可。

眼镜蛇机动苏-27

身份证

名　　称：苏-27P战斗机（基本型）

国　　别：苏联

翼　　展：14.7米

机　　长：21.9米

机　　高：5.9米

最大起飞质量：30 000千克

最大平飞马赫数：2.36

最大过载：9*g*

实用升限：18 500米

最大航程：3 900千米

微故事

1987年9月13日上午10时39分，在北大西洋巴伦支海上空，发生了苏联战斗机“教训”挪威海上巡逻机的惊心动魄一幕。当时挪威的P-3B大型四发侦察机正在苏联领海线附近进行情报收集飞行，一架苏联新型战斗机高速逼近，示意P-3B离开，但P-3B不予理会。苏联战斗机突然发力，贴近P-3B右下方，硬是用自己飞机的左侧垂尾像“手术刀”一样将P3-B右翼外侧发动机机舱划开，然后扬长而去。P-3B右翼外侧发动机被打坏，飞行员赶紧关掉它以免着火，用其他3台发动机动力维持飞行，匆忙返航，所幸没有人员伤亡。这架苏联战斗机就是刚刚问世，第一次让西方见识到其厉害的世界第四代战斗机苏-27。时隔两年，在1989年6月的巴黎航展上，苏-27公开亮相，飞行员普加乔夫表演的“眼镜蛇”机动震撼了全世界，苏-27声名大噪，而以苏-27组成的苏联飞行表演队更是成为了各地航展上的明星。

知识舷窗

“眼镜蛇”机动是因为飞机机动动作酷似眼镜蛇发怒时的竖起头部动作而得名。“眼镜蛇”机动的动作过程是：飞机在低空以约407千米/时的速度通场，飞机的迎角约为20度，此时开始进入“眼镜蛇”机动；飞机机头上仰，迅速向上机动；飞机迎角为60度时，出现阻止飞机俯仰运动的趋势；飞机迎角继续加大，超过80度时，产生低头力矩，有恢复飞机原来迎角的趋势，此时飞机向前平飞的速度约为315千米/时，飞机迎角最大可达110~120度，飞机机腹朝向前方，恰似眼镜蛇发动进攻的姿态，此姿态可坚持3~4秒；飞机机头下俯，重新进入平飞状态。令人震惊的是，飞机在一个瞬间，迎角超过了90度，还以机腹朝前飞行，飞机不但没有从空中掉下来，反而保持平稳和完全可控状态。

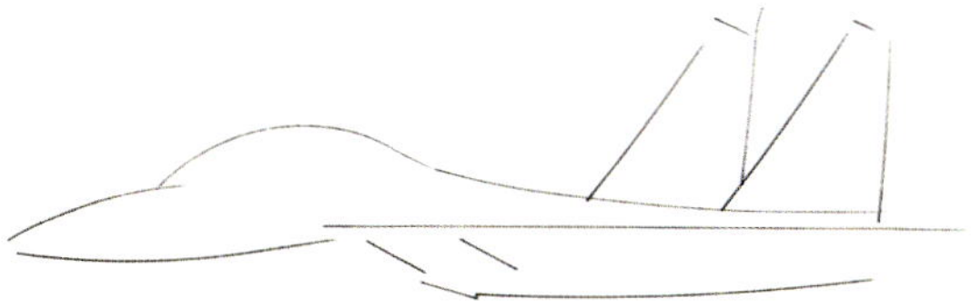

1

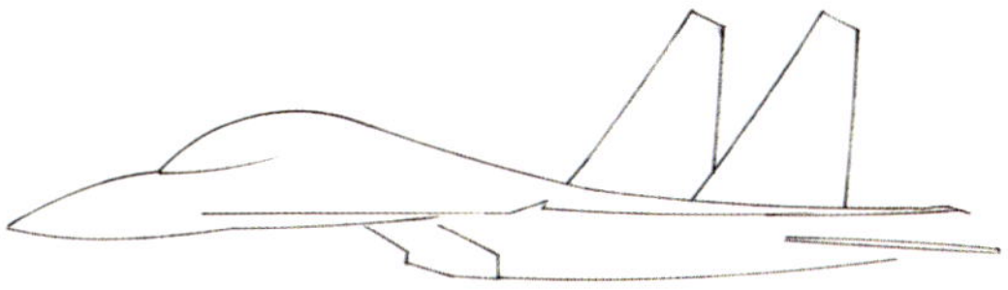

2

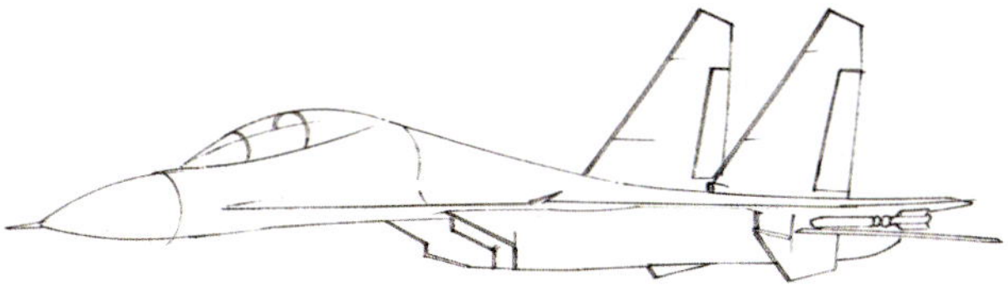

3

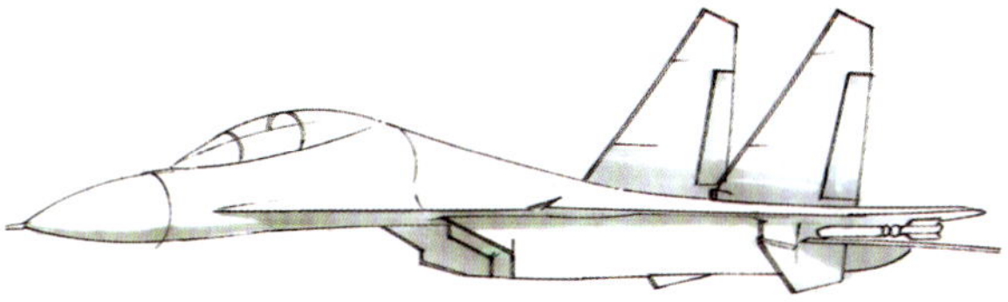

4

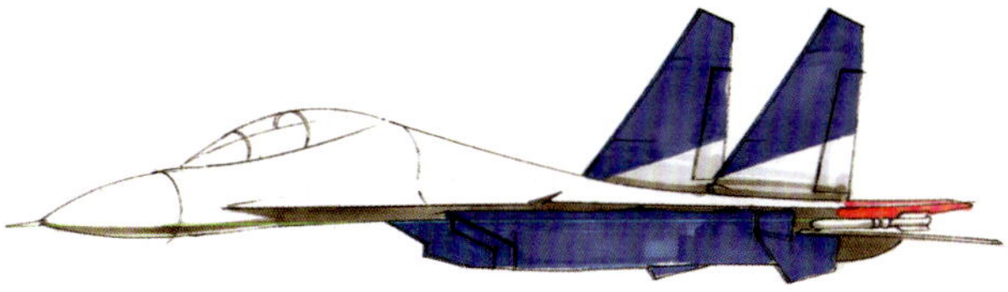

5

6

7

8

徐徐道来

苏联/俄罗斯的新机型大都是翼身融合体，从侧面看机身平滑圆润，明暗区分明确，上下部分色差明显，暗部集中于下半部分。绘制时，先找准明暗交接线，将交接线以下用重色画出暗部和投影，投影部位可根据形体的走势留出飞机的本色，从而使暗部的层次对比分明。对于亮部，把机头的圆锥体与机舱的半球体当作几何形体刻画即可。

从未折翅的鹰F-15

身份证

名　　称：F-15C“鹰”战斗机

国　　别：美国

翼　　展：13米

机　　长：19.43米

机　　高：5.6米

最大起飞质量：30 845千克

最大平飞马赫数：2.5

实用升限：18 300米

转场航程：5 745千米

微故事

在远程奔袭轰炸中，以色列轰炸伊拉克核设施的作战堪称完美。1981年6月7日下午，以色列空军的14架战斗机编队飞离基地，首先沿沙特-约旦边境超低空飞行，利用两国雷达警戒范围的空隙躲避两国雷达的侦察。这14架战机在飞行过程中都保持无线电静默互不联系，而且各飞机之间间距很小，在雷达上看，就像是一架大型民航客机。当约旦雷达站发现时，在雷达屏幕上呈现出一个大的模糊亮点，以色列飞行员用国际民航常用的英语回答：“民航班机”，蒙混过关。经过1 000千米长途跋涉，突击机群于下午18时30分左右飞抵伊拉克即将竣工的核工厂的上空。以色列飞机来得如此突然，以至担任守卫的伊拉克军方竟茫然不知所措，在核反应堆周围部署的数10门高炮和萨姆-6地对空导弹，完全没有做出反应，附近机场驻扎的歼击机部队也没有准备起飞。以色列突击机群则如入无人之境，在F-15型战斗机的警戒掩护下，由担任攻击任务的8架F-16战机，按预先分工从不同角度实施轰炸。在短短的2分钟内，反应堆的主建筑及设备均遭彻底破坏，还炸毁了位于地下4米的核燃料的后处理工厂，彻底摧毁伊拉克的核能力。以军14架飞机编队完成任务后，顺利地沿原路返回，未损一兵一卒。

知识舷窗

F-15型战斗机是美国研制生产的双引擎、全天候、高机动性空中优势重型战斗机。该机性能优越，从未被击落，是一款极为优秀的多用途战斗机。然而，这款飞机实在太贵，世界上只有寥寥几个富得流油的国家能够买得起，即使美国空军也不堪重负。因此，美国又研制了单发轻型空中优势战斗机F-16，成为与F-15并列的美国主力战机。可见，在飞机的研制和使用中，价格依然是最为关键的因素之一。

1

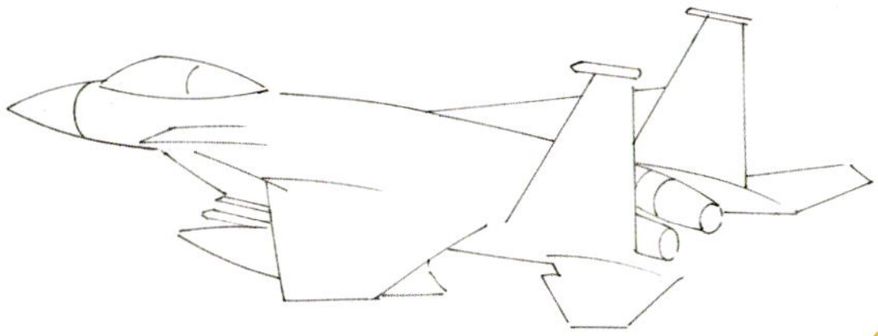

2

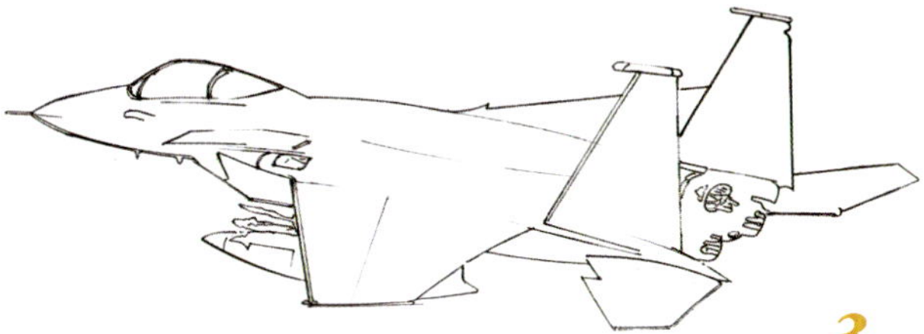

3

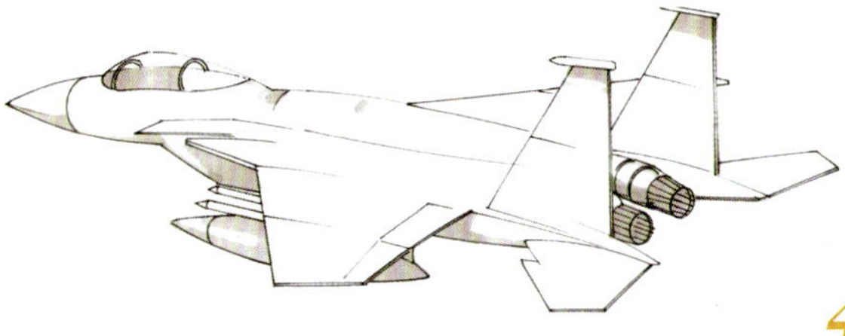

4

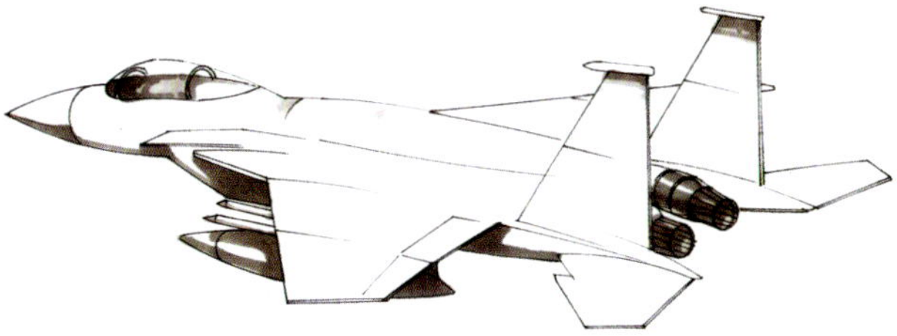

5

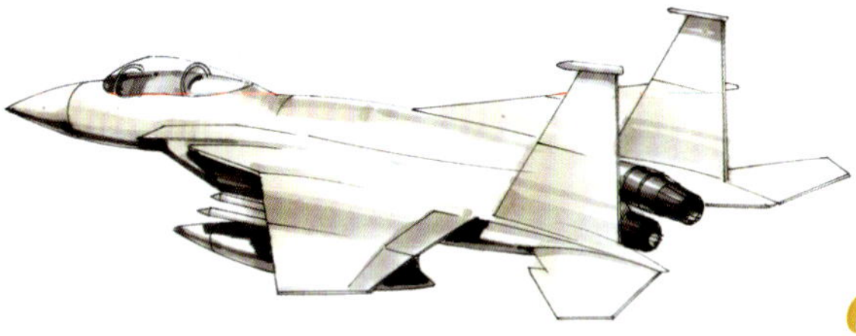

6

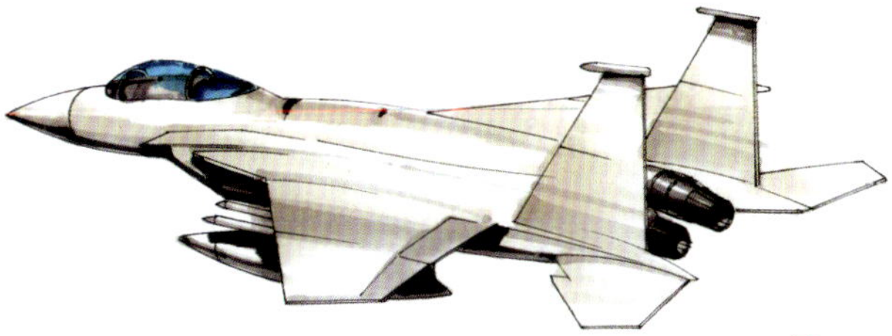

7

8

徐徐道来

选择一个合适的角度，使飞机的亮部面积占主要视角。F-15战斗机的顶面比较平滑，与机身整体衔接自然。因此，顶面可以用马克笔大面积的平扫，略微做出色差即可，对比不要太强。飞行员的座椅位置安排得较高，座舱高度相对突出，绘画时可以单独细致地绘制座舱。刻画时，要注意观察投影落在形体上的转折与变化，应避免直接画直线型的投影线。

模样古怪的F-117

身份证

名　　称：F-117A隐身战斗轰炸机

国　　别：美国

翼　　展：13.2米

机　　长：20米

机　　高：3.8米

最大起飞质量：23 814千克

最大平飞马赫数：0.9

作战半径：1 056米

最大航程：4 827千米

微故事

F-117是美国研制的隐身战斗轰炸机。在美国对伊拉克的“沙漠风暴”行动中，F-117A负责轰炸有重兵防守的伊拉克指挥和控制中心等战略目标，以及关键通信中心、研究和发展核武器和化学武器的设施、伊拉克机场的加固飞机掩体等重要目标。在空袭的头三周，F-117A以前所未有的精确度摧毁了许多加固目标，却没有一架 F-117A被击中、击落，或因机械故障损失。在科索沃战争开始，F-117依然风光无限。但是，1999年3月27日，在北约空军对南联盟的第四轮空袭中，一架F-117完成轰炸任务后返航时，一枚萨姆-3防空导弹突然腾空而起，在离这架飞机不远处爆炸，飞机被击中，飞行员幸运地跳伞成功。7小时后，这名飞行员被营救回去。但是F-117不败的神话却就此打破。

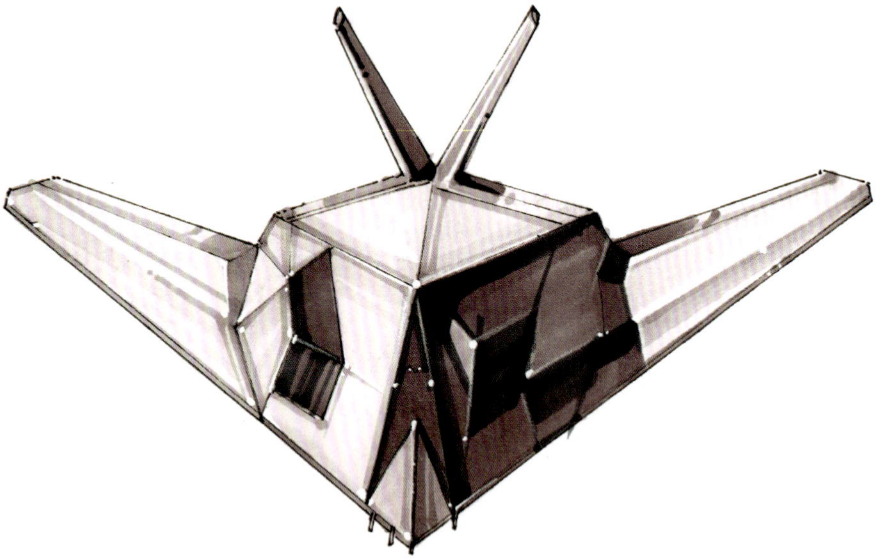

知识舷窗

隐身技术主要有雷达隐身和红外隐身。其中，雷达隐身最为关键。F-117的隐身效果很好，雷达界面缩小到0.01平方米，是F-15型战斗机的千分之一。但是，F-117隐身技术一般用于对付微波制导雷达和导引雷达，而对长波雷达往往会效率降低。这大概是F-117被击落的原因之一吧。

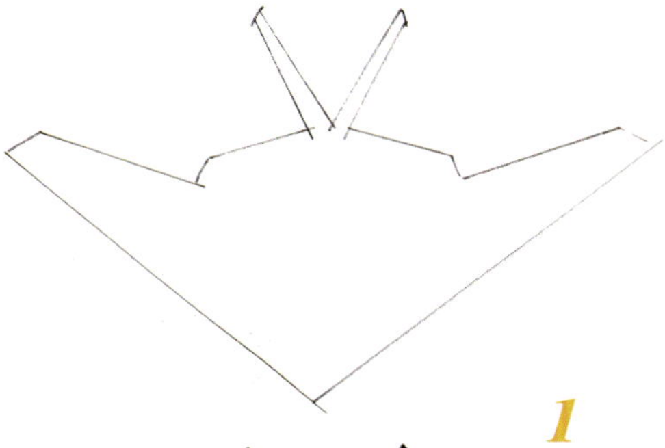

1

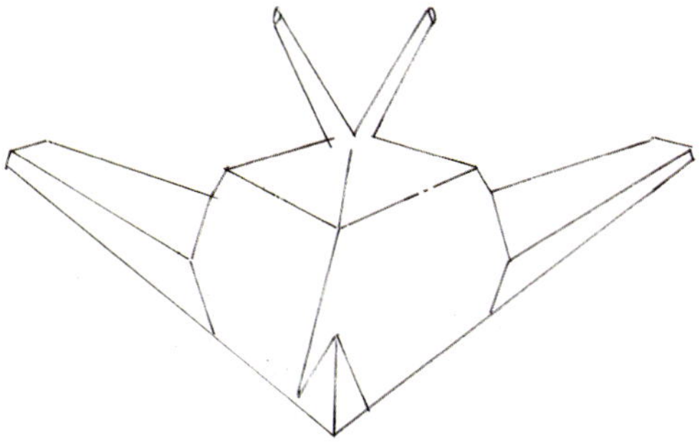

2

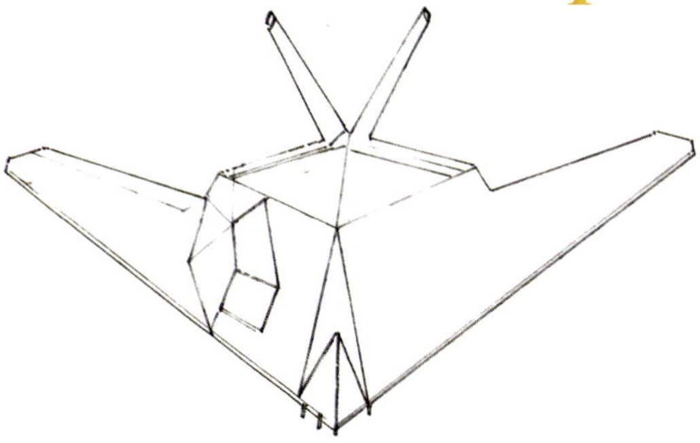

3

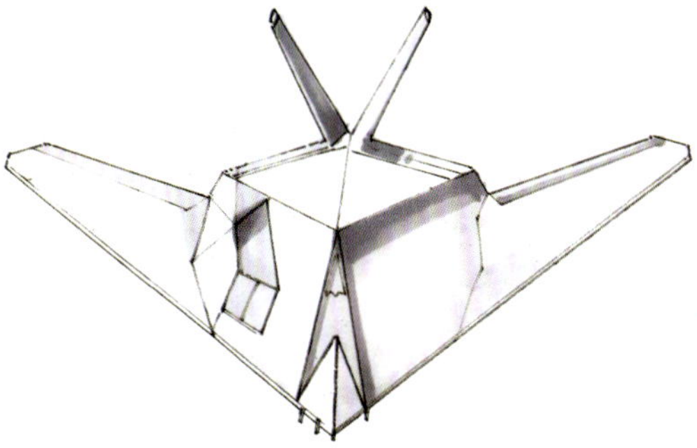

4

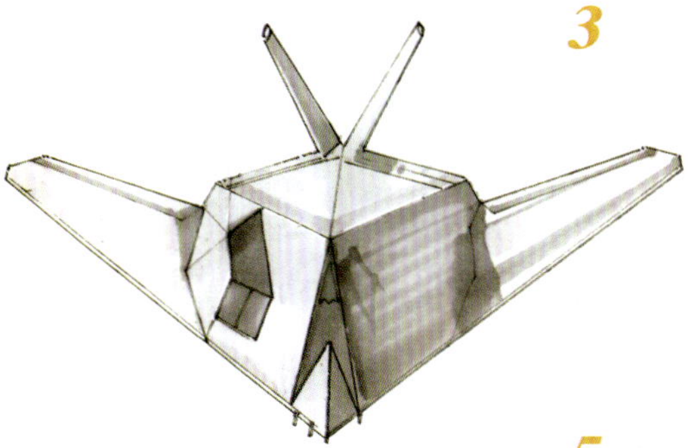

5

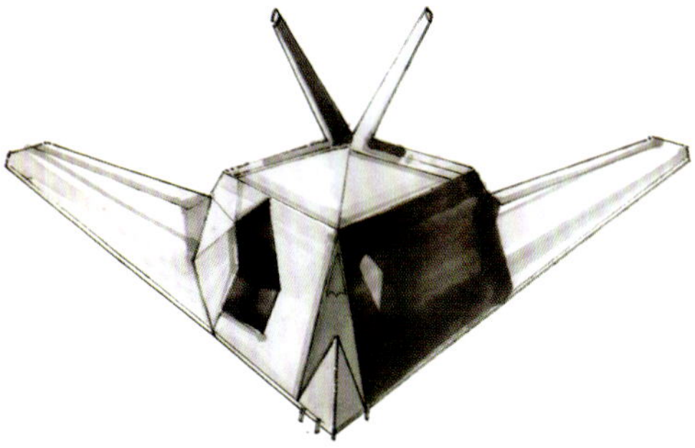

6

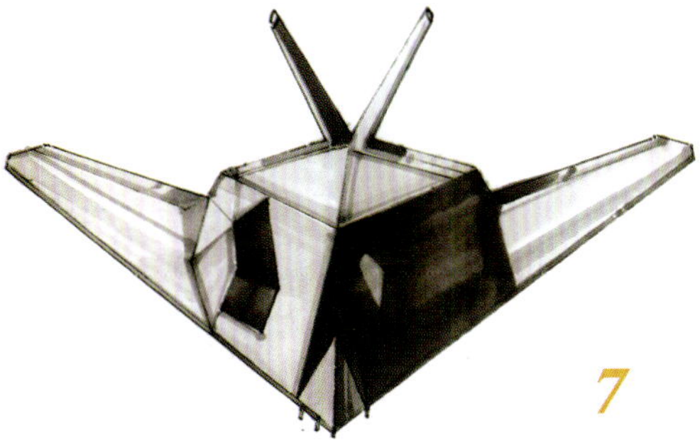

7

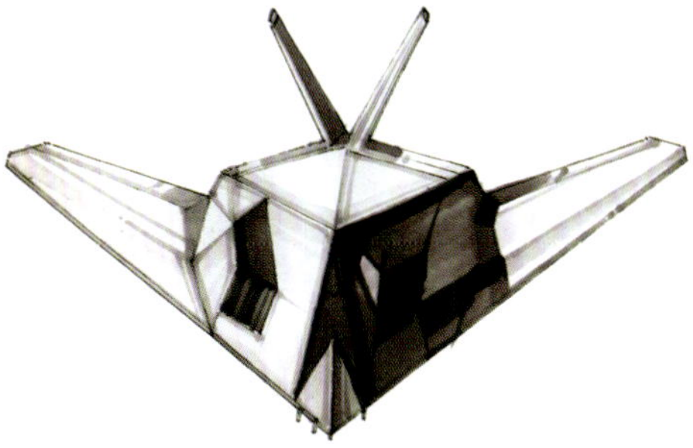

8

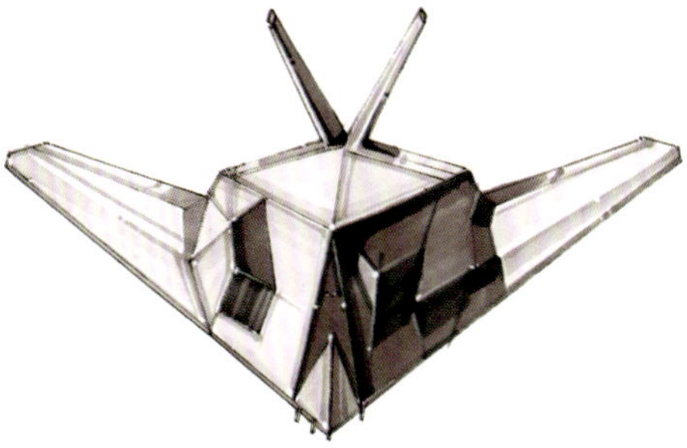

9

徐徐道来

为了达到隐形的目的，F-117采用了一对高展弦比的机翼，而且采用了大后掠角双翼。其造型直板，折射感强，绘制时应多用色差来营造光感，通过高光将光感增强。

骨头 B-1

身份证

名　称：B-1B	
国　别：美国	
翼　展：23.8~41.7米	
机　长：44.8米	
机　高：10.4米	
最大起飞质量：216 365千克	
最大平飞马赫数：1.25	
实用升限：18 000米	
最大航程：9 400千米	

微故事

B-1战略轰炸机英语中读为B One，与Bone读音类似，因而被戏称为“骨头”（Bone）。B-1服役后，事故频发，2015年竟然爆出军方想要让B-1全部退役的消息。B-1的确事故比较多。2001年12月12日一次行动中，一架B-1在印度洋上空失去控制，一头扎向海面，机组人员被迫在4 500米高空全部跳伞。幸运的是，一架KC-10加油机正在附近执行任务。几分钟后，收到来自B-1的求救信号，立即展开搜救，并呼叫周围的美军前来救援。最后，美国拉赛尔号导弹驱逐舰放下充气船，救起了失事飞机的机组人员。2008年，B-1飞机再次遇到麻烦。4月，美国空军的一架B-1在卡塔尔降落后，在地面滑行过程中突然着火，所幸机组人员从机中紧急逃出，没有人员伤亡，但是这架飞机却因为火势猛烈，几乎烧成废铁。随着更先进的B-2隐形轰炸机的出现和B-52轰炸机的老当益壮，B-1在美军中的地位日益尴尬，成为专门投掷常规炸弹的轰炸机。但是，随着战场形势的变化，美军似乎不再需要这样的轰炸机对敌方进行地毯式轰炸，因此，美军有意让B-1全部退役。

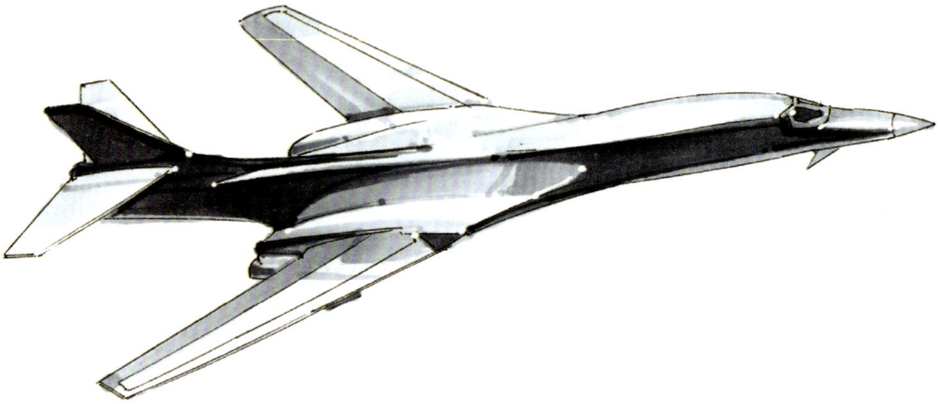

知识舷窗

与美军B-1相对抗的是苏联的图-160。在性能上，图-160要比B-1更有优势。但是，随着苏联解体，图-160的命运发生了巨大的变化，1994年被迫停产，一共只生产了25架。苏联解体后，俄罗斯分得6架图-160。此后，图-160命运多舛，经过多年的颠簸，2007年普京终于签署命令，图-160正式列装部队。

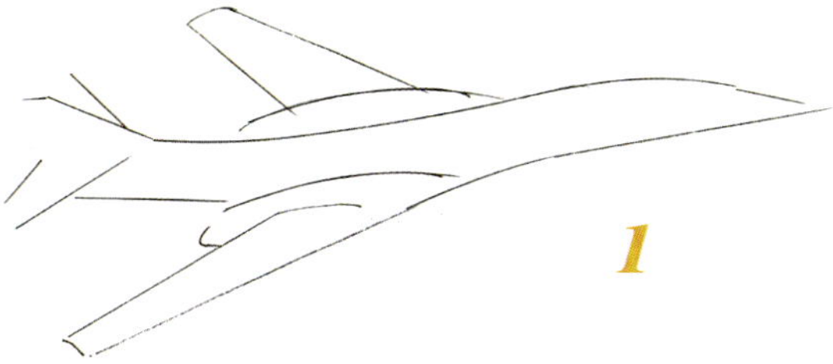

1

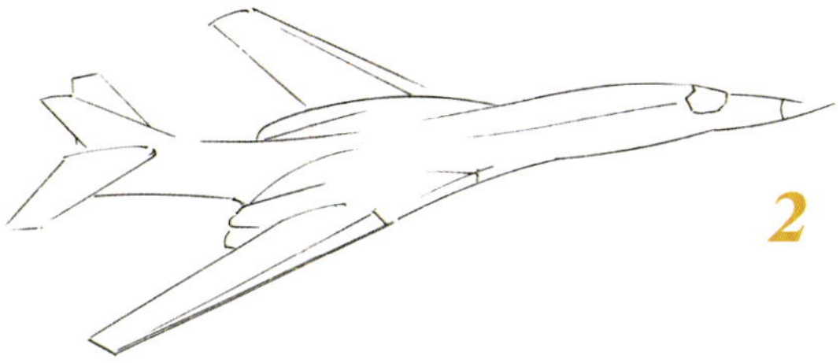

2

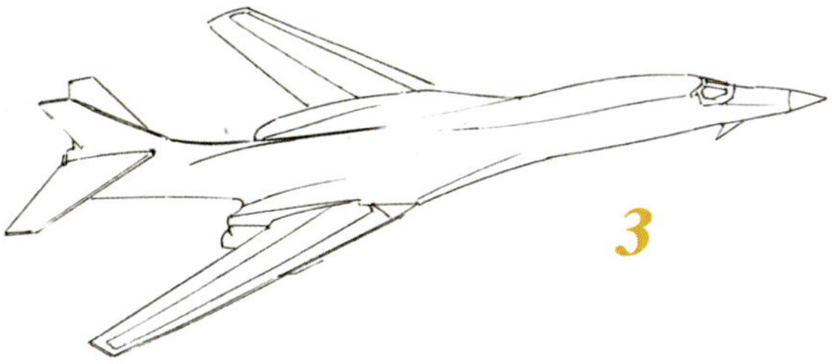

3

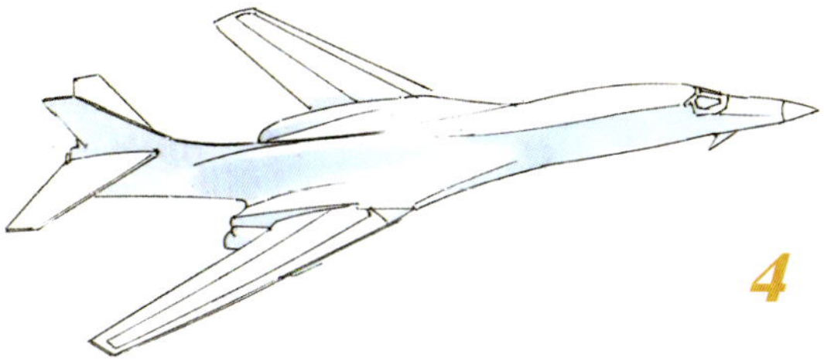

4

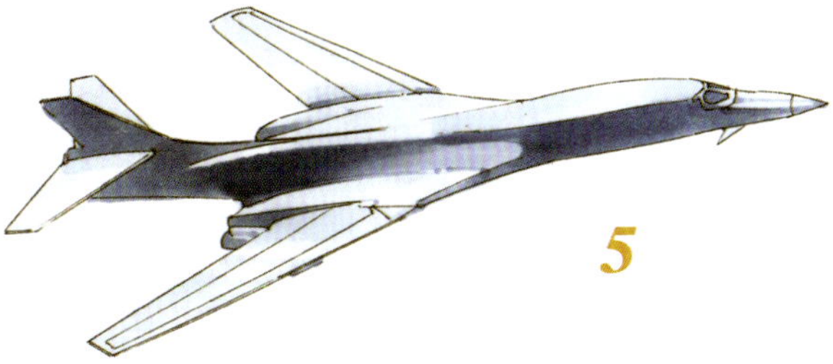

5

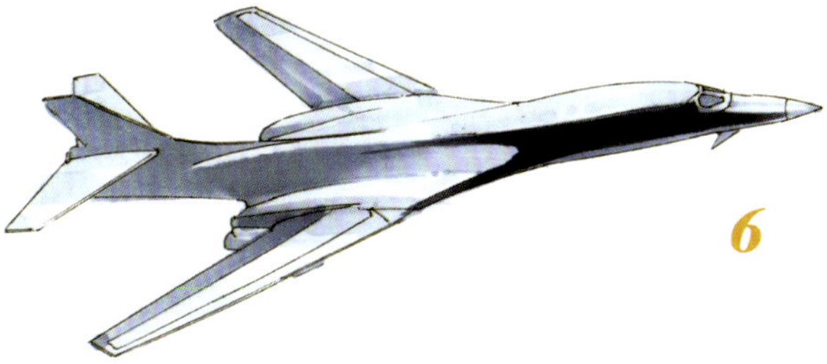

6

7

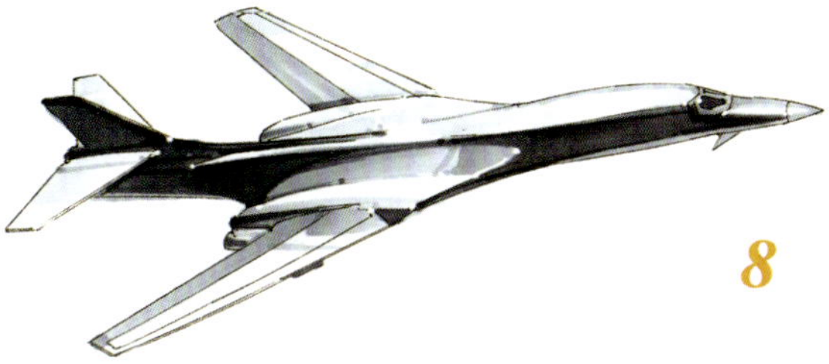

8

徐徐道来

这款飞机的尾部安装有巨大的后掠垂尾，垂尾根部的“背鳍”一直向前延伸至机身中部，机身中段向内翼段平滑过渡形成翼身融合，使机身看起来十分修长。绘画时，必须体现机身圆润修长的特点；上色时，马克笔的墨水应充足，可以使画面润泽。实际绘制时，可将对比度减小，只需要在明暗交界线上加强对比度即可。

法兰西雄鹰阵风

身份证

名　　称：“阵风”C

国　　别：法国

翼　　展：10.8米

机　　长：15.3米

机　　高：5.3米

最大起飞质量：24 500千克

最大平飞马赫数：2.0

最大过载：9g

实用升限：16 765米

作战半径：1 759千米

微故事

2011年3月19日晚，利比亚首都的黎波里和东部城市米苏拉塔等多处军事设施和民用目标，突然间遭到从天而降的“飞来横祸”，随之火光冲天，爆炸声四起。在这场名为“奥德赛黎明”的军事打击行动中，以法国为首的北约部队首轮空袭中，美英联军发射了100多枚“战斧”式巡航导弹。在接下来的几个小时里，法国“阵风”和“幻影－2000”战机又进行了3次空袭，摧毁了数辆卡扎菲军队的装甲车。大概是好不容易才捞到一个当“头”的机会，法国在这次行动中，颇为卖力，调舰遣艇，派遣多型飞机，迅速组建了以“戴高乐”号航母为核心的海上编队，还为“戴高乐”号核动力航母紧急调拨并搭载8架最先进的“阵风M”F3型舰载战斗机、6架“超军旗改”舰载攻击机、2架E－2C“鹰眼”舰载空中预警机，以及2架“海豚”直升机、2架“云雀III”直升机等。法国空军也不甘示弱，迅速派出由1架“美洲狮”直升机、2架“山猫”直升机所组成的直升机特遣队。4月6日，法国海军再次给“戴高乐”号航母增派了2架“阵风M”F3型舰载战斗机，使航母上的舰载机达到了22架，对利比亚空中及地面防空火力构成了局部压倒性的优势。

在利比亚执行任务期间，“阵风M”舰载机的确发挥了突出的作用，令人津津乐道：它通过机上携带的电子战系统，对利政府军的防空系统进行猛烈的压制，而无需依靠其他电子战战机的支援。在实施打击时，“阵风M”舰载机主要发射4枚“米卡”导弹及3枚激光制导炸弹，对利重要目标和军事设施进行了重点清除。8月12日，在海上连续游弋了数月的“戴高乐”航空母舰编队，返回法国土伦母港，结束了其打击利比亚的海空作战行动。

知识舷窗

“阵风”战斗机是第四代半战斗机，没有采用像F－22战斗机的五代战斗机的技术，如外形设计隐身技术、矢量推力技术、超声速巡航技术等，但比起现在服役的第四代战斗机又采用了大量的先进技术，其综合作战性能有了很大提高，而且有相当大的进一步发展潜力。现代战斗机空战思想已从传统的近距格斗向远、中程导弹交战和近距格斗并存方向转移，因而四代半战斗机都十分注重增强导弹作战效能，机载的雷达和武器系统都要求能在尽可能远的距离发现目标，还能先发制人开火将对方击落。

1

2

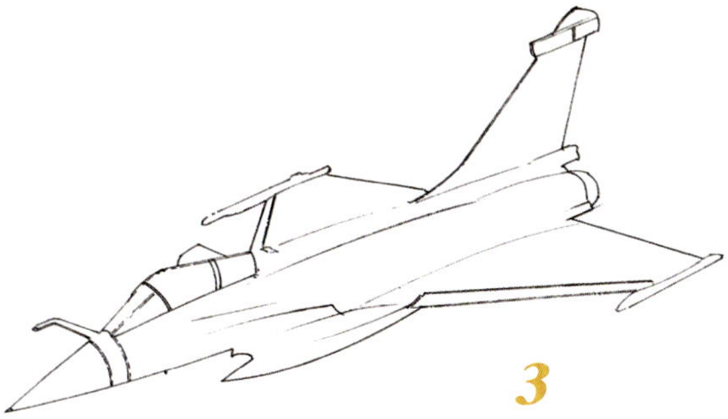

3

4

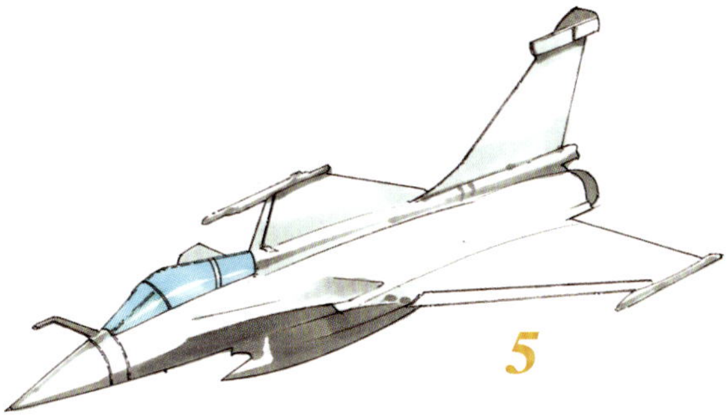

5

6

7

8

徐徐道来

“阵风”战机的机翼与机身的连接非常平滑。从绘制的角度看，战机的形体锐利 、动感十足，机头与机身是犹如大箭般的尖锐。绘制时，把机身和机翼看作圆锥与圆柱体的连接体去刻画。座舱单独分层来表现其体积。整个亮部区域可以用宽笔快速扫画，在结构结合处略作加强即可。暗部区域的整体性比较强，需要用高光与反光来区分其结构。

强悍的逆火图-22

身份证

名　　称：图-22M3“逆火”轰炸机

国　　别：法国

翼　　展：23.4~34.3米

机　　长：39.6米

机　　高：11米

最大起飞质量：124 000千克

最大平飞速度：2 300千米/时

实用升限：14 000米

实用航程：7 000千米

微故事

1980年9月，伊拉克入侵伊朗。9月25日，伊拉克的图-22“眼罩”参加了第一次战斗。当天，3架图-22利用伊朗防空系统的盲点低空飞行直扑德黑兰，目标是德黑兰炼油厂。三架图-22B在根本未被察觉的情况下突然出现在伊朗首都主干大街的上空。伊朗的MIM-23B“I-霍克”防空导弹阵地慌忙发射了2枚防空导弹，其中一枚命中带队的图-22长机，飞机立即坠毁。当晚，伊朗的电视台展示了这架图-22的残骸。咽不下这口气的伊拉克，9月28日再次派出3架“眼罩”轰炸伊朗的德黑兰汽车制造厂，但实际上把炸弹扔在偏离预定目标2千米远的地方，未达到目的。为了保证安全，伊拉克空军把所有的图-22都转移到也门。随后又悄悄地转移回来，藏在了H-3军事区。然而，1981年4月4日，8架伊朗的“鬼怪”横穿伊拉克，对H-3军事区进行了突然袭击，炸毁、炸伤了露天停放的约48架战机，其中至少包括5架图-22。伊拉克为数不多的图-22的厄运并没有终止，在海湾战争中，它们全部被多国部队摧毁。可怜的图-22在伊拉克还未升空就“冤死”在地面了。

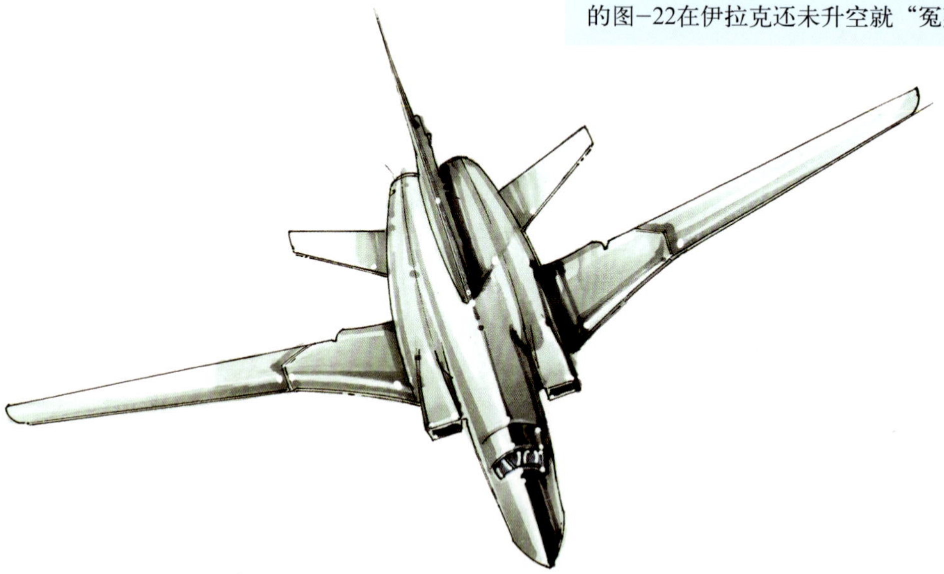

知识舷窗

两伊战争是发生在伊朗和伊拉克之间的一场从1980年至1988年，长达8年的边境战争。在伊朗被称为伊拉克入侵战争、神圣抗战或伊朗革命战争，伊拉克方面称为萨达姆的卡迪西亚。战争于1980年9月22日爆发，1987年7月23日和1988年7月18日，伊拉克和伊朗各自接受了联合国的停火决议，但双方直至1988年8月20日才正式停止战斗。这是一场名副其实的“马拉松”式的消耗战，是一场对双方来说都得不偿失、没有胜利者的战争。

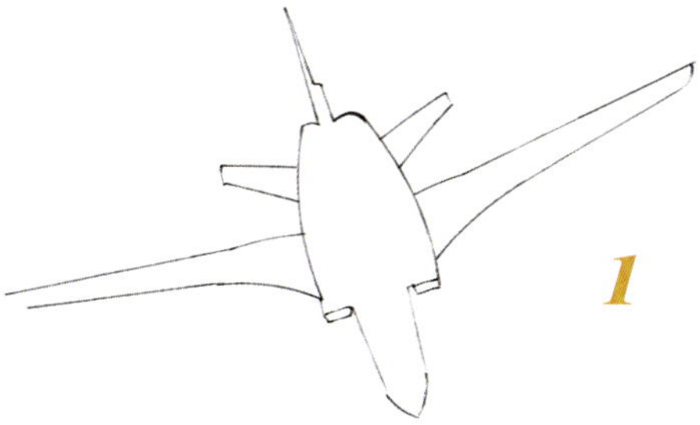

1

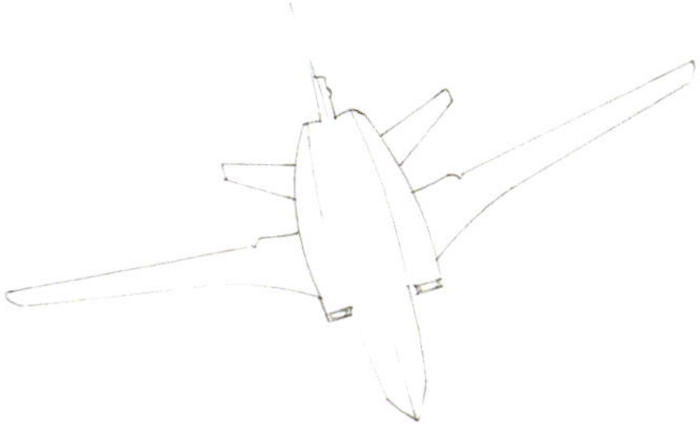

2

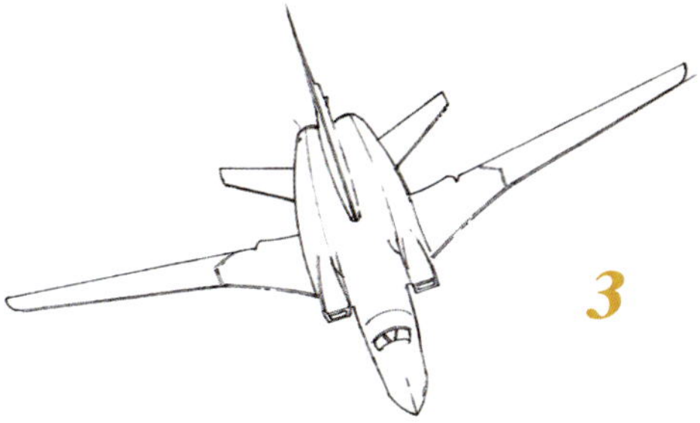

3

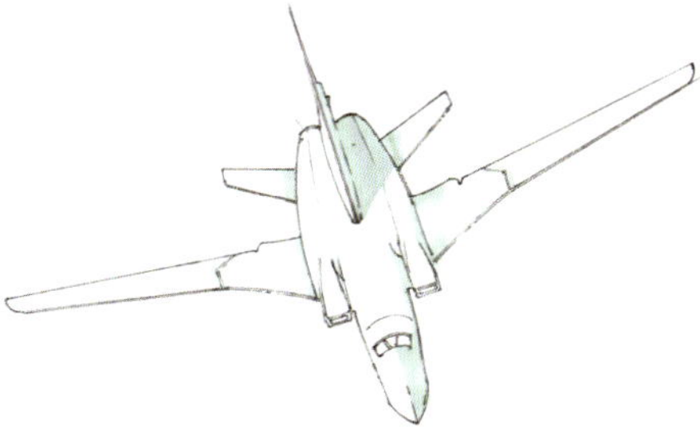

4

5

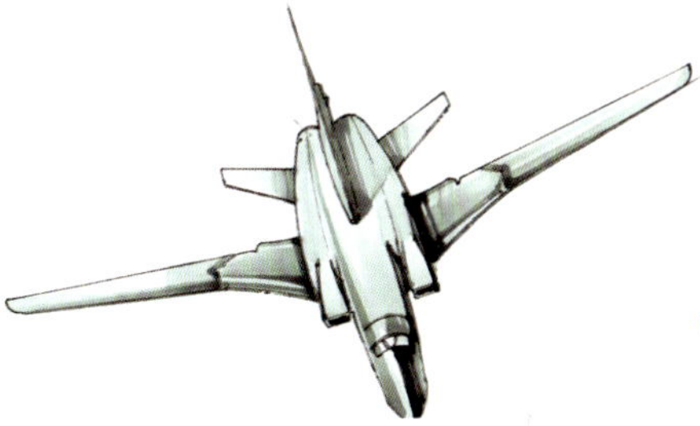

6

7

8

徐徐道来

从正对的视角看过去，图-22正好沿中心线分成左右两个颜色区域。在机头部分，色调的对比较强，色差比较大；从头部向尾部延伸时，层次对比逐渐减弱。在两侧机翼与机身的结合处用笔触加强，突出结构。在画面中保留了很多绘制飞机光感的笔触痕迹，暗部的重色位置集中于中间线上。这架飞机的画法与之前的飞机画法有所不同，飞机形体关于中心剖面对称，绘制时的画法笔触同样应是基本对称的。

中国猛龙歼10

身份证

名　　称：歼10战斗机

国　　别：中国

翼　　展：9.75米

机　　长：16.4米

机　　高：5.4米

最大起飞质量：19 277千克

最大平飞马赫数：2.2

最大过载：9*g*

实用升限：17 000米

作战半径：1 250千米

微故事

2016年3月22日，许多人的朋友圈都跳出了一条惊人的消息：歼10战斗机之父宋文骢院士因病去世。人们不知道的是，宋文骢曾经经历了多种身份的转变：从渴望求知报国的高中学生，到投身军事斗争的侦察兵，再到解放后承担反情报工作的谍报人员；从落选飞行员变成地勤机械师，又从哈军工毕业成为飞机设计师，最终带领中国航空工业实现了现代先进战斗机的自主研制能力突破。在20世纪80年代的歼10方案竞争中，当时内定的方案是一个没有电传飞控、没有静不稳定布局、没有综合化航电、没有超视距作战能力的保守二代半方案。而宋文骢在会议上抛出的不仅是一套新型的先进三代鸭式飞机方案，更是一整套针对国内发动机水平不佳、材料工艺落后、电子设备体积质量大的被动现实，如何尽可能利用能量机动理论和飞机敏捷性来设计、发挥优势区性能，并将视距内空战与超视距空战紧密结合起来的空战理论体系。宋文骢的这套先进方案最终打动了空军，这才有了今天的歼10战斗机家族。宋文骢带领团队，创造了一系列国内第一：国内从来没有设计过的腹部进气道；国内独一无二的水泡式座舱；第一个具有国际先进水平的数字式电传飞控系统铁鸟试验台；国内第一个高度综合化航电武器系统动态模拟综合试验台……歼10飞机突破了先进气动布局、数字式电传飞控系统、高度综合化航空电子系统和计算机辅助设计与制造等一系列关键技术，实现了跨越式发展。

在2008年的中国珠海航展上，歼10飞机的首次公开亮相就让世界为之一惊；2009年，在中华人民共和国成立60周年盛典上，歼10飞机编队飞过天安门。2007年，歼10飞机工程荣获国家科学技术进步奖特等奖。这一切都向世人无言地叙述着宋文骢院士的丰功伟绩。

知识舷窗

飞机的水平尾翼和垂直尾翼放在机翼后面称为常规布局；水平位移到机翼之前的机头两侧，称之为鸭式布局。早期的鸭式布局飞机飞起来像一只鸭子，因而得名。歼10就采用鸭式布局。

1

2

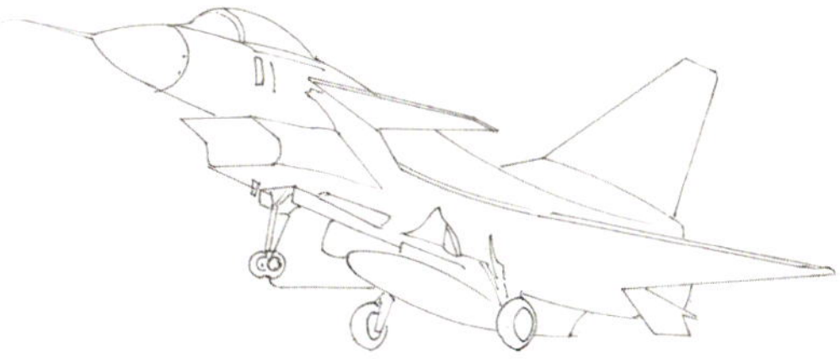

3

4

5

6

7

8

徐徐道来

歼10战斗机的主翼与机身中部结合处采用翼身融合设计，造型整体性强。因观察的角度在飞机的斜下方，所以看到的暗面较多，因此画面的主要视角集中于暗部。暗部有明暗交界线、反光、投影几个主要构成部分，必须明白所绘制的部分所处的平面是面对天空还是地面，在统一的暗部形体中，朝天空的部分因为没有反光会显得较暗，朝向地面的部分会有一定的反光而显得要亮一些。把这些区域分好，暗部的刻画就很自然地表现出来了。刻画亮部时，为了表现较圆润光泽的质感，可采用大面积平扫的手法，略表现出色差即可。

怒海飞鲨歼15

身份证

名　　称：歼15

国　　别：中国

翼　　展：15米

机　　长：22.3米

机　　高：5.9米

最大起飞质量：24 500千克

最大平飞马赫数：2.4

最大过载：8*g*

实用升限：20 000米

微故事

2015年10月9日，中央电视台《新闻联播》播放了一段视频：2012年11月23日，中国海军“辽宁”号航母迎来了历史性的时刻，功勋舰载机飞行员戴明盟驾驶国产歼15舰载固定翼战斗机，在舰上顺利地完成了第一次拦阻着舰试验，并随后进行了舰上的首次滑跃起飞试验。这次着舰/起飞试验的圆满完成，是辽宁舰舰史上的一小步，但却是中国海军航空兵、海军发展的一大步！它标志着中国海军从此有了真正意义上的舰载航空兵，中国的远洋海军之路由此正式起步。

拥有可折叠机翼的歼15在外形上与俄制苏−33非常相似，但歼15融合了歼11B的技术。在歼11的基础上新增鸭翼、配装2台大功率发动机，实现了机翼折叠，全新设计了增升装置、起落装置和拦阻钩等系统，使得飞机在保持优良的作战使用性能条件下，实现了能够满足着舰要求的飞行特性。中国首款舰载机就此正式亮相。

知识舷窗

舰载机起降时，飞行员要承受很大的过载。当负荷过载过高，以约2*g*加速度开始，惯性力把血液从足部推向头部，使头部形成高血压。飞行员会感觉全身的血液都涌向头部，眼睛大量充血，眼前一片红色，就像戴上了一幅红色眼镜。即使飞机改出后，飞行员脑部仍会感到刺痛，脸胀，睁不开眼。这种现象称为红视现象。

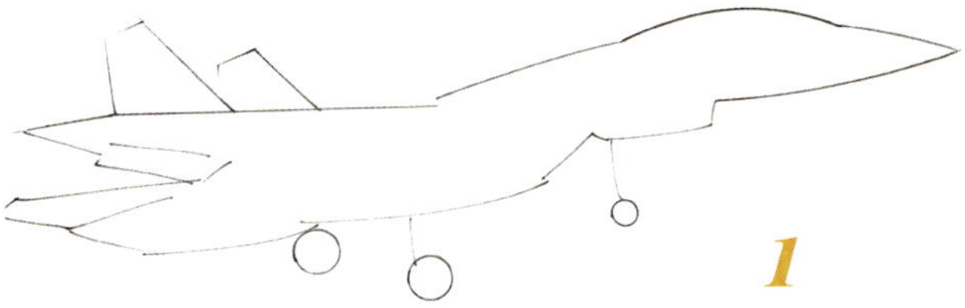

1

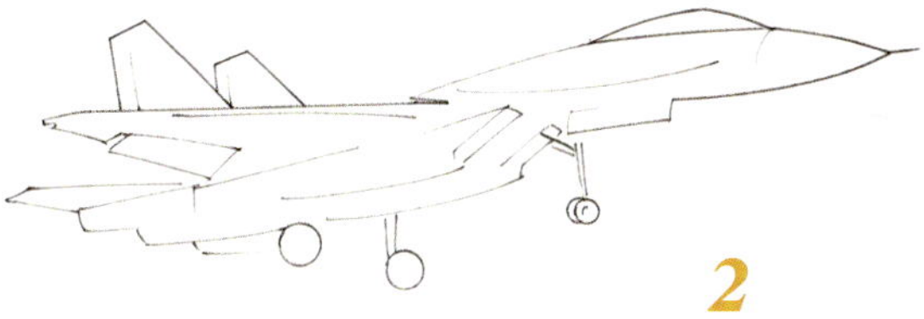

2

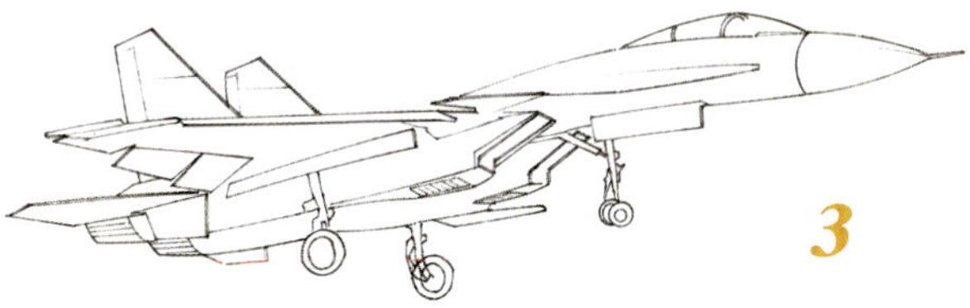

3

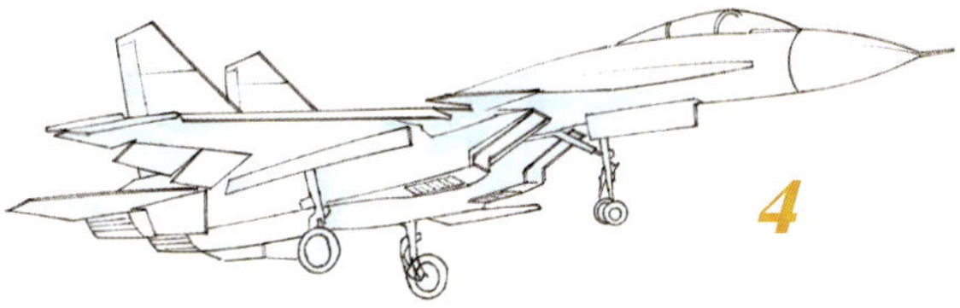

4

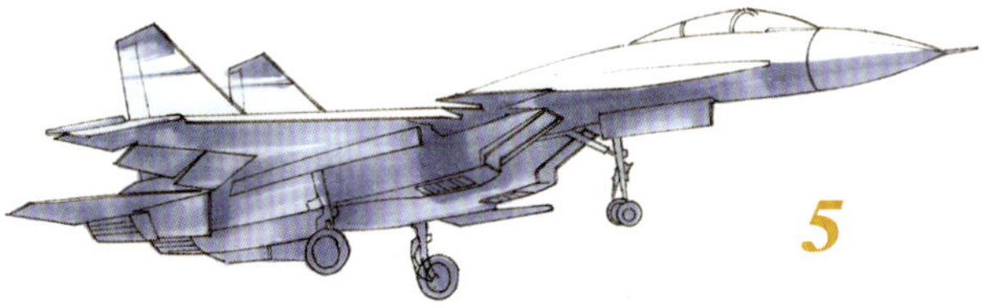

5

6

7

8

徐徐道来

歼15舰载战斗机的整体造型流畅，速度感强。在歼15的视觉角度上，暗面占有大部分的面积，画好暗部是画面好坏的关键，所以理解暗部的层次非常重要。在这张画里，首先要找出风洞、孔穴，这些位置的色调同明暗交界线一样，颜色要画深，加重没有反光的位置，把有反光的位置自然地对比出来。亮部的刻画比较简洁，光滑地扫出质感就可以了。

更快更强

时代在变化，飞机在发展，不变的是人们不懈的追求和无尽的梦想。当F–15以近乎完美的表现征服所有人时，新一代的F–22闪亮登场，再度惊艳了世人。军机在战争的驱动下近乎疯狂地猛冲时，民航客机也在追求超越声速、追赶太阳的非常速度。“协和”客机创造了“时光倒流”的飞行奇迹，其漂亮的白天鹅身姿和略微下垂的机头，即使从纯粹的美学角度看，也是近乎完美的珍品。

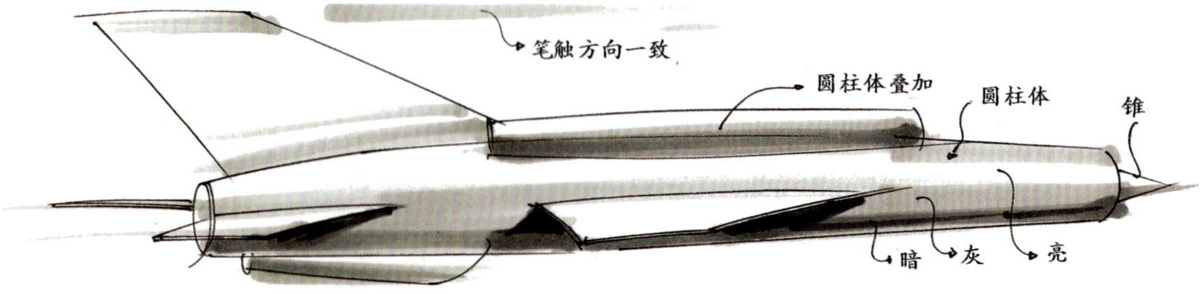

形体更尖细，有专业赛车的速度感，上色时也保持用笔方向的一致

昂贵的猛禽F–22

身份证

名　　称：F–22“猛禽”战斗机

国　　别：美国

翼　　展：13.6米

机　　长：18.9米

机　　高：5米

最大起飞质量：38 000千克

最大平飞马赫数：2.25

最大过载：9*g*

实用升限：19 812米

最大航程：1 840千米

微故事

F–22是世界上第一种正式服役的第五代战斗机，其先进性自不待言，可是它的供氧竟然成了一个大问题。2010年11月16日，美国空军驻阿拉斯加州埃尔门多夫基地一架F–22“猛禽”战机在夜间训练时突然坠毁，飞行员杰弗里·哈尼上尉遇难。事后调查表明，舱内制氧系统意外关闭导致飞行员窒息，飞机失控，飞行员根本没有跳伞逃生。调查报告称，事故的主要原因是飞行员本人反应不够快，没有及时激活备用制氧系统，在意识不清中无法将急速俯冲的战机拉回平飞状态。F–22因坠毁事故被停飞5个月之久，禁飞令解除后，空军要求飞行高度不得超过7 600米，但是飞行员呼吸困难的险情仍时有出现。这个貌似简单的问题，却一直困扰“猛禽”战机，至今没有确切地找到问题之所在。飞机研制是一个复杂的系统工程，一些看似简单的问题，往往会酿成致命的事故。这或许能够从另一个方面说明航空事业的复杂与艰难。

知识舷窗

第五代战机的基本特征有：隐身技术，超声速巡航能力，超机动能力，超级信息优势。其中，具备革命性的就是隐身性能。隐身性能依赖于外形、材料和内部武器舱，即使是装备完全的作战配置，战斗机依然应保持非常低的雷达反射截面积。

徐徐道来

F-22表面造型光滑，整体造型如同圆柱体插上机翼与尾翼的归纳图。刻画时，首先应将圆柱体的体积分清。机头处的结构相对复杂，转折面多，必须分清转折的角度大小。机翼与尾翼的分面较简单，但应注意不同角度代表的明暗变化。

超侧卫苏-35

身份证

名　　称	苏-35“超侧卫”战斗机
国　　别	法国
翼　　展	15.2米
机　　长	22.2米
机　　高	6.4米
最大起飞质量	34 000千克
最大平飞马赫数	2.35
实用升限	18 000米
最大航程	4 000千米

微故事

2014年11月，备受瞩目的第十届中国国际航空航天博览会上，苏-35的飞行表演让所有人大吃一惊，叹为观止。一出场，苏-35短距滑跑后迅速大迎角起飞，以近乎垂直的方式直冲蓝天，接着就是一个加力大筋斗，拉起后立刻就是一个360度的横滚，马上再来一个零半径滚转。即使在通场飞行时，苏-35也增加了不少难度颇大的滚转。由于苏-35的发动机推重比相当大，使得它大迎角爬升轻松自如，而且竟然在空中进行了正螺旋飞行，然后轻松改出螺旋，紧接着又是零半径360纵向滚转，只有矢量推力发动机才能做出如此惊人的高难度动作。最让人不可思议的是，苏-35还呈现了类似直升机的悬停状态。

驾驶这架苏-35表演的飞行员是俄罗斯的功勋飞行员谢尔盖耶夫。他艺高人胆大，在一般的飞行表演中融入许多个人的个性化飞行动作，体现了俄罗斯民族彪悍的个性。

知识舷窗

普通航空发动机提供的推力方向是固定的，和飞机的纵向中心重合或呈一固定夹角；而矢量推力发动机可将推力方向做垂直或水平调整，这样就可以利用飞机发动机的推力更好地控制飞行姿态，可使飞机机动性更突出，可在失速状态给飞机一个有效的控制力，调整推力方向可使飞机在阻力最小的迎角下巡航等。推力矢量发动机又分二元推力矢量发动机和多元推力矢量发动机（多元推力矢量发动机又称全推力矢量发动机）。

徐徐道来

苏-35采用了三翼面的设计，外型简洁大方。仔细观察可以发现，机翼与机身连接得非常自然平滑，绘画时应当看成一个整体。尾翼与机身的夹角相对较大，应注意区分两个尾翼的明暗变化。刻画机头处的暗部时，用了两条较暗的色块，将颜色层次分得较为明显；亮部的纹理用较为干涩的马克笔（墨水很少了）多涂几遍，就会产生这种拉丝的光泽效果。

蓝天鹘鹰歼31

身份证

名　　称：歼31“鹘鹰”战斗机

国别：中国

翼展：11.50 米

机长：16.9 米

机高：4.8 米

最大起飞质量：28 000千克

最大平飞马赫数：1.8

最大过载：9*g*

实用升限：18 000米

微故事

2014年11月，歼31战斗机首次亮第十届中国珠海航展并进行飞行表演。歼31战斗机是中国航空工业集团公司沈阳飞机工业集团公司研制的第五代双发中型隐形战斗机。歼31“鹘鹰”飞机综合作战效能优异，具有自主知识产权。“鹘鹰”飞机采用单座、双发、外倾双垂尾、全动平尾的正常式布局，两侧布置大S弯进气道，配置内埋武器舱。歼31飞机具有高生存力：低雷达可探测性、低红外辐射特性、优异的电子对抗性能、低易损性设计；多任务能力：强大的目标探测和外部信息综合能力、优异的态势感知和信息共享能力、超视距多目标攻击和大离轴角全向攻击格斗空战能力、对地和海面目标精确打击能力、适应复杂气象条件和广地域使用能力；优异的综合保障能力；高性价比。有专家称，歼31的性能完全可以媲美F-35C舰载战斗机。

知识舷窗

舰载机一般在航空母舰上使用，与地面战机相比，有一些特殊的要求。由于航空母舰的甲板比较短，因此舰载飞机应有良好的起飞性能、优秀的着陆性能、良好的低速操纵性。舰载机还装有特殊的导航设备，便于驾驶员对准甲板跑道。为了少占甲板面积和便于在舰上机库内存放，多数舰载飞机的机翼在停放时可以向上折叠，有的垂尾和机头也可以折转。此外，海水和潮湿的环境容易腐蚀飞机机体、发动机和机载设备，因而飞机要有较好的防腐蚀措施。

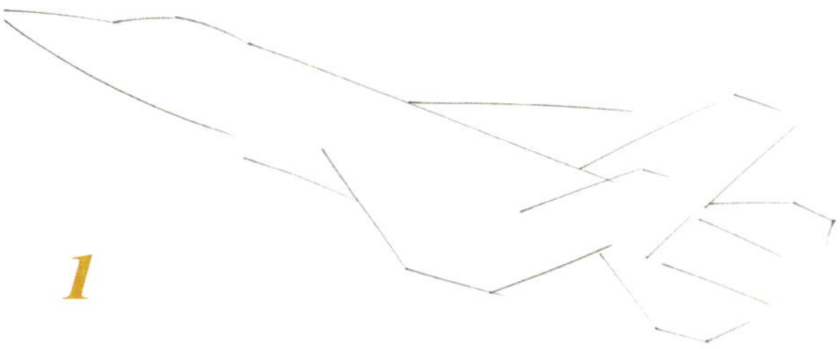

1

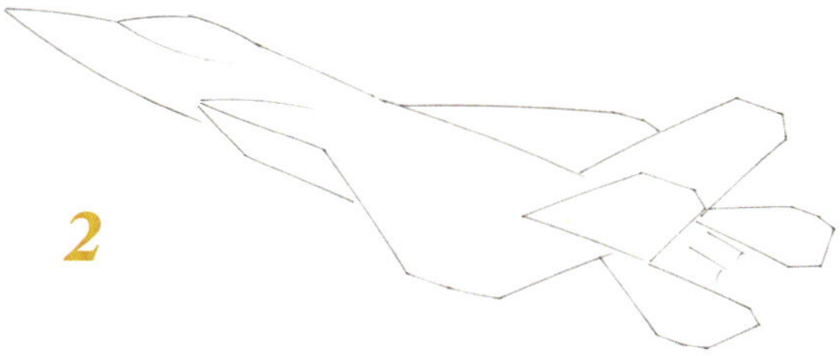

2

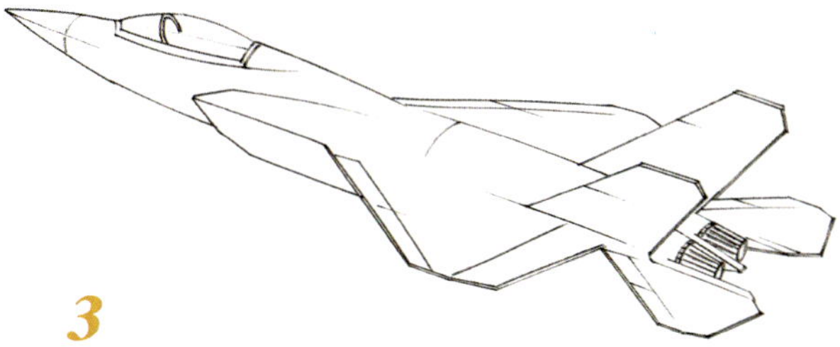

3

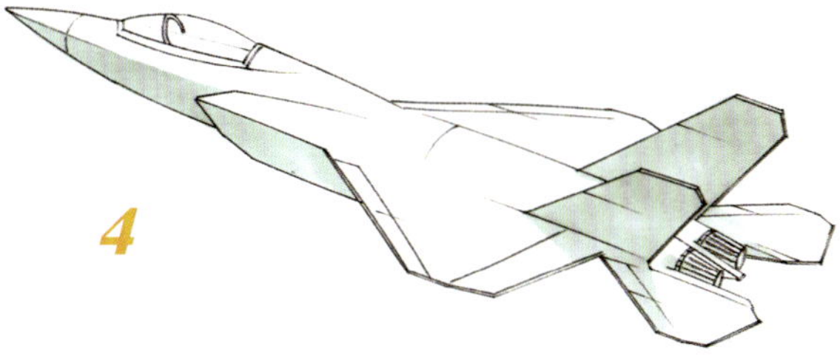

4

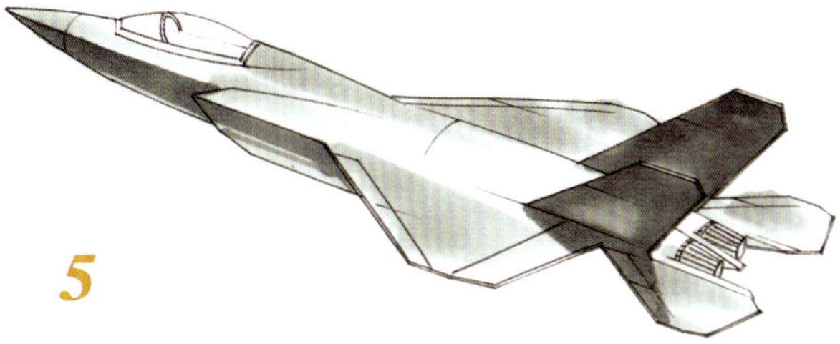

5

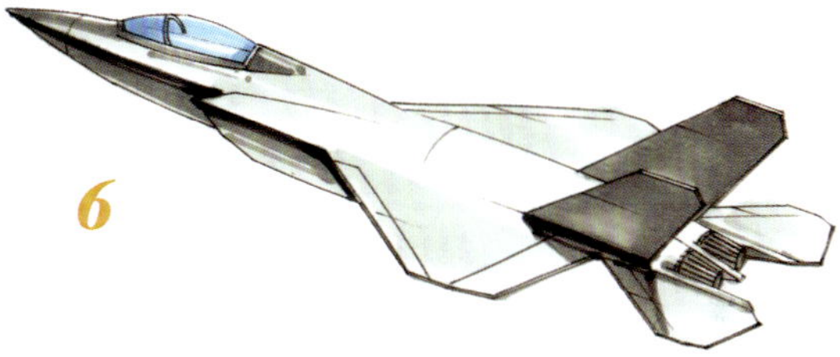

6

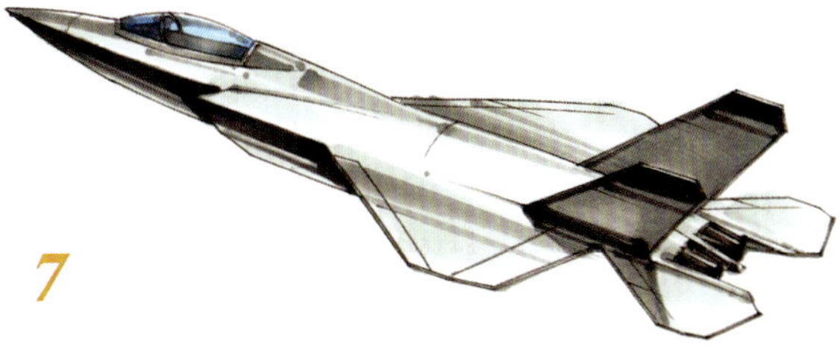

7

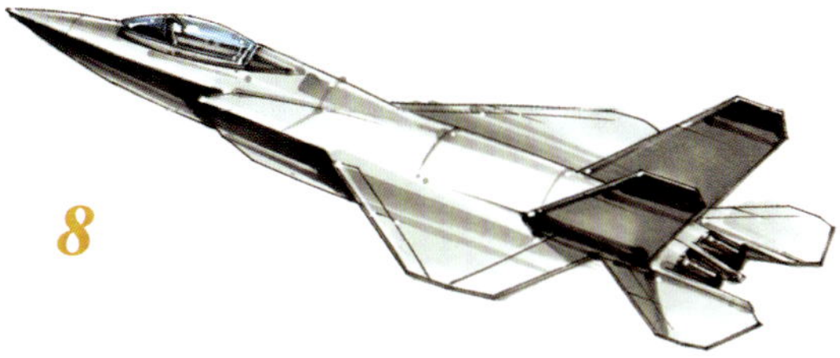

8

徐徐道来

刻画歼31时将形体简化了很多，使画面变得非常简洁，也使形体符合隐形飞机的特征。在刻画飞机的整体质感时，所用的颜色色差较大，画面对比较强，光泽度高。这种表达可能不太符合真实隐形飞机的亚光质感，有些读者会对此产生疑问。其实，这个问题反映的是绘画与摄影的区别。摄影可以将敏感的层次解释的非常清晰，但绘画讲究归纳，在现实中需要快速归纳画面效果时，可以选择性地适当强调特征，加强对比，突出画面的可视性，彰显绘画效果。

火箭飞机X-15

身份证

名　　称：X-15A-2C火箭试验机

国　　别：美国

翼　　展：6.7米

机　　长：16米

机　　高：4.2米

最大起飞质量：23 095千克

最大平飞马赫数：6.72

实际升限：107 960米

微故事

1959年6月，在地球上空15千米处，一架巨大的B-52轰炸机悬挂着一架小小的X-15飞机在飞行。飞行员按了一个按钮，黑色尖鼻头的X-15即从B-52的右翼下脱离开来。一会儿X-15启动了火箭发动机，用令人难以置信的动力向高空飞去。3分钟后，它的速度达到了约2000千米/时。X-15计划持续了约10年之久，3架X-15共试飞了199次，每一次飞行都是一次新的试验。X-15创下的飞行高度和飞行速度比预计的更理想，3号机飞行高度超过了107千米，2号机飞行马赫数达到了7，即7倍的声速。X-15项目进行期间，有13次飞行达到了美国空军的太空飞行标准，即搭载航天员在高于80千米的高度飞行，其中有两次飞行的高度超过了100千米。1968年，X-15作了最后一次飞行，1970年12月正式退役。它飞达大气层边缘并返回的壮举，创造了20世纪60年代航空器飞行速度和高度的纪录。

知识舷窗

从1946年到1975年的30年间，美国实施了一系列渐进的飞机研究发展计划，即X系列试验机计划，为后来的航天飞机研制作准备。从著名的X-1飞机开始，经过对X-2至X-15飞机的研究和一系列载人升力体飞行器的设计，美国科技人员在研制航天飞机之前很多年，就完成了大部分空气动力学研究工作，获得了超声速飞行的高性能飞行器的数据，破解了这种飞行器在飞机跑道上降落的难题。这些问题的成功研究，保证了以后航天飞机降落的高成功率。

徐徐道来

“大箭”飞机的外形更像航天器，形体特征非常简单，前端的圆锥体加上后端的圆柱体就构成了整体外形。机翼与尾翼形体较小，刻画时应主要抓住圆柱体的体积感来描绘，重点刻画圆柱体的交界线部位。这张画表现的是亚光质感，色差变化较小，没有重点强调光泽度，但基本的明暗对比依然体现出来了。

追赶太阳的协和

身份证

名　　称：“协和”超声速客机

国　　别：英国　法国

翼　　展：25.6米

机　　长：62.1米

机　　高：11.4米

最大起飞质量：　186 065千克

最大平飞马赫数：　2.04

最大载重航程：5 110米

起飞距离：3 410米

着陆距离：2 220米

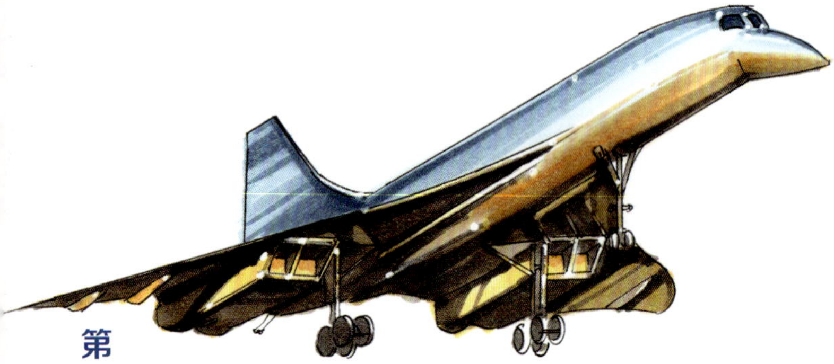

微故事

2000年7月25日，法国航空公司一架注册编号为F-BTSC的“协和”飞机准备从法国巴黎戴高乐机场起飞，执行飞往纽约的4590号航班，机上有9位机组成员。当天下午4时40分，4590号班机于巴黎戴高乐机场26号右跑道起飞。当飞机在跑道上以320千米/时的速度滑行时，机场塔台向4590号班机报告飞机后方失火，并表示能优先使用跑道降落，但由于飞机的速度超过了起飞的决断速度，已经无法安全停下，飞机除了起飞别无他选。

4时43分15秒，“协和”飞机的左机翼拖着长长的火焰徐徐升空；4时43分22秒，飞机驾驶舱的发动机火警警报器响起；3秒后，机长关闭2号发动机，但飞机离地一直只有30米。飞机起火的机翼不断解体，方向舵亦在此时被烧毁，导致整架飞机向左倾侧。4时45分，飞机在起飞后69秒坠毁于机场附近的戈内斯镇的一间酒店外25米处，坠毁时机腹朝天，当时飞机离布捷机场只有一小段航程。机上100乘客和9名机组人员全部罹难，并导致旅馆内4人死亡。经事故调查委员会调查，酿成这一空难的“罪魁祸首”并不是飞机自身的故障，而是飞机跑道上一块来历不明的金属片。这块金属片划破了“协和”号飞机轮胎，轮胎在起飞时爆裂，其碎片击破油箱导致其失火，最终造成飞机失事。

“协和”客机是迄今唯一投入运营的超声速客机。经过这场事故打击后，它停飞1年多，于2001年11月7日复飞。但是，本来就举步维艰的“协和”客机未能恢复元气。2003年10月24日，英航的3架“协和”做了告别飞行，经营27年的“协和”正式退出历史舞台。

知识舷窗

1963年1月13日，法国总统戴高乐率先将英法合作研制的超声速客机用法语命名为“协和”（Concorde，在法语中代表协和、合作、和谐），而英国为向法国表示对合作的诚意，亦同意采用法语名称。但后来法国否决英国加入欧共体，时任英国首相麦克米伦改变了主意，决定将法语“Concorde”改名为英文“Concord”（意思相同，虽然只差了一个字母e，但却是两种语言）。直到1967年12月11日首架“协和”飞机在法国图卢兹出厂，飞机命名才尘埃落定，当时英国科技部部长安东尼·宾特宣布英方愿意使用最初的名称“Concorde”。

1

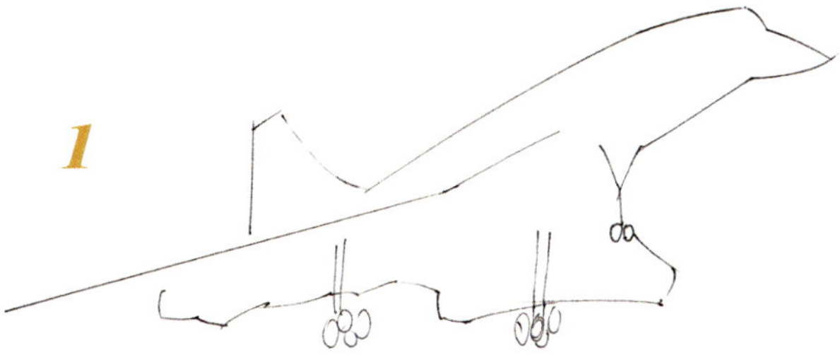

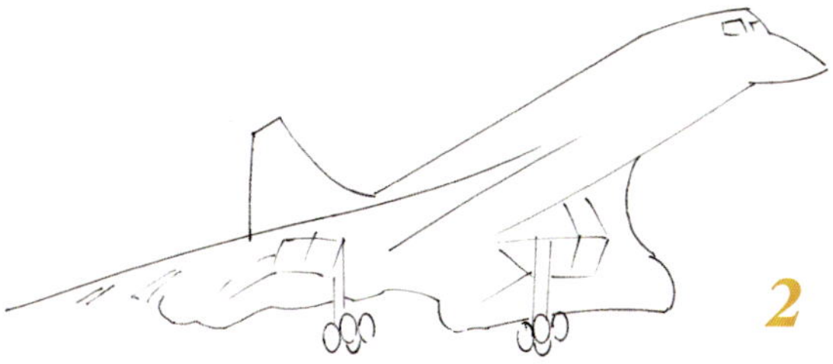

2

3

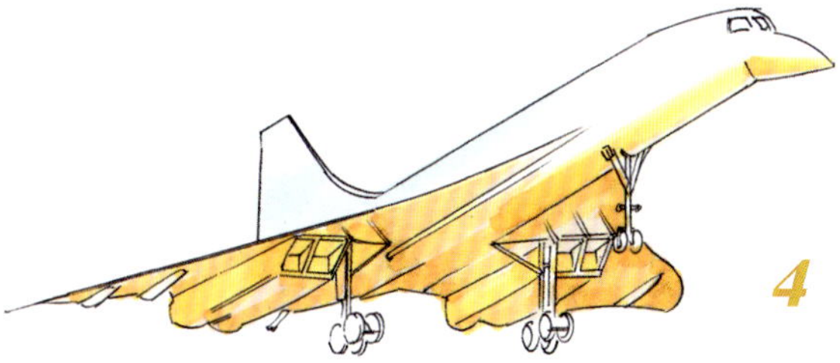

4

5

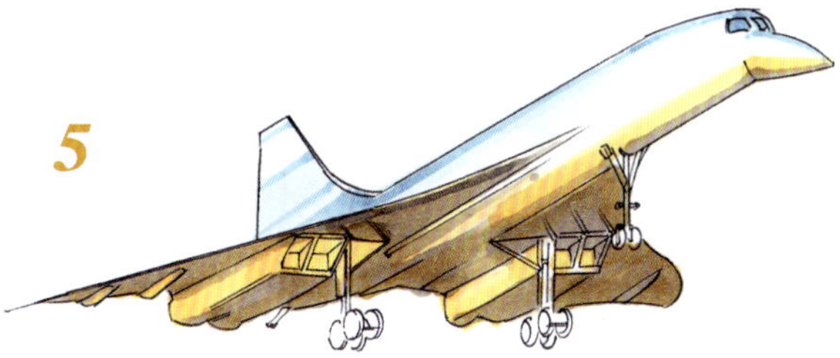

6

7

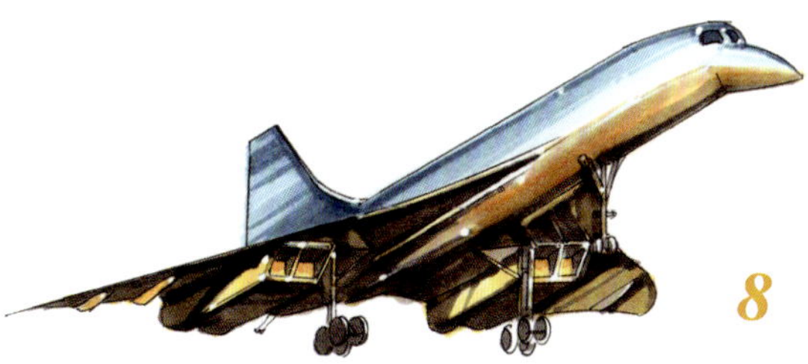

8

徐徐道来

刻画“协和”客机运用了光线的色彩对比。飞机的上半部分，整体面朝上，能反射天空的蓝紫色，属冷色系；飞机的下半部分，整体面朝下，反射出夕阳或者地面的黄棕色，属暖色系列。实际绘画中，以这种方式给上半部分受光面的颜色添加蓝紫色，背光部分暗部则揉入黄棕色，整体的明暗形体依然可归纳为圆柱体，两边颜色深，中间浅。往两边上色时，应考虑两边冷暖色系的明暗变化，将颜色代入到明暗层次中去。暗部的明暗对比可以适当加强，以表现强烈自然光下的光感。

第五章　垂直起降

拔地而起、从天而降，这些耳熟能详的词语或许正是人们垂直起降梦想的写照。人类对飞行的认识经历了从简单模仿鸟类的扑翼机到固定翼飞机的艰难转变，但是人们对“拔地而起”的梦想并没有放弃。应该说，人类最初的飞行幻想都是垂直起降，无论是中国的嫦娥，还是西方的飞毯，甚至人类最初的“飞行器”气球、竹蜻蜓，都从未出现过滑行。1903年固定翼飞机升空了，而垂直起降的直升机直到1907年底才勉强上天，而且也只是离地0.3米，留空20秒。

实际上，直升机与飞机的差异甚大，绝不仅仅是有无滑翔起飞的过程。甚至有人认为，这是完全不同的两种飞行器，因为二者的结构、操作方式，乃至外形，都差异甚大。

但是，旋翼机与直升机从一开始就“纠缠”到一起，以致于许多人完全区分不清。旋翼机与直升机同样差别甚大，但是将二者视为“近亲”也并不过分，况且从美学的角度看，二者的相似度更大，因而将错就错，干脆把他们放到一起来绘制。

直升机和旋翼机在外型上的共有特征是大个的旋翼，而且旋翼都占有比较明显的位置，尤其是直升机，旋翼往往成为最抢眼、最明显的特征。在绘制直升机时，如何处理旋翼，既不能喧宾夺主，破坏了整体画面，又不能过于简略，毕竟这是直升机的主要特征。再则，直升机的机体宛若一只飞翔的蜻蜓，头大、身子细，二者在画面上必须保持必要的美学比例，而不能一味追求真实。

■ 超级梦想

竹蜻蜓是中国早期的玩具，制作简单，操作方便，只要双手一搓就可以飞起来了。这种“儿童游戏”传到欧洲后，竟然引起了一个航空史上知名的先驱——凯利的注意。凯利一生都喜欢玩竹蜻蜓，在他去世的前两年，“老顽童”凯利还给朋友赠送了一只自己制作的竹蜻蜓。竹蜻蜓是凯利重要的研究对象，也是直升机最初的雏形。直升机的发明异常艰难，第一架实用直升机比飞机晚了30多年才发明。直升机升空后的自旋问题困扰了人们很久，天才的西科斯基以出乎人们意料的简单方法，彻底解决了这个超级难题。

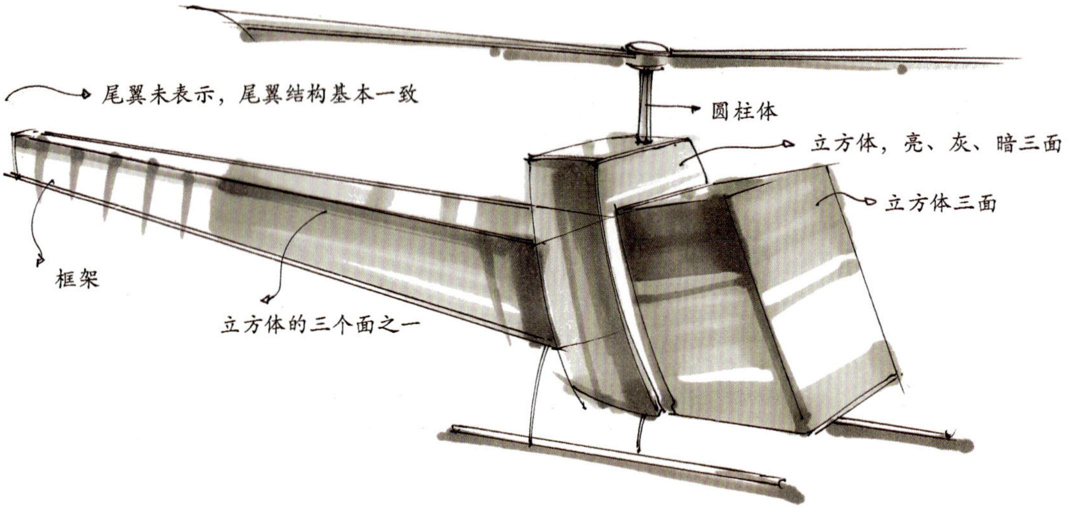

直升机结构上与飞机有很大差别，通常由机身与螺旋桨组成。
机身形体通常由多几何体组成，应注意其分解与组合

乔治·凯利的旋臂机

身份证

名　　称：旋臂机

发 明 人：乔治·凯利

国　　别：英国

发明时间：1804年

微故事

被誉为“航空之父”的乔治·凯利对鸟做了大量的研究，包括测量鸟翼的面积、鸟的质量大小和飞行速度，估算了速度、翼面积和升力之间的关系，并指出飞行器应当分别实现升举和推进两种功能，其中升举是关键，从而使人类摆脱了对鸟的简单模仿。在直升机领域，凯利也展开了开创性地研究工作。1804年12月，凯利制作了一架旋臂机，用于研究平板的升力和阻力。他把一块0.1平方米的平板安装在旋臂机上，并偏转成各个角度。通过这个简单装置，获得初步的定量实验结果。

凯利25岁时，根据竹蜻蜓的原理设计制作了一架直升机，这架直升机有两副羽毛制成的螺旋桨。

凯利设计制作了多种飞行器，这里绘制的是他设计的一艘飞艇，因为旋臂机过于简单，手绘价值不大。

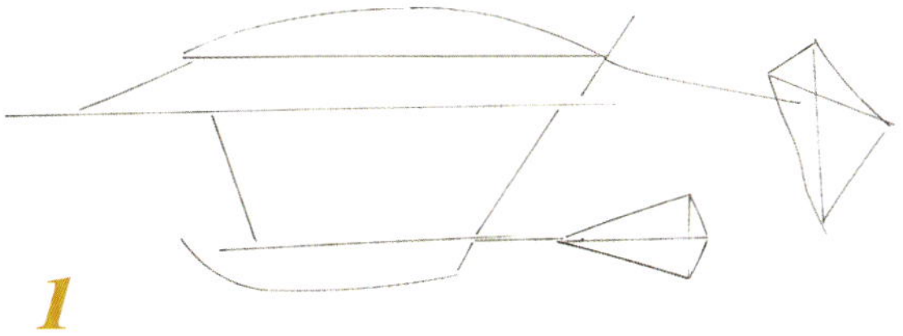

1

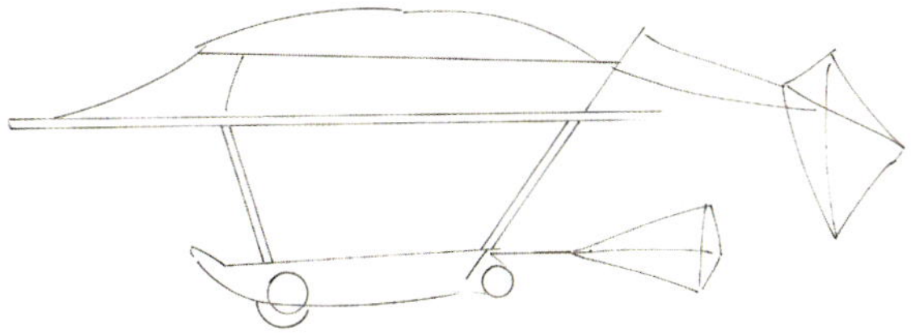

2

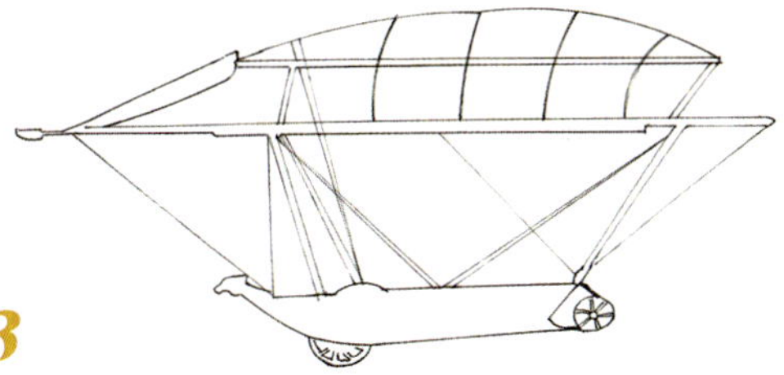

3

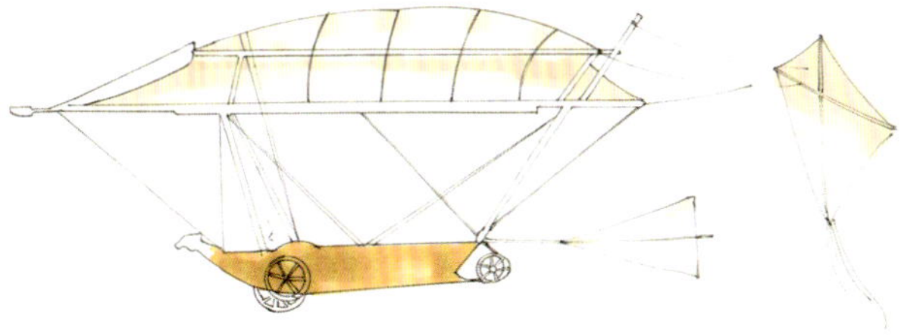

4

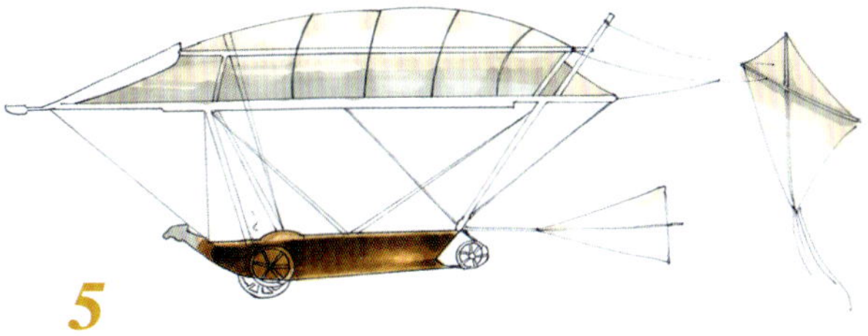

5

6

7

8

徐徐道来

这款早期飞行器主要分为上下两部分。上半部分为框架蒙皮，体积感较弱，下半部分是一个鸟形车厢式造型并带有滑轮，体积感相对强烈。刻画时，主要对鸟形车厢进行体积与质感的描绘，画出体积感与光感。蒙皮结构则主要画好结构杆，蒙皮上用马克笔自然摆笔，表现出自然的色差即可。作为保险措施的风筝型尾翼同样按照画结构线的方法强调框架，外层的蒙皮自由涂色。

旋转的机翼

身份证

名　　称：切尔瓦C.8 Mark II

国　　别：西班牙

旋翼直径：7米

旋翼桨盘面积：100.8平方米

机　　长：11米

机　　高：4.5米

空　　重：790千克

最大起飞质量：1 075千克

最大平飞速度：153千米/时

巡航速度：129千米/时

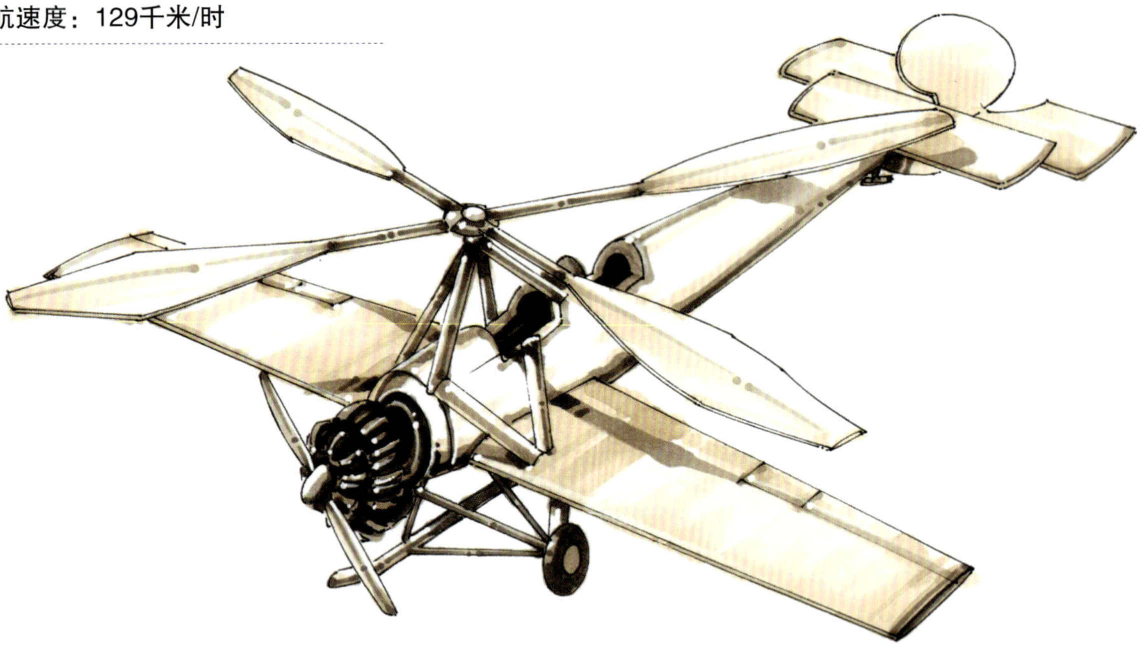

微故事

在航空史上，旋翼机虽然是昙花一现，但对直升机的发明却具有深刻的影响。旋翼机是西班牙人切尔瓦发明的。切尔瓦的少年时代，正是飞机刚刚发明的时代，许多人都痴迷于航空。15岁时，切尔瓦制作了一架滑翔机，带着几个伙伴一起到郊外试飞。可是，这架滑翔机无论如何都飞不起来，沮丧的切尔瓦带着滑翔机准备回家时，一阵大风吹来，滑翔机竟然带着他一起飞了起来，飘飘然的切尔瓦就这样尝到了飞翔的美妙滋味，从此与航空结缘。

在多次试制旋翼机的过程中，切尔瓦发明了旋翼与桨毂的铰链连接技术，从而能够使桨叶上下飞舞，也能使桨叶沿轴向偏转，获得最佳角度，产生平衡升力。这项技术对实用直升机的问世起到了重要的推动作用。切尔瓦制作的C-4旋翼机取得了完美的成功，标志着旋翼机的正式发明。可惜的是，切尔瓦本人在一次飞行事故中丧生，年仅41岁。

步入21世纪，旋翼机又迎来了一个新的发展时期。

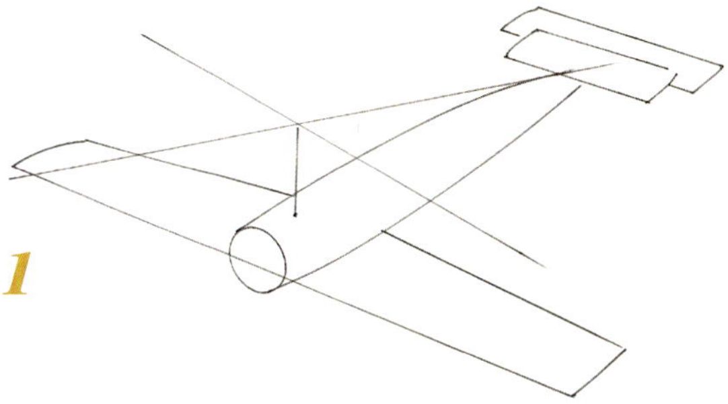
1

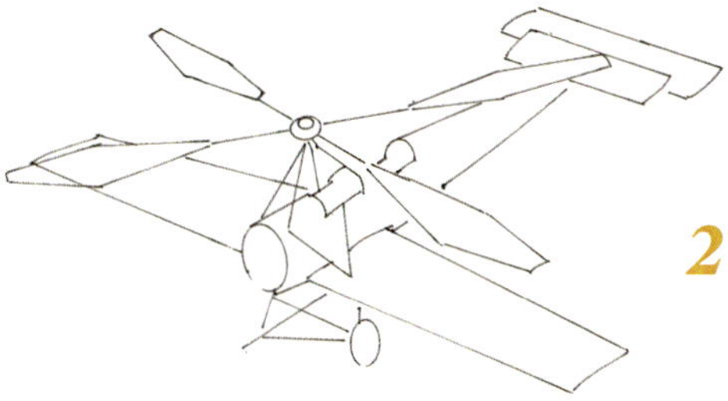
2

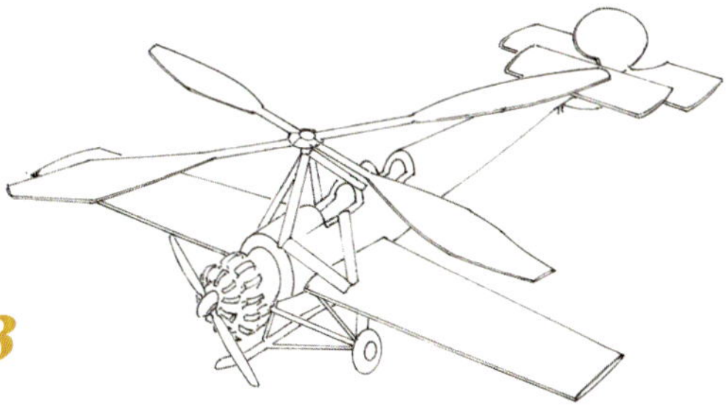
3

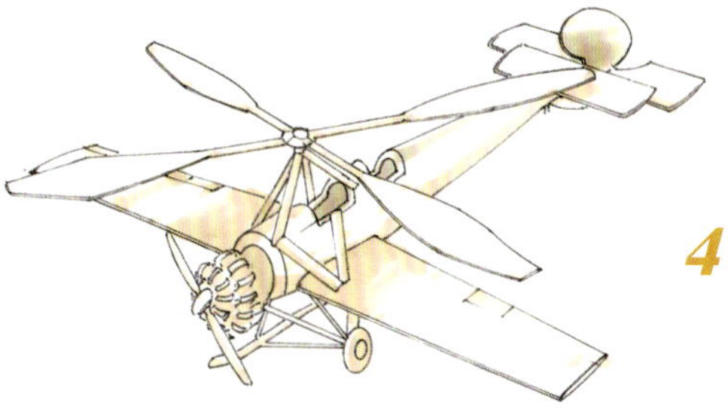
4

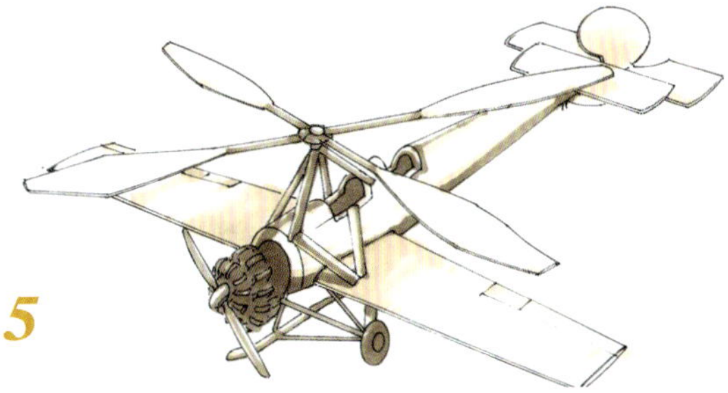
5

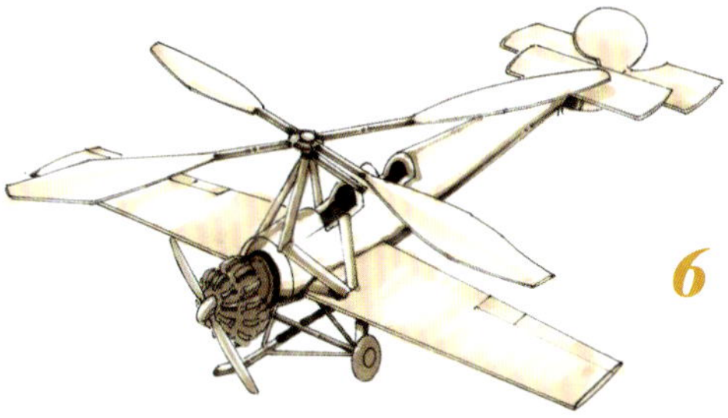
6

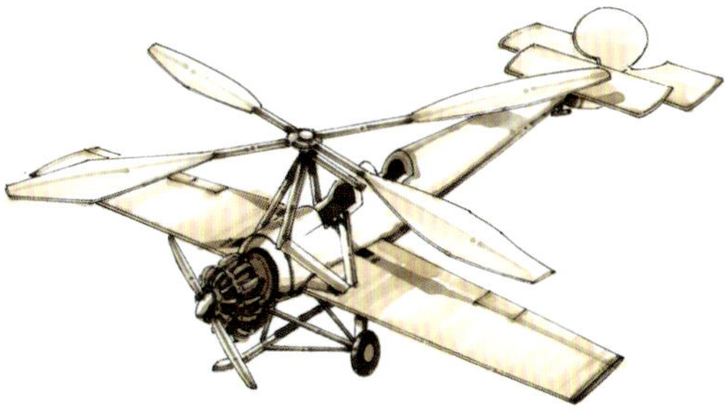
7

8

徐徐道来

切尔瓦的旋翼机造型独特，机身与普通战斗机类似，区别在于顶上有一个旋转的螺旋桨。机身的刻画主要是对圆柱体进行归纳，划分出层次即可。暗部区域主要集中在轮毂与座舱部位。画面中处理得较精彩的是投影的位置、投影的虚实处理以及形状的走向变化，包括螺旋桨支架与机身支架的阴影处理，这些地方都是经过慎重的考虑的。机翼的处理相对简单，用笔触做出色差平涂即可。

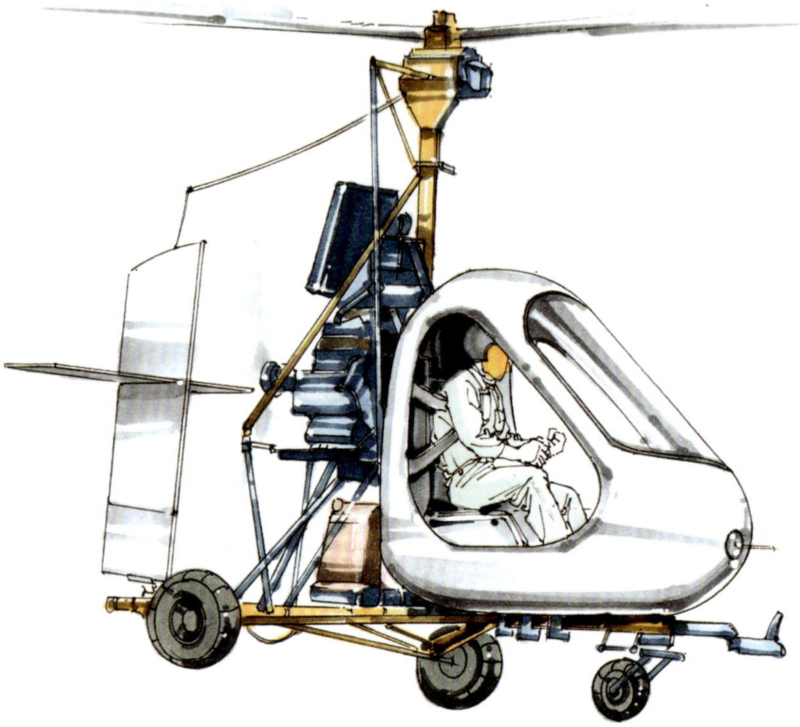

身份证

名　　称：	“松雀鹰”旋翼机
国　　别：	美国
机　　长：	4.15米
机　　高：	2.6米
空　　重：	344千克
最大起飞质量：	604千克
最大平飞速度：	160米/时
巡航速度：	72~130千米/时
起飞距离：	30米
降落距离：	5米
航　　程：	400千米

知识舷窗

旋翼机外形上与直升机相似，但这是两种完全不同的飞行器。旋翼机与直升机的最大区别是，旋翼机的旋翼不与发动机传动系统相连，发动机不是以驱动旋翼为旋翼机提供升力，而是在旋翼机飞行的过程中，由前方气流吹动旋翼旋转产生升力，像一只风车，旋翼系统仅在启动时由自身动力驱动，称之为预旋，起飞之后靠空气作用力驱动；而直升机的旋翼与发动机传动系统相连，既能产生升力，又能提供飞行的动力，像一台电风扇。由于旋翼为自转式，传递到机身上的扭矩很小，因此旋翼机无需像单旋翼直升机那样的尾桨，但是一般装有尾翼，以控制飞行。

由于旋翼机的旋翼旋转的动力是由旋翼机前进而获得，万一发动机在空中停车螺旋桨不转了，此时旋翼机因为具有惯性继续维持前飞的状态，并由于重力和空气阻力逐渐减低速度和高度，就在高度下降的同时，也就有了自下而上的相对气流，旋翼就能自转提供升力。这样，旋冀机便可操纵地安全滑翔降落。即使在不能操纵时，旋翼机失去控制的特殊情况下，也会像降落伞一样徐徐降落。

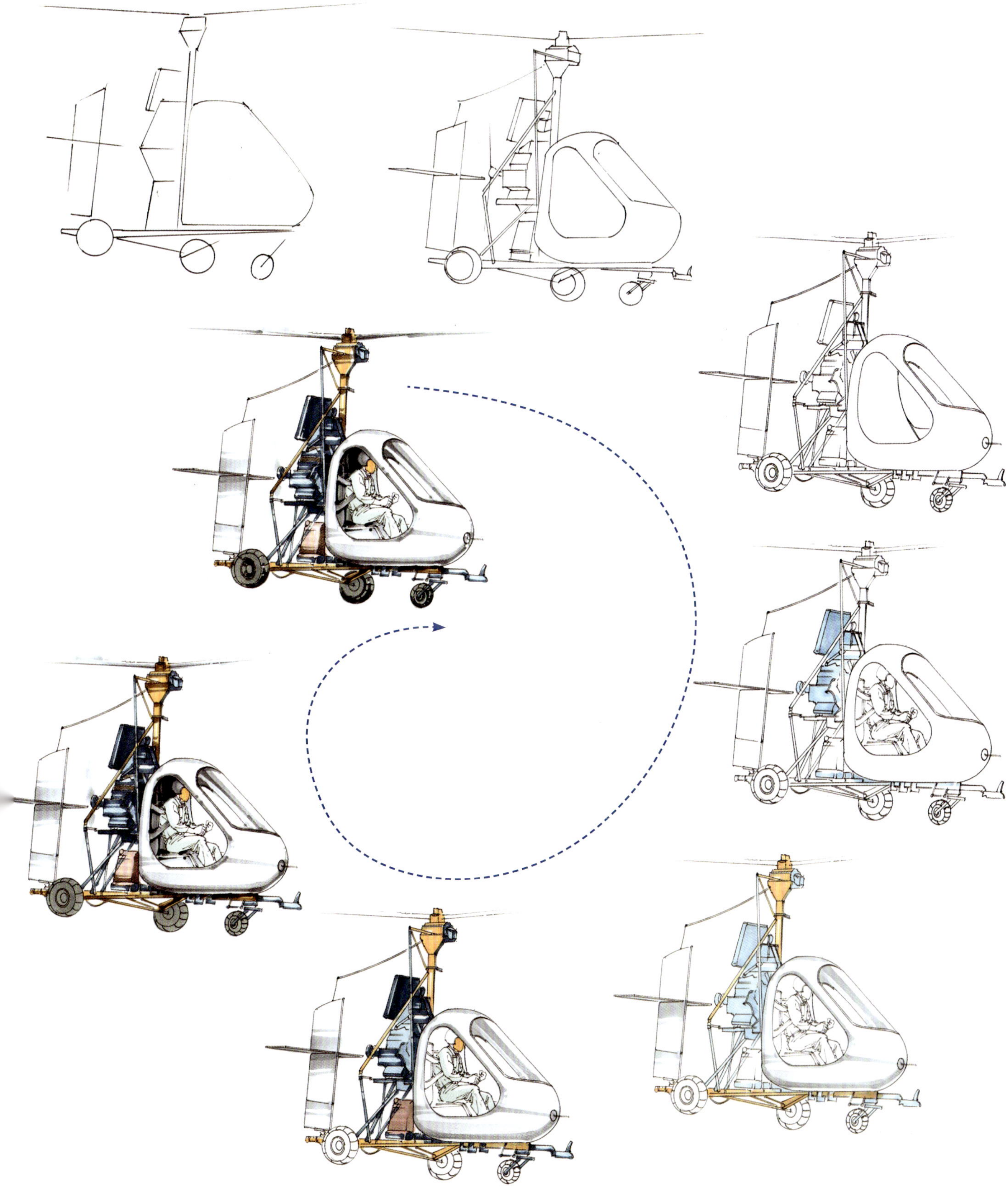

轻巧直升机贝尔-47

身份证

名　　称：贝尔-47G-3B

国　　别：美国

旋翼直径：11.32米

旋翼桨盘面积：100.8平方米

机　　长：9.63米

机　　高：2.83米

空　　重：858千克

最大起飞质量：1 340千克

最大平飞速度：169千米/时

巡航速度：135千米/时

最大悬停高度：5 060米

最大燃油航程：395千米

微故事

贝尔-47是美国原贝尔直升机公司（现改称达信集团贝尔直升机公司）于20世纪40年代研制的单发轻型直升机。该直升机于1941年开始研制，1943年开始试飞，当时编号为贝尔-30，1945年改为贝尔-47。1946年3月获得当时美国民航管理局适航证。这是美国第一架也是世界上第一架取得适航证的民用直升机，随后投入生产，一直生产到1973年，而意大利的仿制则持续到1976年。贝尔-47的性能并不高，但是价格低，结构简单，使用方便，在世界范围内获得广泛地应用，购买国家超过30个。

知识舷窗

贝尔直升机是第一代直升机，虽然解决了困扰直升机的基本问题，但是结构比较简单，是初始阶段的直升机。第一代直升机一般都采用活塞式发动机，安装原始的旋翼系统，桨毂是典型的金属铰链式，桨叶一般用钢管、木材和帆布制成，寿命比较低，大约只有600小时。此外，第一代直升机普遍采用机械操纵。

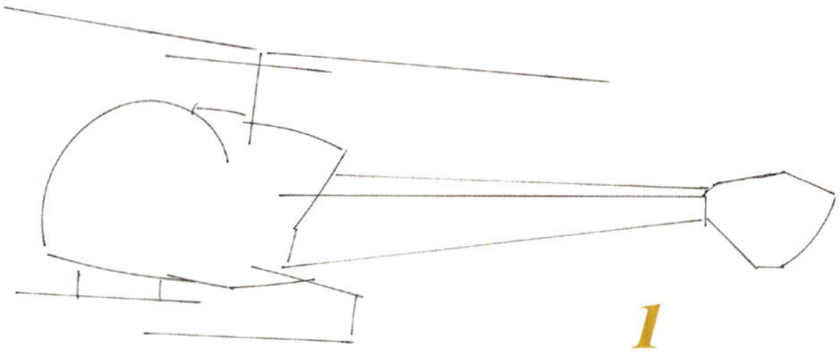

1

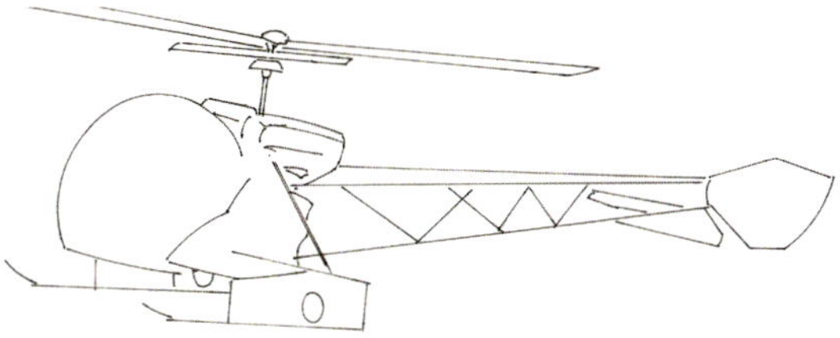

2

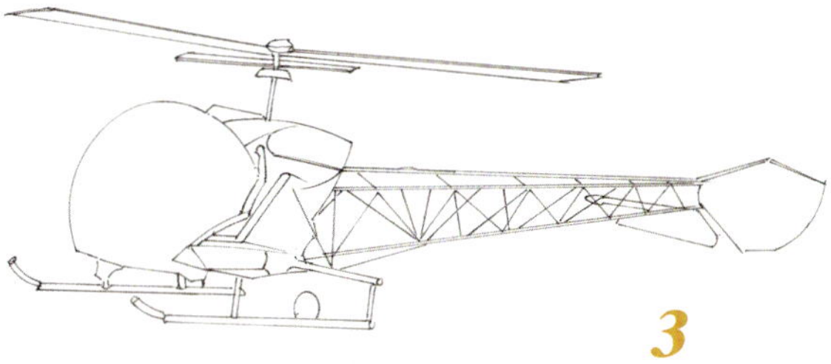

3

4

5

6

7

8

徐徐道来

贝尔-47直升机的主要造型由线状的尾部与机身的体积组合而成，机身处的泡状座舱罩很有特点。刻画时，我们对泡状的透明座舱罩进行球体处理，机身体积则是一组立方体组合，需要分清结构走向；尾部的线杆造型需要强化处理，否则线型的体积很难表现出来。

西科斯基S-55

身份证

名　　称：西科斯基S-55

国　　别：美国

旋翼直径：16. 2米

机　　长：12.85米

机　　高：4米

空　　重：2 245千克

最大起飞质量：3 266千克

最大平飞速度：162千米/时

巡航速度：137千米/时

最大悬停高度：1 950米

最大燃油航程：725千米

微故事

世界上第一个发明实用直升机的是西科斯基。西科斯基出生于乌克兰的基辅，1919年到美国谋求发展，1928年加入美国籍。1909年，年仅20岁的西科斯基就制造了第一架直升机，1910年又制造了一架，可惜都没有取得成功。这时，他认识到以当时的工艺、材料和发动机技术，不可能制造出直升机。于是，他转而研究固定翼飞机，1913年设计制造了世界上第一架四发动机大型飞机“俄罗斯勇士”号和“伊利亚-莫罗梅茨”号大型飞机。这使他在航空领域崭露头角。

到美国后，西科斯基成立了西科斯基飞行器公司，先后研制出S-38、S-40、S-42和S-44等水上飞机。之后，西科斯基又开始了直升机的研制，这是他一直不能忘却的理想。西科斯基创造性地提出用螺旋桨加尾桨的方式来解决直升机的自旋难题，采用切尔瓦铰链连接方式解决了直升机的操纵问题。1940年3月31日，西科斯基驾驶经过多次改进的VS-300进行试飞，实现了垂直上升、下降、侧飞、倒飞和绕固定点盘旋。至此，实用的直升机正式面世。

知识舷窗

绝大部分直升机都有一个尾桨，就是在直升机的尾部安装一个小螺旋桨。这个看似简单的发明并不简单。在直升机发明之初，人们发现直升机打转是一个令人头疼的问题，因为直升机的螺旋桨旋转时，必然要产生扭矩，同时空气就会产生一个“反扭矩”，并传递到机身，引起直升机朝另一个方向旋转。为了解决这个问题，工程师们想了很多复杂的解决办法，但是最有效的办法竟然是在尾部安装一个垂直的尾桨。这不仅可以平衡掉“反扭矩”，而且可以用于调节直升机的飞行方向，在悬停状态时还可以调节机头的指向，可谓一举多得。

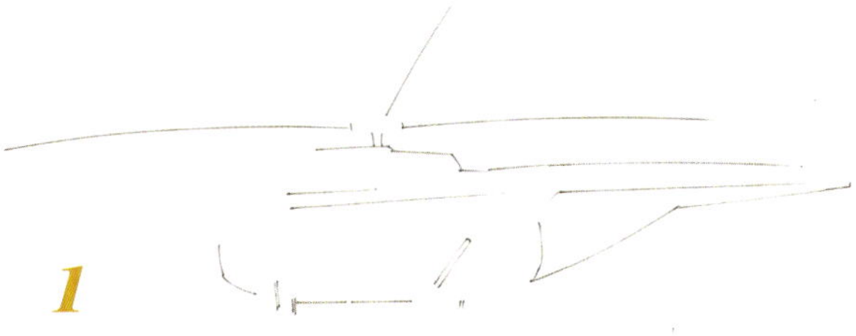

1

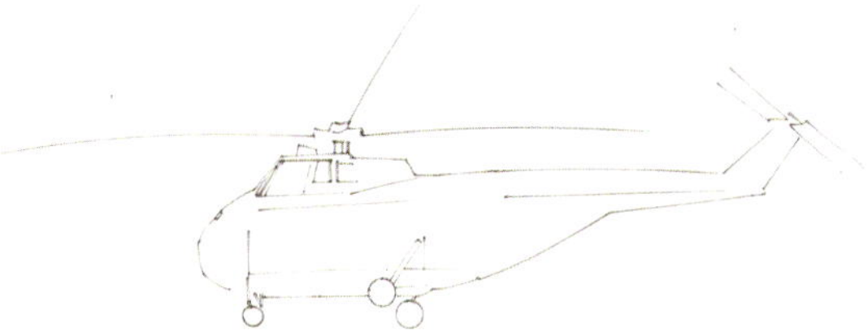

2

3

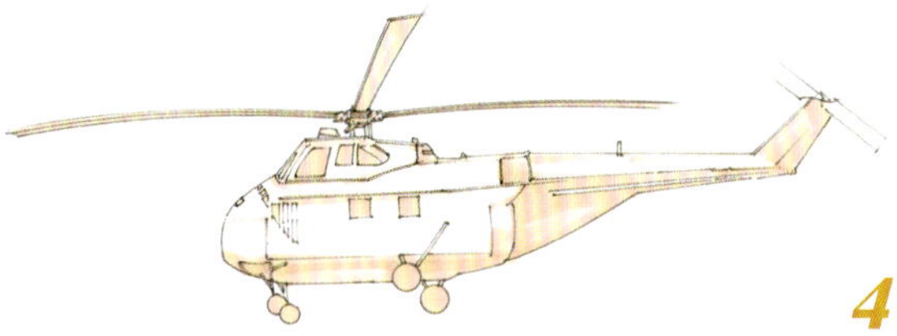

4

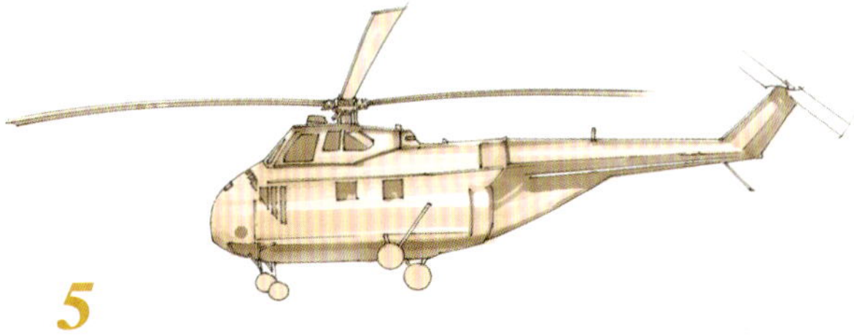

5

6

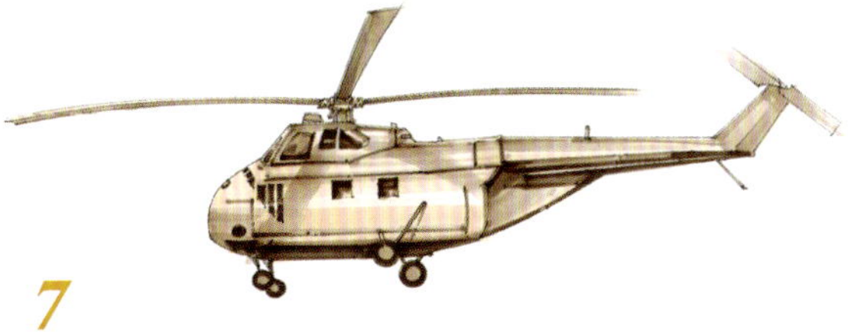

7

8

徐徐道来

S-55大型运输直升机虽然是较早时期的直升机，但是与现代直升机的造型无异。绘画时，紧紧抓住机身下端部分的暗部过渡，将机身侧面当作平面做出肌理效果。这款机型的刻画增加了很多细节，细节与投影的刻画为画面增色不少。

■ 垂直打击

直升机作为航空飞行器大家族的重要成员，以其独特的飞行本领而受到人们的普遍青睐，尤其是在炮火纷飞的战场上，它有时候是冲锋在前的开路者，有时候是空中打击的大杀器，有时候是战场伤员的“救护车”，已然成为现代战争的主角之一。武装直升机以其独特的方式，在“树梢高度”的制空权争夺中起着不可替代的重要作用，并在低空形成对地面强大的打击战力。

需要说明的是，倾转旋翼机应该视为直升机和飞机之间的一种飞行器，但是在外形和绘制上，更接近直升机。

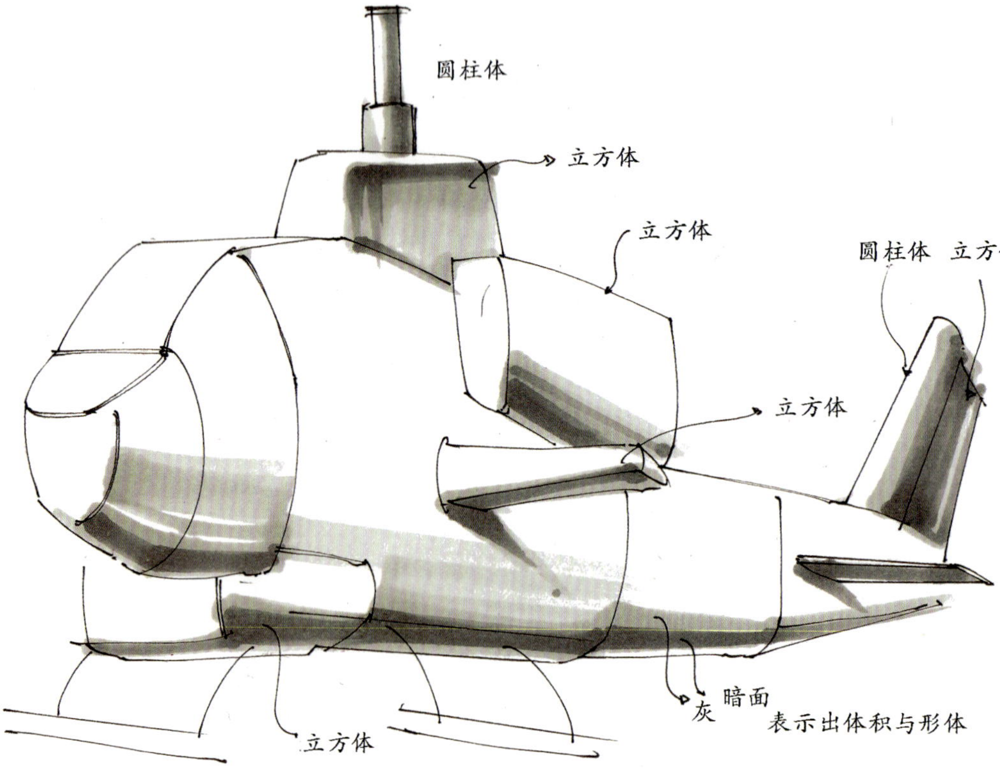

直升机机身由多个立方体组合而成，可用简单几何体组合、分解、加减而成为复合体，用灰与暗表现出各个立方体的结构形体

坦克克星眼镜蛇 AH-1

身份证

名　　称：AH-1W	空　　重：4 627千克
国　　别：美国	最大起飞质量：6 690千克
旋翼直径：14.6米	最大平飞速度：282千米/时
旋翼桨盘面积：168.1平方米	巡航速度：278千米/时
机　　长：17.7米	最大悬停高度：4 495米
机　　高：4.1米	最大燃油航程：587千米

1

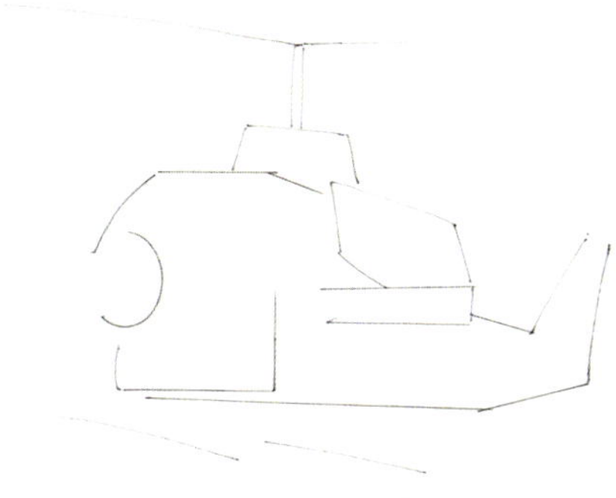

2

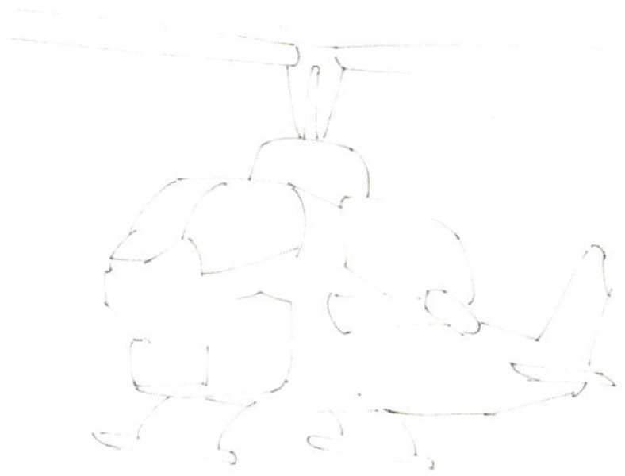

3

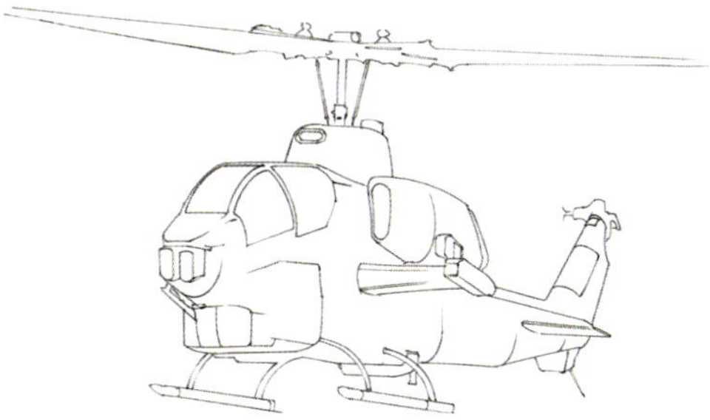

4

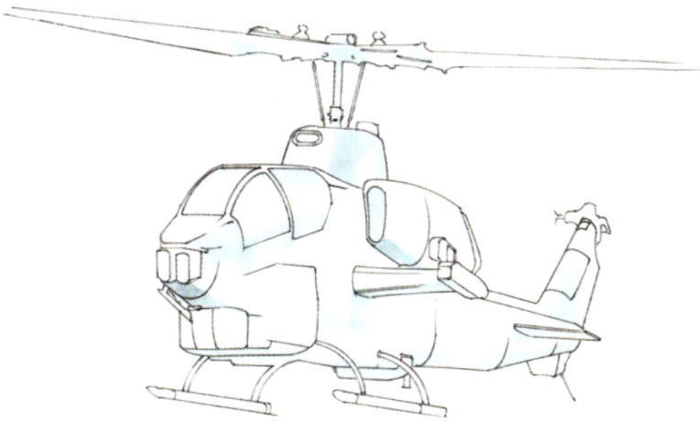

5

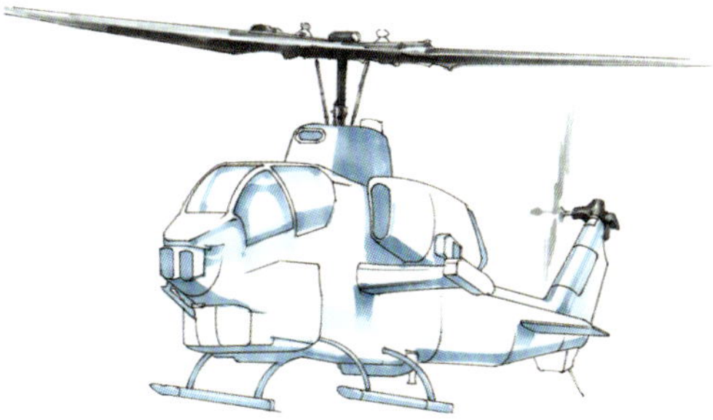

6

7

8

徐徐道来

这款直升机的体块关系明显，各部件的体积都比较厚实。画直升机时，对体积的归纳比较直观，可以把直升机视为很多几何体集合而成的组合体，根据每种几何体分块画，每个小体块按照形体关系归纳，找准几何体的原理下笔即可。将这点搞清楚后，我们再来看这款直升机就非常简单了：机身的大立方体非常明显，靠机头与座舱处的形体略有改变，这是可以刻画的小细节；尾翼非常厚实，可以分面分层次来表现体积感。

多用途黑鹰S-70

身份证

名　　称：S-70A（UH-60）

国　　别：美国

旋翼直径：16.4米

旋翼桨盘面积：210.2平方米

机　　长：19.8米

机　　高：5.1米

空　　重：5 118千克

最大起飞质量：11 113千克

最大平飞速度：296千米/时

巡航速度：257千米/时

最大悬停高度：3 179米

微故事

1991年，联合国在索马里开始了维和行动。但是，索马里的军阀们对联合国的干预很反感。其中，实力最大的艾迪德竟然伏击联合国维和部队，造成24人伤亡。1993年8月，联合国授权维和部队采取一切措施抓捕艾迪德。于是，美国调400名特种兵开赴摩加迪沙，去捉拿艾迪德。9月25日，第一架“黑鹰”被击落，机上美军3死2伤。10月3日，美军改在大白天行动，擅长夜战的特种兵优势顿失。下午3点，抓捕艾迪德的行动开始，美军与索马里人爆发了冲突，一架“黑鹰”直升机被火箭弹击中坠落，另一架被击伤后逃回基地。这场行动中，美军战死18人，受伤76人，还有1人被俘，而且还没有抓到艾迪德。

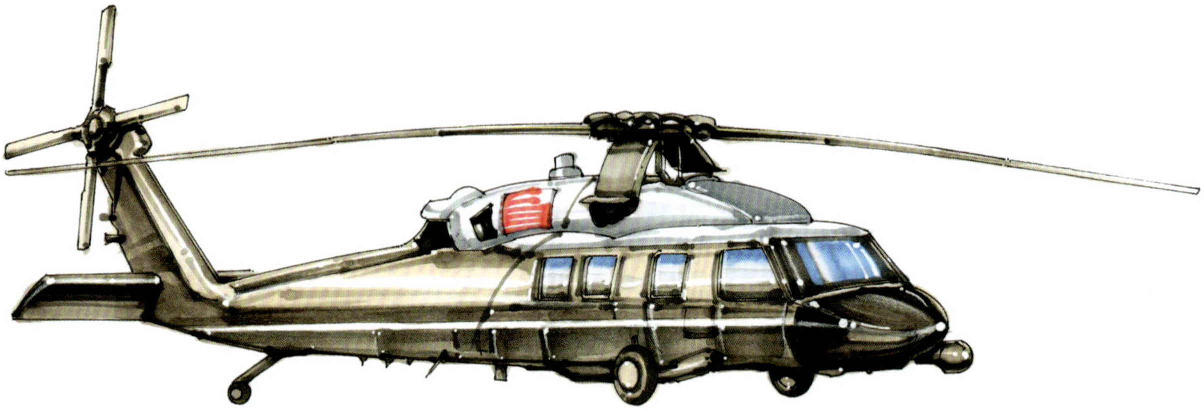

知识舷窗

由于直升机的用途多样，其起落架形式也是五花八门，往往根据使用的场合来确定起落架的形式。直升机的起落架有轮式的、滑撬式的、雪橇式的，还有水上起落的浮筒式的。最常用的是轮式的和滑撬式的。

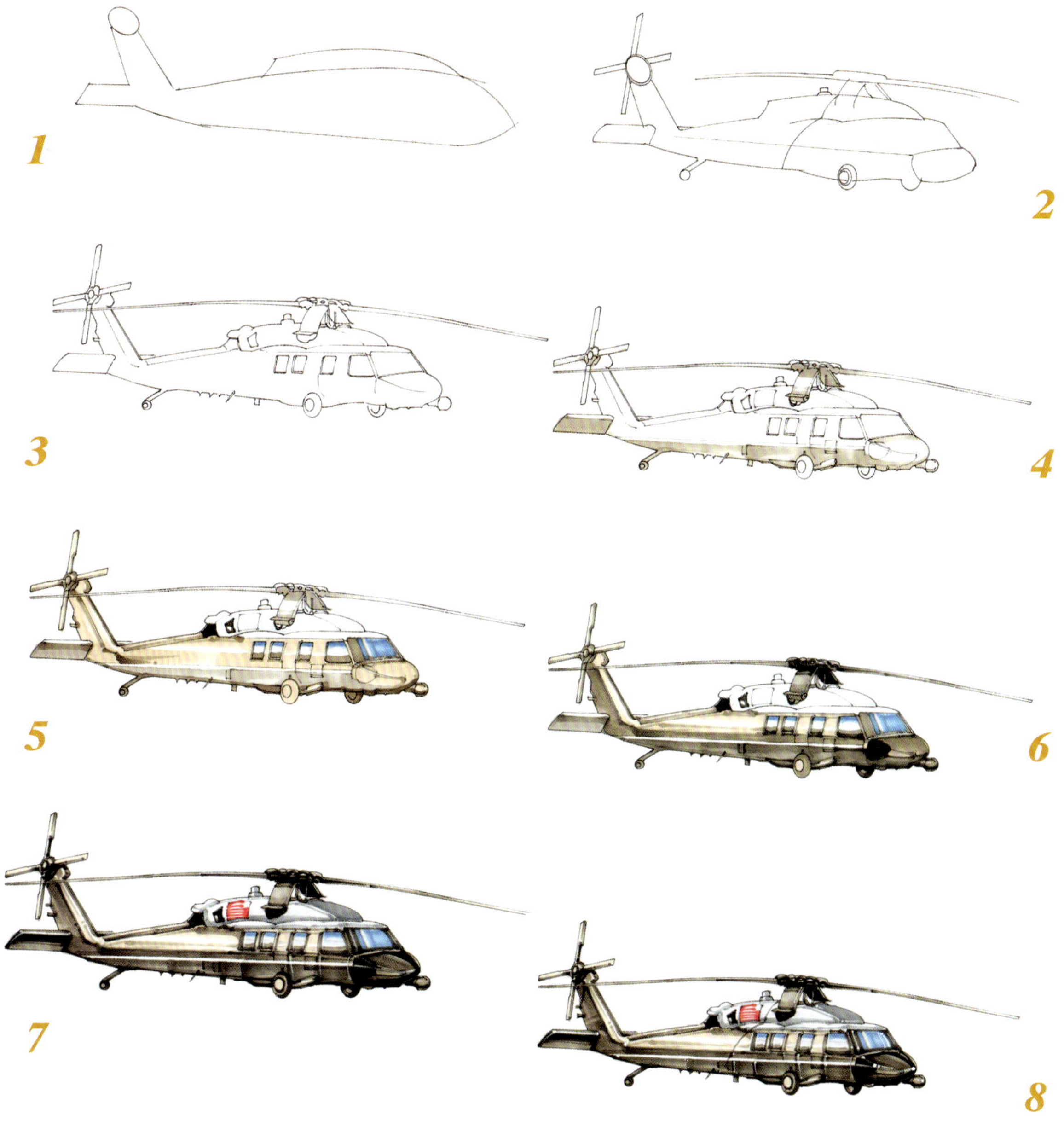

徐徐道来

“黑鹰”直升机的中间位置有一道白色涂装线，绘画时应尽量留出白色痕迹的位置。这道白色涂装线增加了绘制难度，但绘制原理不变，依然可将机身看作一个体积，特别是白色涂装线的位置，要表达出画完后重新遮盖上去的感觉。座舱位置的透明质感将天空的冷色与地面的暖色分别映射上去，将画面与环境整体融合起来。机头与尾翼的体积感都比较强，刻画时应将几何形体画法的原理运用进去。在最后收尾时，白色涂装线可以用高光笔略作修整。

共轴旋翼卡–50

身份证

名　　称：卡–50

国　　别：苏联/俄罗斯

旋翼直径：14.5米

旋翼桨盘面积：165.1平方米

机　　长：16米

机　　高：4.9米

空　　重：7 800千克

最大起飞质量：10 800千克

最大平飞速度：300千米/时

巡航速度：270千米/时

实用升限：5 500米

作战半径：450千米

微故事

卡–50早在1977年就完成设计，1984年公布。但是，直到1992年才在英国范堡罗航展上惊艳亮相，引来一片赞叹。卡–50　是世界上第一种共轴式旋翼武装直升机，第一种单座武装直升机，也是现役的第一种采用弹射救生系统的武装直升机。2001年，卡–50参加了车臣战争。1月6日，一伙车臣叛军在其驻地附近的峡谷中，被一架卡–50发射的“旋风”导弹消灭。这是卡–50的首个战果。在随后2个多月的实战中，卡–50消灭了车臣武装的30多个目标，已“老将”的卡–50表现不错。

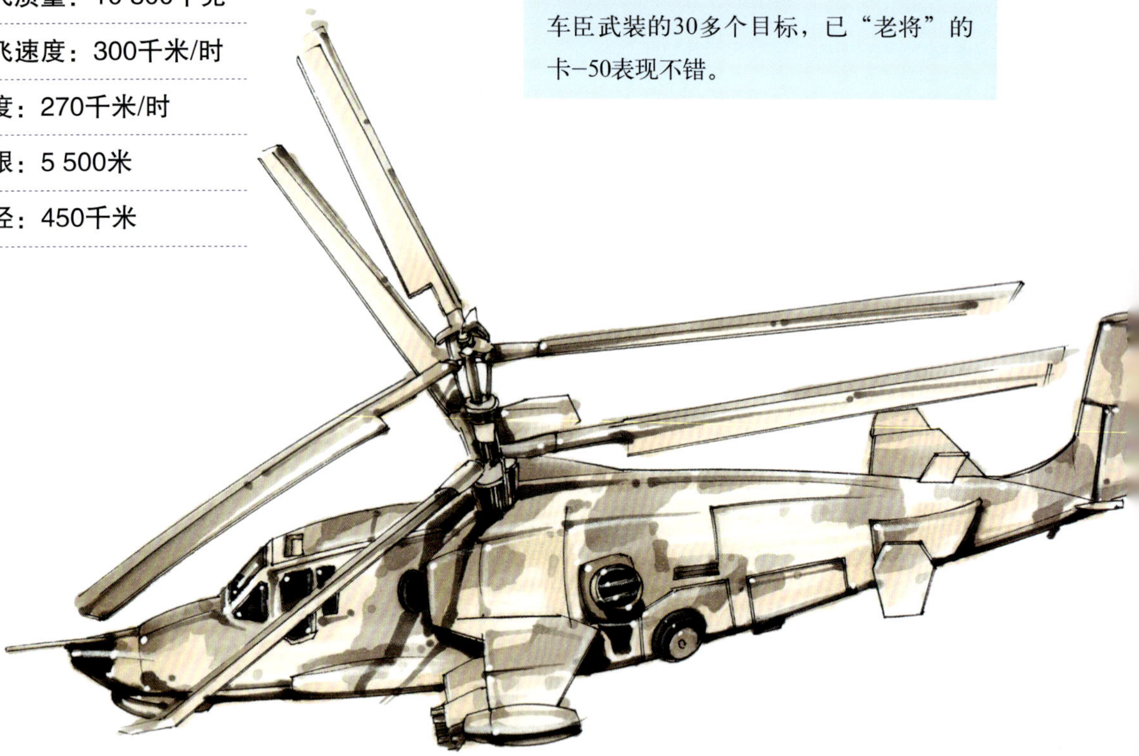

知识舷窗

卡莫夫设计局成立于1948年。第一任总设计师是尼古拉·伊里奇·卡莫夫，他确定了设计局的发展方向——研制共轴双旋翼直升机，并先后推出的卡–10、卡–15、卡–18等型号的舰载直升机。此后，又先后设计推出了卡–25、卡–26等直升机。卡莫夫逝世后，米哈耶夫于1974年继任总设计师，推出了卡–29。20世纪80年代推出的卡–50是一个让人耳目一新的直升机，创造了多个第一。米哈耶夫也被人们称为卡–50之父。

1

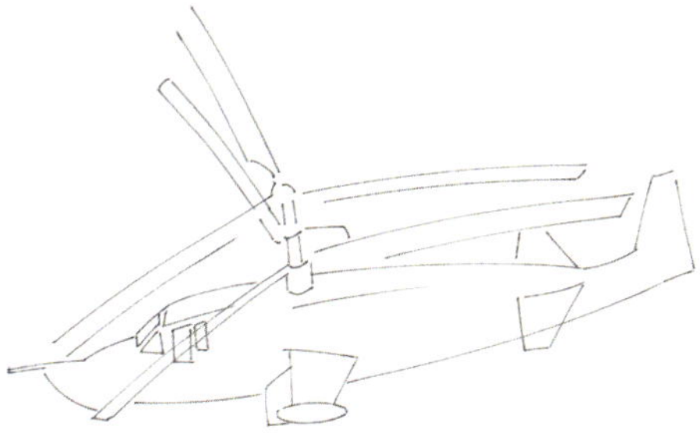

2

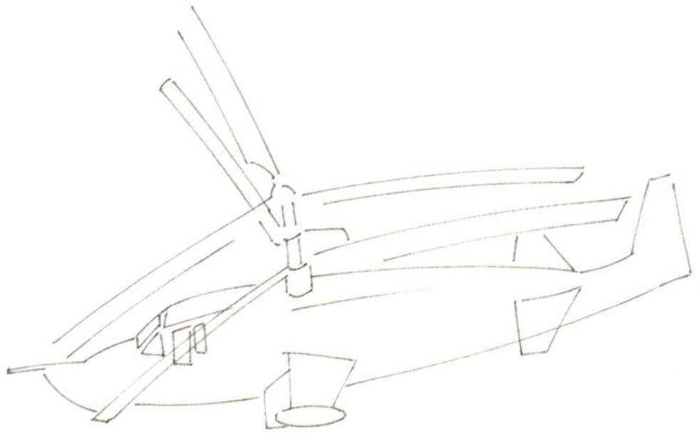

3

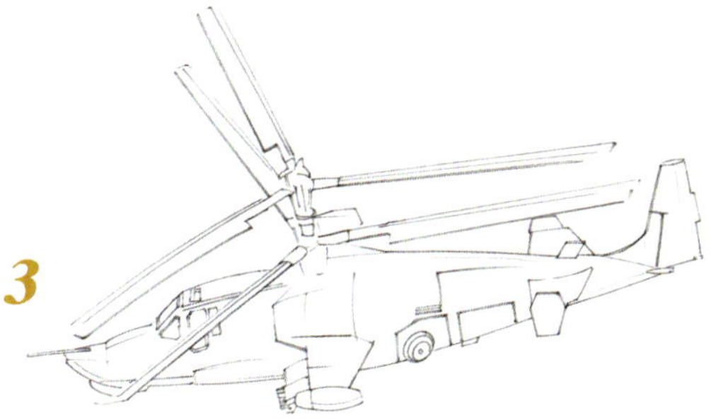

4

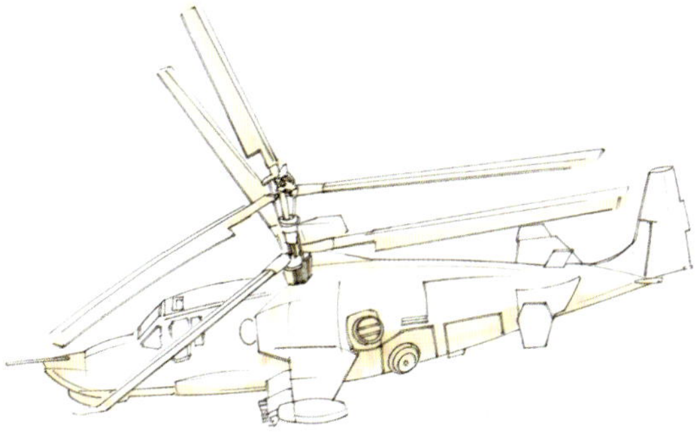

5

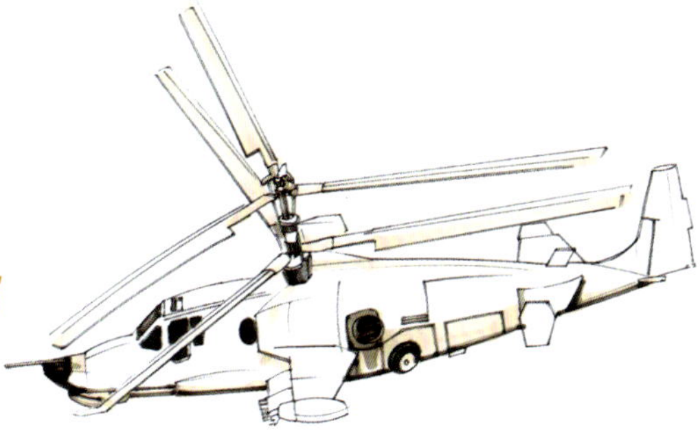

6

7

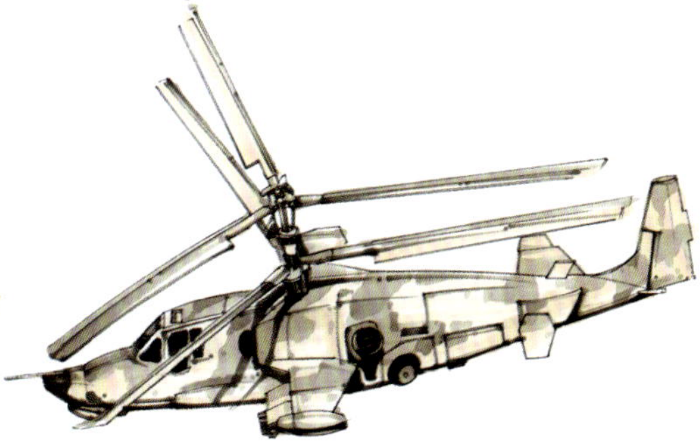

8

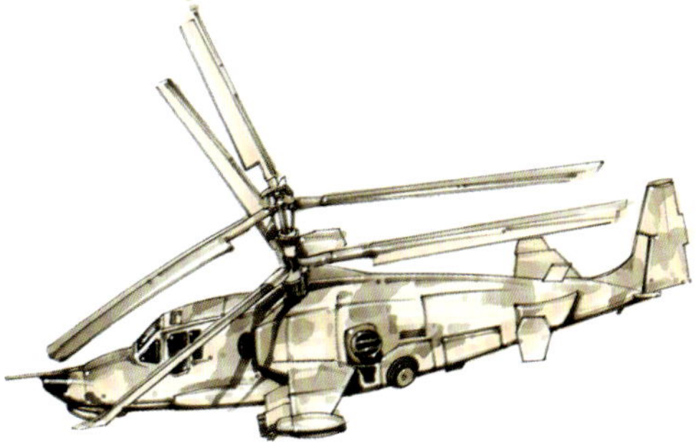

徐徐道来

卡-50的直升机的外观有两个明显的特点：拥有两层共轴螺旋桨，表面有迷彩涂装。绘制时，共轴的双层螺旋桨需要分清位置与光影，这比较简单，只要在螺旋桨上画出一定的色差即可。表面的迷彩肌理效果则需要在直升机绘制基本完成时，根据面与面所处的色差位置画出迷彩色，哪些色块颜色深，哪些色块颜色浅，都是有一定规律的。整张画面颜色深的地方很少，但画面层次却非常丰富，这是迷彩涂装色产生的特殊效果。

空战明星阿帕奇AH-64

身份证

名　　称：AH-64

国　　别：美国

旋翼直径：14.6米

旋翼桨盘面积：168.1平方米

机　　长：17.8米

机　　高：4.7米

空　　重：5 165千克

最大起飞质量：10 107千克

最大平飞速度：293千米/时

巡航速度：293千米/时

最大悬停高度：4 570米

最大燃油航程：482千米

微故事

1991年1月17日凌晨，“沙漠风暴”空袭行动前，美军的特种作战飞机和“阿帕奇”直升机组成的“诺曼底特遣队”躲过伊拉克军队雷达的监视，悄悄飞入大沙漠的黑夜中。过了一会，他们发现了位于沙特和伊拉克边境上的两座预警雷达站。这两座雷达站是伊拉克军队紧盯着美军的“眼睛”。8架“阿帕奇”直升机分为两组，在特种作战飞机的指挥引导下，分别向两座预警雷达站猛扑过去。在距离雷达站10千米左右时，“阿帕奇”直升机开始发射导弹，一群“海尔法”导弹喷着红色的火焰飞向雷达站，雷达站瞬间变为火海，映红半边天空，巨大的爆炸把伊拉克的预警雷达站变成废墟。没有了预警雷达的伊拉克就此敞开了大门，100多架美军战斗机冲入伊拉克狂轰滥炸。“阿帕奇”直升机打响了海湾战争的第一枪，为期38天的大轰炸拉开了帷幕。

知识舷窗

与固定翼飞机不同，直升机在贴近地面飞行时，可以减小发动机功率；或者说，直升机贴近地面时，可以产生更大的升力。原因是在贴近地面时，旋翼旋转排出的气流会遭遇地面的阻挡，之后引起反弹，从而增加了旋翼与地面之间空气的密度，同时降低了旋翼的诱导阻力。这样，就会增加旋翼的拉力。这就是直升机的地面效应。

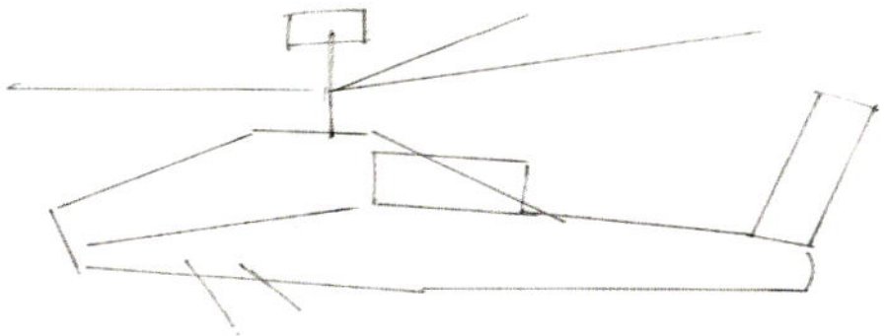

1

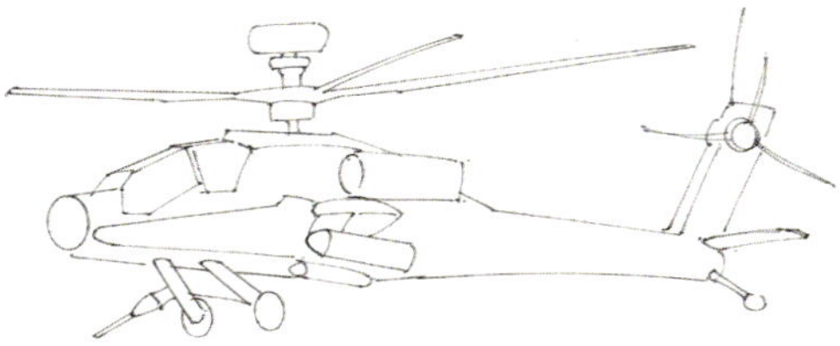

2

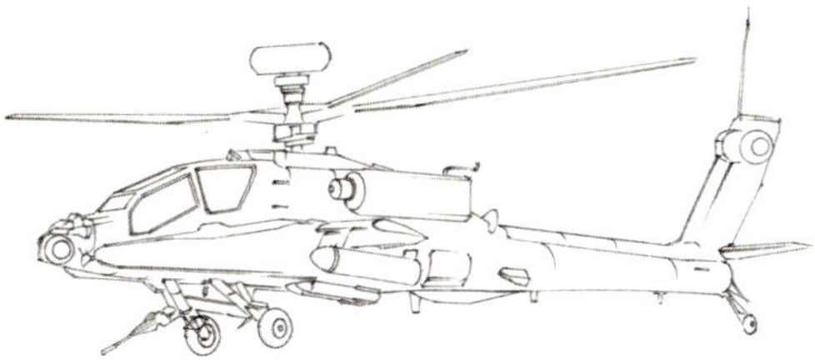

3

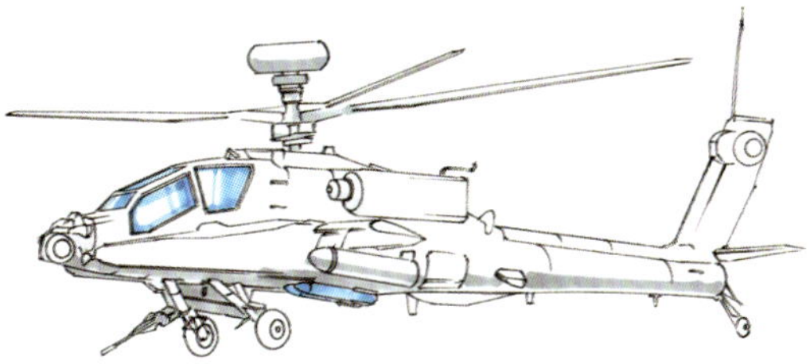

4

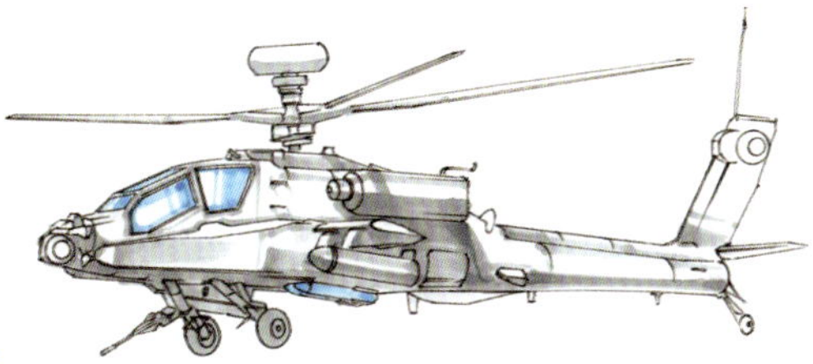

5

6

7

8

徐徐道来

“阿帕奇”直升机的颜色较重，明暗层次可以画得非常丰富。体块主要是机身与武器装备组合，机身的重色集中于下半部分。机身上的层次应分块画，这样可以将层次画得相对丰富。在尾翼的体积表达上，用了较多的明暗层次将体积与光感表现得淋淋尽致。座舱的透明质感用笔不多，颜色较浅，很好地把质感表达了出来。画面的对比主要集中于下部的暗色与亮色上，由于整体的对比已经很强，所以局部的明暗对比关系可以适当减弱。

半途而废科曼奇RAH-66

身份证

名　　称：RAH-66

国　　别：美国

旋翼直径：11.9米

旋翼桨盘面积：111.2平方米

机　　长：14.3米

机　　高：3.4米

空　　重：3 522千克

最大起飞质量：7 896千克

最大平飞速度：324千米/时

最大爬升率：15.5米/秒

微故事

2004年2月23日，美国国防部突然宣布，取消已经研制了21年的“21世纪隐形杀手”RAH-66“科曼奇”直升机项目，一款沸沸扬扬炒作了几十年的传奇直升机尚未“出生”就夭亡，就此退出了历史舞台。

“科曼奇”是美国研制的首款多用途隐形直升机，在漫长的研制过程中创造了多个第一：第一架隐形直升机，第一架全复合材料直升机、第一架智能式电子对抗设计的数字式直升机，第一架采取“三总线”设计的直升机……无论如何，“科曼奇”已经走入历史，成为一个永远的遗憾。

知识舷窗

与隐形飞机一样，隐形直升机也要努力减小其对雷达波的反射，并且要减少红外反射。由于隐身的需要，其外形也与普通直升机有所不同。科曼奇比较奇特的外形和大量采用复合材料，都是由隐身要求引发的。“科曼奇”终止了，但是直升机隐身技术的发展不会终止，相信在未来的某个时候，会有更好的隐身直升机问世。

1

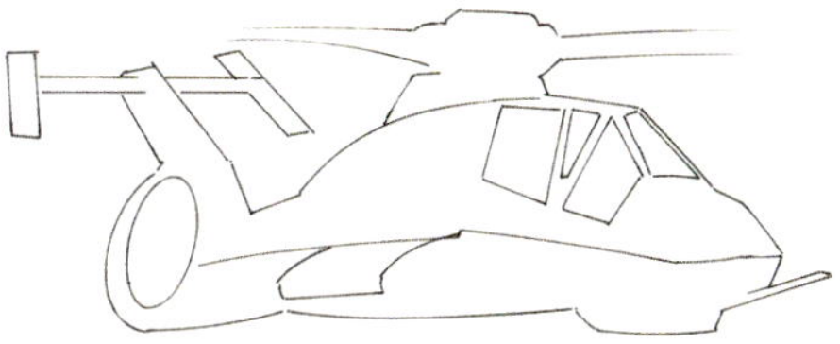

2

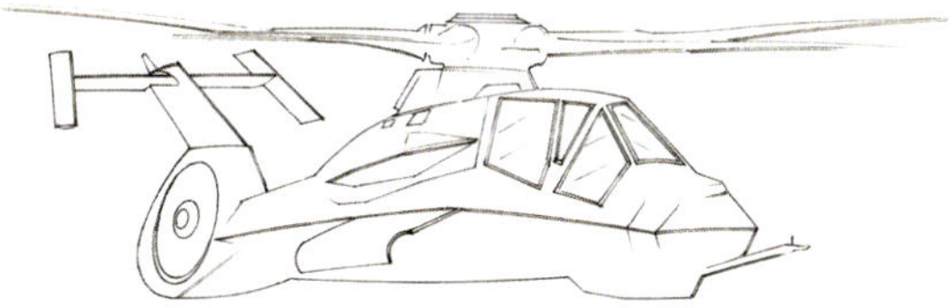

3

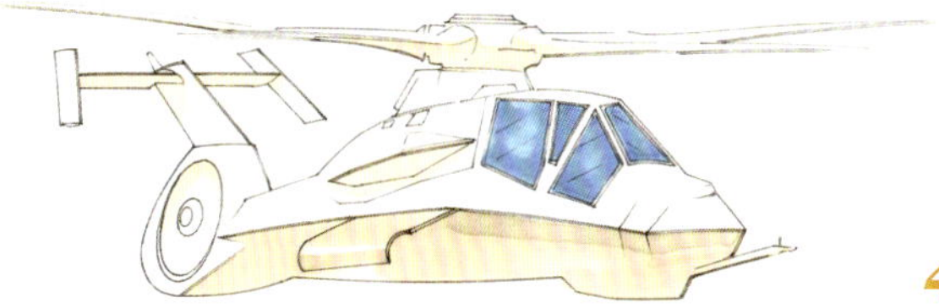

4

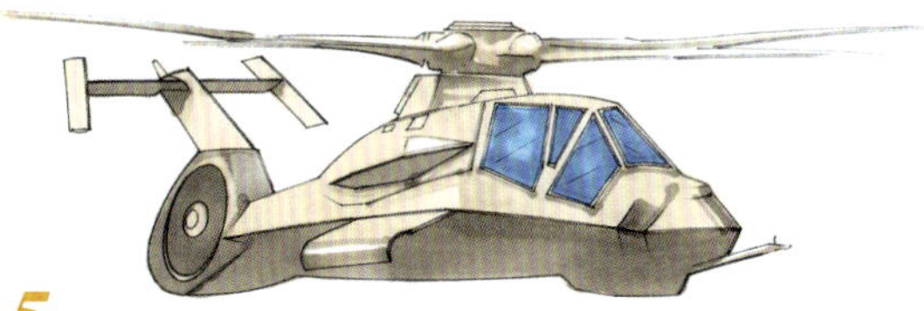

5

6

7

8

徐徐道来

“科曼奇”直升机的亮部与暗部对比较强，刻画的亮部较平，层次对比较弱，表现出亮部的光感来。主要对比是暗部的层次，暗部的颜色虽然重，但是透气性做得比较好，能透过暗部看到里面的结构。刻画暗部需要理清明暗交接线、反光、投影三者的关系与位置，要处理得透气而沉稳。螺旋桨在玻璃上的投影表现得很有技巧，虚实关系也体现得非常到位。

倾转旋翼鱼鹰 V-22

身份证

名　　称：MV-22B

国　　别：美国

翼　　展：15.5米

旋翼直径：11.6米

旋翼桨盘面积：2×105.4平方米

机　　长：19.2米

机　　高：5.5米

空　　重：10 532千克

最大起飞质量：27 442千克

最大平飞速度：638千米/时

最大悬停高度：4 331米

最大燃油航程：3 336千米

微故事

V-22“鱼鹰”倾转旋翼机大概是研制中出现各种事故最多的型号了：5架原型机中竟有3架发生意外；发生了4次坠机重大事故，造成30人死亡。1991年，“鱼鹰”5号原型机在首次飞行中坠毁。1992年，4号原型机在降落时坠入波多马克河，造成3名陆战队员和4名平民丧生。2000年，2架MV-22“鱼鹰”参加服役前的飞行评估时，其中1架在降落过程中坠毁，造成19名人员伤亡。同年，一架载有4名机组成员的美国海军陆战队的MV-22坠毁，4名机组成员全部遇难，其中包括一名美国海军驾驶MV-22经验最丰富的中尉。

知识舷窗

倾转旋翼机可以理解为固定翼飞机与直升机的结合。它有普通飞机的机翼，但是翼尖部各安装一台涡轮轴发动机和旋翼组件。在起飞和悬停时，旋翼组件处于垂直位置，起普通直升机旋翼的作用。当转换为水平飞行状态时，旋翼机组件倾转到水平位置，起普通飞机螺旋桨的作用。这种飞机可以兼有直升机和普通固定翼飞机的特点，可以大大提高使用范围和使用效能。

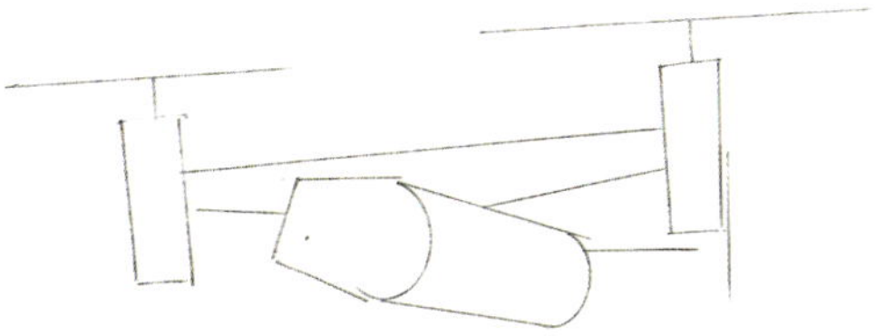

1

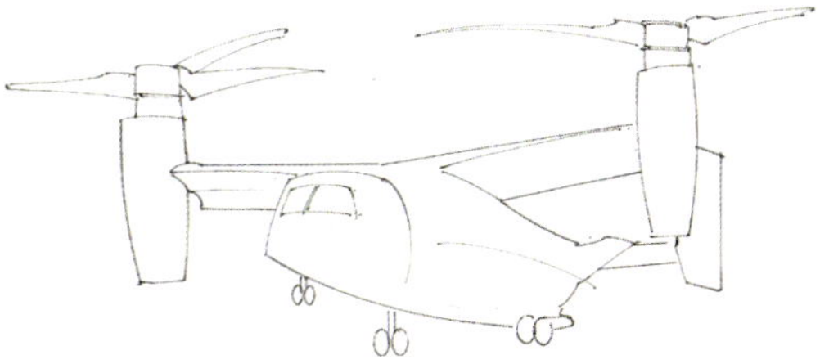

2

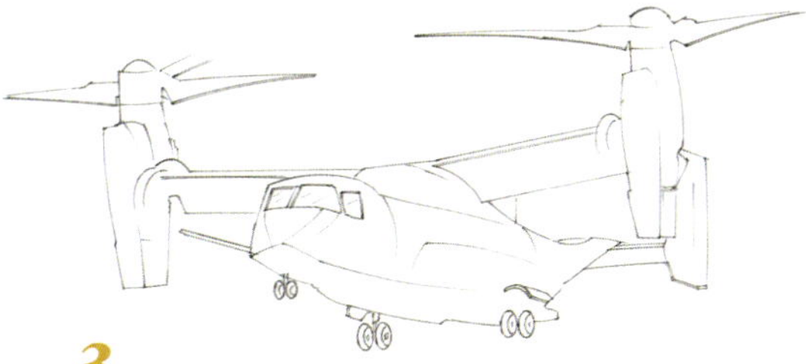

3

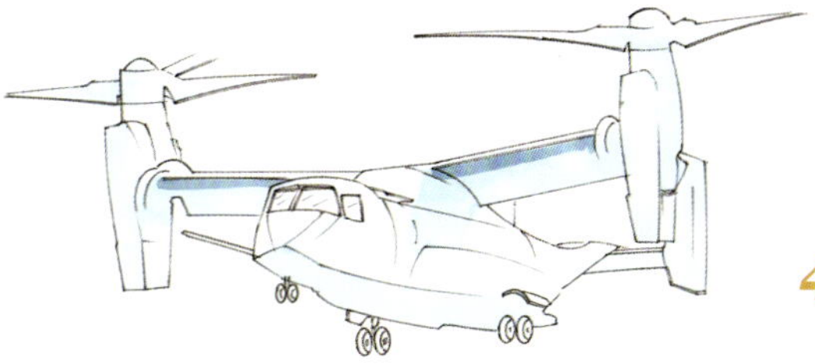

4

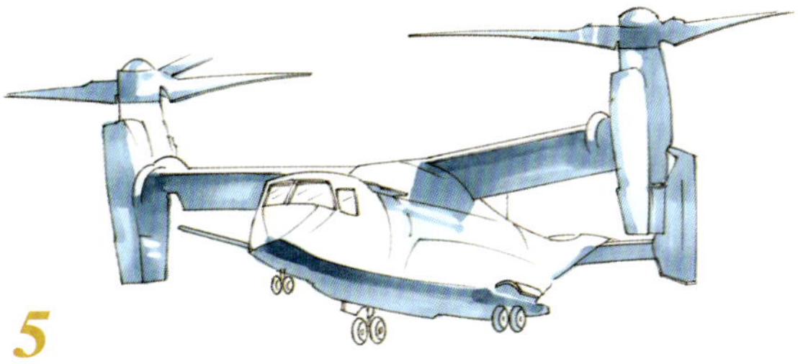

5

6

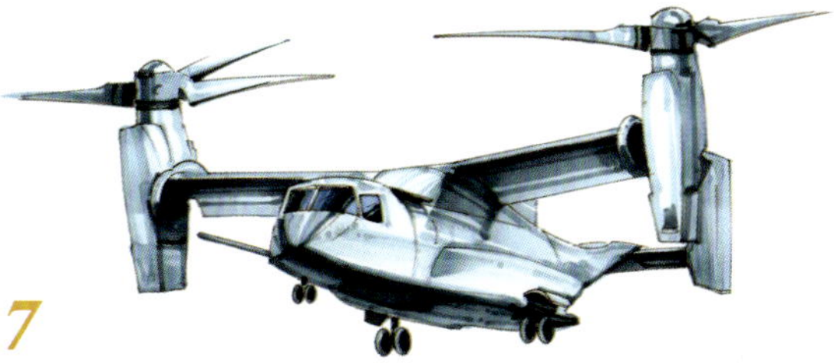

7

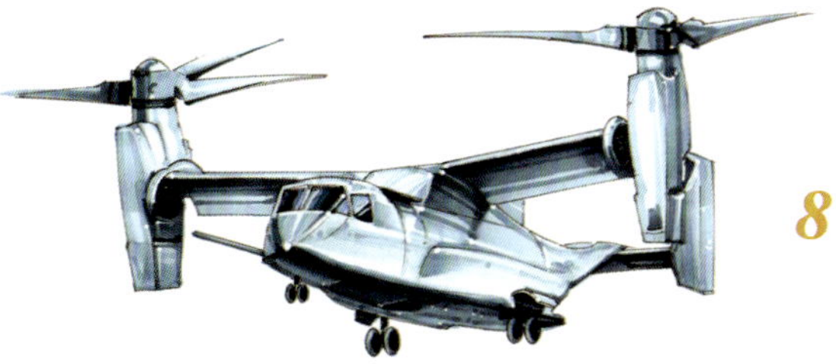

8

徐徐道来

“鱼鹰”直升机的造型很有特点，两侧的螺旋桨所占体积很大，同时机身与机翼的立方体造型特征非常明显。刻画时，应按照立方体的绘画原理刻画，暗部与亮部的对比层次可以大一些，暗部的虚化要处理好。在画面中，机翼在机身上的投影位置很重要，所占面积很大，应将机翼的暗部与投影一起刻画出虚实感，营造出透气的空间。

第六章　非常飞行

在飞行器大家族中，总有一些与众不同的特别飞行器。这些特别飞行器以其独特的性能，发挥着不可替代的作用。近年来，差不多每届航展上，都有无人机的身影，无人机正在成为新的关注焦点。其实，在飞机发展的历程中，无人机一直如影相随，只是由于科技水平所限，无人机一直默默无闻地当着配角。随着科技水平的提高，遥控的无人机逐渐具有了普通飞机才有的功能，甚至会更胜一筹，因为无人机显然可以有更好的机动性，更长的留空时间，可以适应更严酷的飞行条件，甚至可以进行自杀式攻击。

飞机最初就被用作侦察机。虽然它马上就变成争夺天空的利器，但是侦察一直是飞机一项的重要任务。尤其是冷战期间，美国先后推出了一系列性能超群的侦察机，这些侦察机在别国的上空肆无忌惮地飞来飞去，尽管被击落了几架，但仍在航空史上留下了重重的一笔。不过，随着对地观测卫星的性能日益强大，飞机的侦察功能正在逐步衰落，但永远不会被彻底替代。

预警机是随着现代电子技术发展而出现的全新机种。预警机在近年来的战场上，早已不限于预警功能，而是变成空中指挥机。一架预警机可以协调指挥周围众多的飞机进行更有效的协同作战。

无人机、预警机、侦察机，因截然不同的飞行要求而形态各异，但是每一款飞机都是一件漂亮的艺术品，都具有相当的美感。

此机无人胜有人

无人机早已有之，但是能够正真称得上现代意义上的无人机的，应该是冯·布劳恩设计的V-1。不过，V-1往往被人视为导弹。更早的无人机方面的探索当然属于无人机的范畴，因为其对现代无人机的发展具有无可置疑的作用。其实，现在的无人机只处于起步阶段，仅能够完成简单的飞行任务。可以肯定的是，无人机的前途无量。

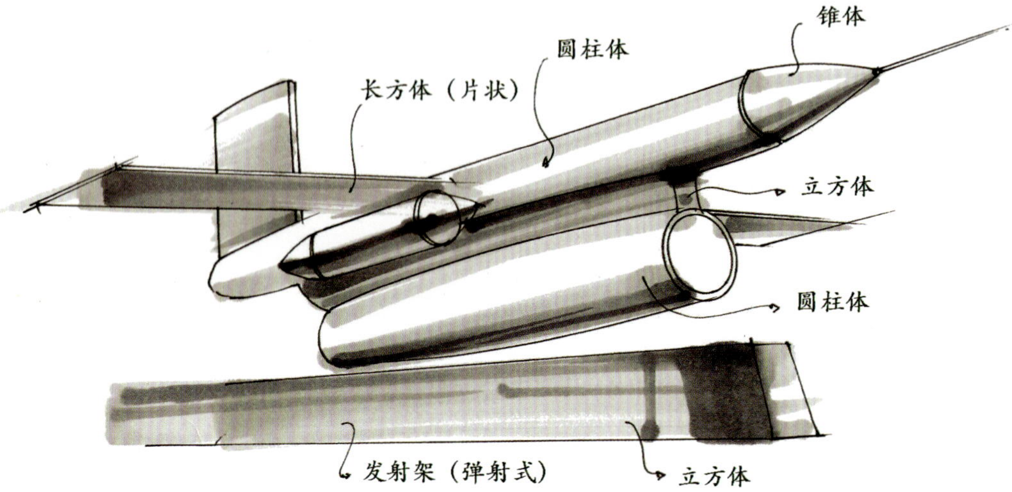

无人机由于功能不同，造型上的差异很大，追求速度的靶机的速度感很强

空中鱼雷斯佩里号

身份证

名　　称：“斯佩里”空中鱼雷

国　　别：美国

发 明 者：库伯　斯佩里

发明时间：1917年

空　　重：230千克

炸　　药：450千克

最大速度：140千米/时

有效范围：80千米

微故事

人们总以为无人机是伴随现代战争才出现的，其实人们对无人机的研究开展的很早。1917年，库柏和斯佩里发明了第一台自动陀螺稳定器，这种装置能够使得飞机保持平衡向前的飞行，无人飞行器自此诞生。这项技术成果将美国海军寇蒂斯N-9型教练机成功改造为首架无线电控制的不载人飞行器。“斯佩里”空中鱼雷可以搭载约136千克的炸弹飞行80千米，但它从未参加实战。这架“无人机”具备了无人机的一些特征，但还不是真正的无人机。世界上第一架无人机是1942年德国人布劳恩研制的V-1。

知识舷窗

无人机就是无人驾驶的飞行器，是自动控制、具有自动导航和执行特殊任务的无人飞行器。它具有质量小、尺寸小、成本低、机动性高和隐蔽性好的特点，适宜在高危险区域执行任务，以降低飞行员的生命危险。由于无人机上没有人，因而具有全天候、大纵深、长时间作战、快速侦察的能力。

1
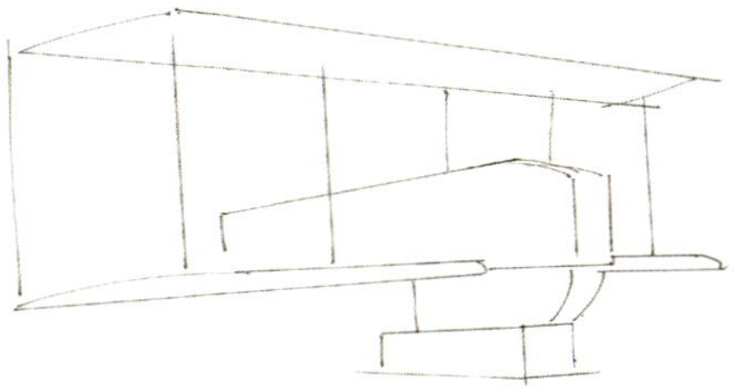

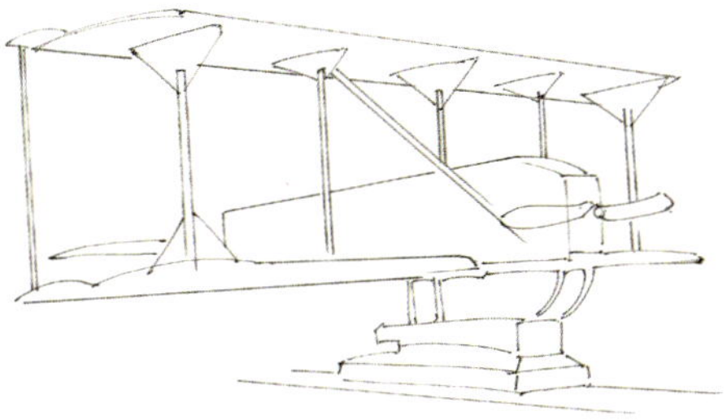
2

3
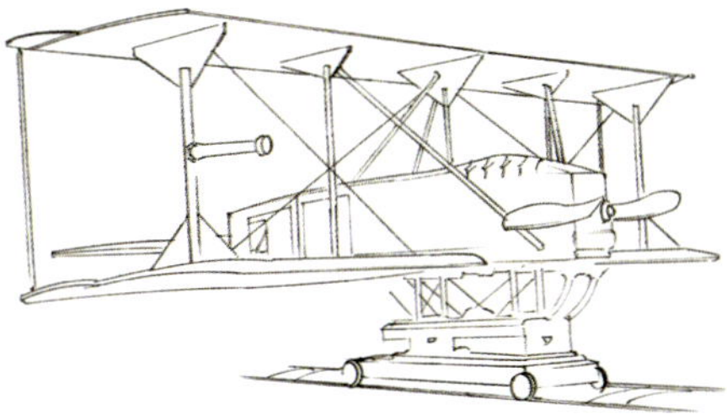

4

5

6

7

8

徐徐道来

“斯佩里”空中鱼雷无人机属于早期飞机，蒙皮的双翼是最典型的早期生产工艺与形态造型。画蒙皮时，可以找一支浅色画笔平涂，留出自然层次对比即可。刻画机身主要集中在明暗交界线上，机身的颜色对比较强，突出了光感变化。画老旧的机型时，可以适当加强光影对比，突出绘制效果。

蜂王号DH.82B

身份证

名　　称：DH.82B

国　　别：英国

翼　　展：8.9米

机　　长：7.3米

机翼面积：22.2平方米

最大起飞质量：506千克

最大速度：175千米/时

有效范围：486千米

实用升限：4 145米

微故事

两次世界大战之间，军用无人机技术主要朝导弹和无人靶机这两个方向发展。英国皇家航空研究院于1922年对其研制的RAE1921型无人靶机进行了试飞，这是一种将空气动力学、轻型发动机和无线电技术有效结合起来的无人机；1933年，采用无线电控制技术的“仙后”靶机成功首飞。由于“仙后”靶机在1932年的皇家海军舰队防空试验中表现出色，英国人又于1934年至1943年间采购420套在“虎蛾”双翼教练机基础上改装成的DH.82B型“蜂王”号靶机。

知识舷窗

德·哈维兰“虎蛾”机是一架设计于1930年代的双翼机，被法国皇家空军和其他机构作为主要的教练机。“虎蛾”机在法国皇家空军一直服役到1952年直至被德·哈维兰“花栗鼠”机替代，许多剩余的飞机被转为民用飞机。

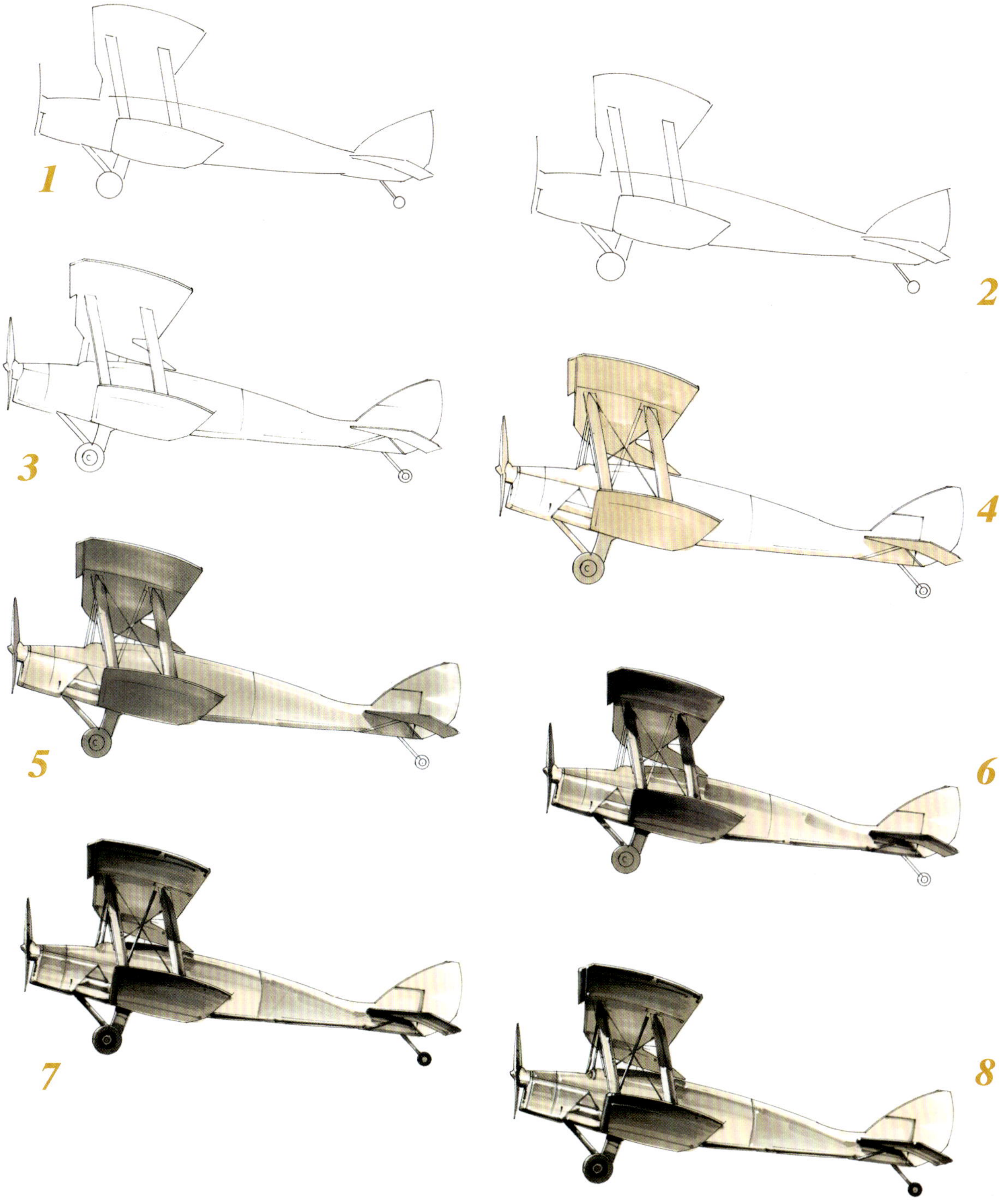

徐徐道来

“蜂王”号是双翼造型，刻画时应把握“近实远虚”的原则，将机翼的空间感画足，使机翼具有透气的效果。机身的刻画比较简单，但应考虑机翼在机身上的少量投影，重点刻画机翼与机身连杆之间的明暗层次关系，使连杆在暗部的虚化空间中体现出结构。机身整体用马克笔平扫，留出自然的色差即可。起落架与滑轮上的投影刻画也要考虑光影层次。

空中靶子“长空”1号无人机

身份证

名　　称：“长空”1号
翼　　展：7.5米
翼 面 积：8.55米
机身直径：0.55米
机　　长：8.435米
总　　高：2.955米
总 质 量：2 000～2 500千克
最大飞行高度：10 000～18 000米
最低使用高度：500～5 000米
飞行速度范围：550～910千米/时
航　　程：600～900千米

微故事

“长空”1号是南京航空航天大学无人驾驶飞机研究所研制的高亚声速靶机。1968年开始研制，1968年10月进行首次试飞，1976年完成定型飞行试验，1979年通过设计定型技术鉴定并投入批生产。

该机有多种机型，主要型别有：CK–1基本型，中高空靶机；CK–1A取样机，用于核武器试验的取样工作；CK–1B低空靶机，供低空防空武器系统鉴定用；CK–1C高机动型，具有高机动盘旋能力，供空对空导弹和歼击机鉴定试验用。CK–1E为超低空型。

CK–1借助起飞车自动滑跑起飞。靶机升空后先采用程序爬高，然后由无线电指令控制飞机飞行。任务结束后，无线电指令引导靶机至着陆场，以大迎角滑翔着陆，发动机吊舱减震回收，靶机更换发动机后可再次使用。

“长空”1号作为我国独立研制的第一种多用途喷气式无人机，开创了一个先例，奠定了我国无人机发展的基础。

知识舷窗

靶机泛指作为射击训练目标的一种军用飞行器。这种飞行器利用遥控或者是预先设定好的飞行路径与模式，于军事演习或武器试射时模拟敌军的航空器或来袭导弹，为各类型火炮或是导弹系统提供假想的目标与射击的机会，属于无人飞机的一种。不少老旧飞机可“废品利用”，经过改装后作为靶机使用。

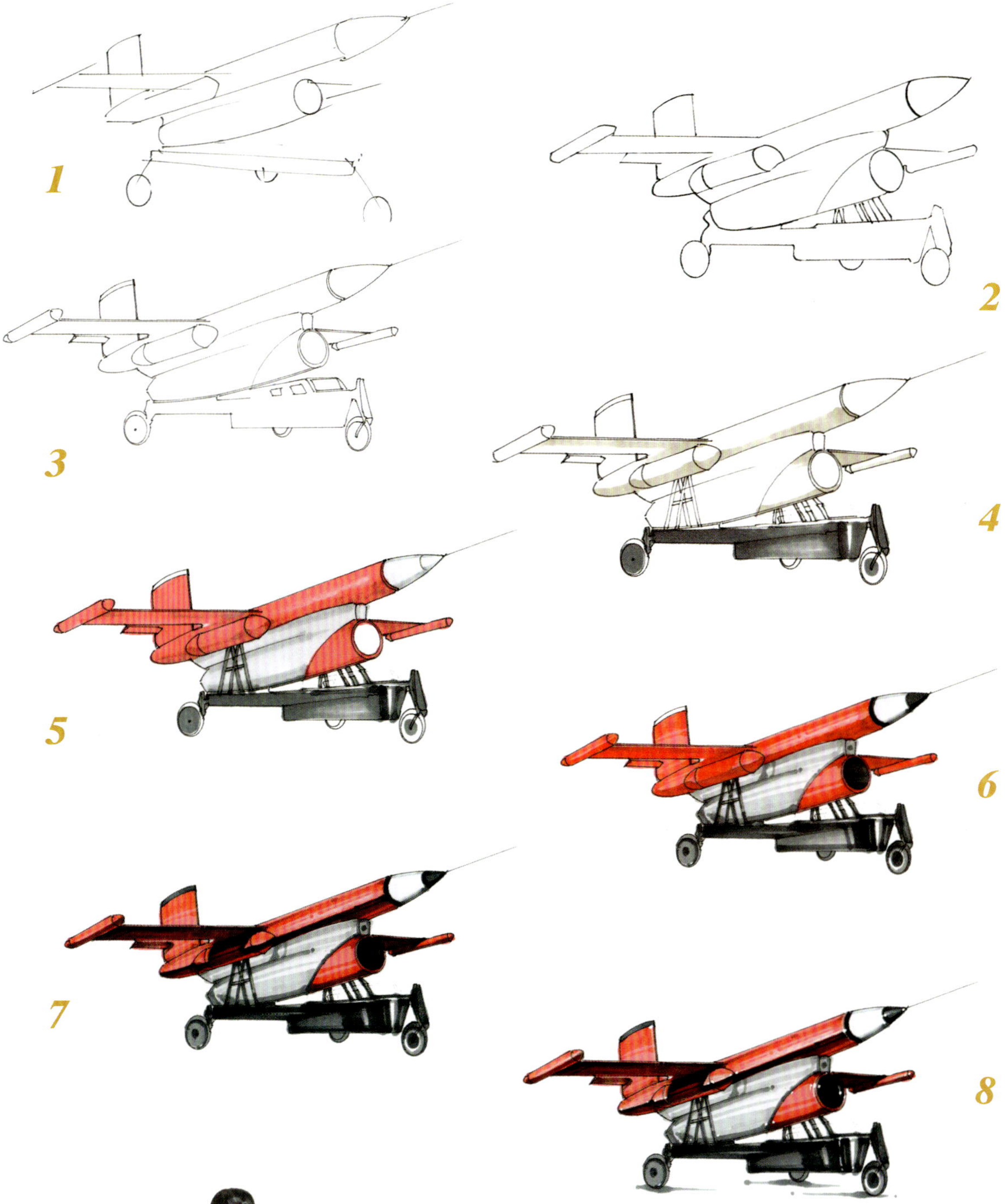

徐徐道来

“长空”1号无人机自带滑行起飞车，机身的上半部造型非常像火箭的形态，具有高速飞行的味道。上半部红色机体可以视为标准的反光型圆柱体来刻画，重点是中间的明暗交接线，应使其具有强烈的明暗对比。红色受光部分也应找出红色层次的对比关系，用不同的红色做出层次效果。两翼则主要考虑投影的画法。下半部主要是立方体与圆柱体造型的组合，按照圆柱体造型的规律刻画即可。

苍天捕食者MQ无人机

身份证

名　　称	捕食者
国　　别	美国
机　　长	8.22 米
翼　　展	14.8 米
机　　高	2.1 米
翼 面 积	11.5 平方米
空　　重	512千克
载　　重	1 020千克
最大起飞质量	1 020 千克

微故事

2001年10月17日，在阿富汗崎岖的山路上，本·拉登的一些亲信和亲属乘坐两辆汽车转移。在美国各种高科技手段的围追堵截下，这些人早已成了惊弓之鸟。突然，前方空中出现了一架“捕食者”无人机，汽车里的人们立刻紧张起来。“不要紧的，这是无人机，只是侦察，没有武器的。”有人认识这种飞机，轻松地告诉大家。可是，话音未落，只见无人机机翼下火光一闪，两枚导弹拖着红红的尾焰呼啸着直奔汽车而来，随着一声巨响，车上的人们被炸得七零八落，死伤殆尽。原来，科索沃战争后，美国空军就给“捕食者”加装了“海尔法”空地导弹，具备了攻击能力。这是无人机第一次主动攻击，从此无人机告别了“坐山观虎斗”的时代，从侦察机变为察打一体机，具有了一定的攻击能力。没过多久，11月15日，“捕食者”在阿富汗再度出击，攻击了“基地”组织会场外面的车辆。

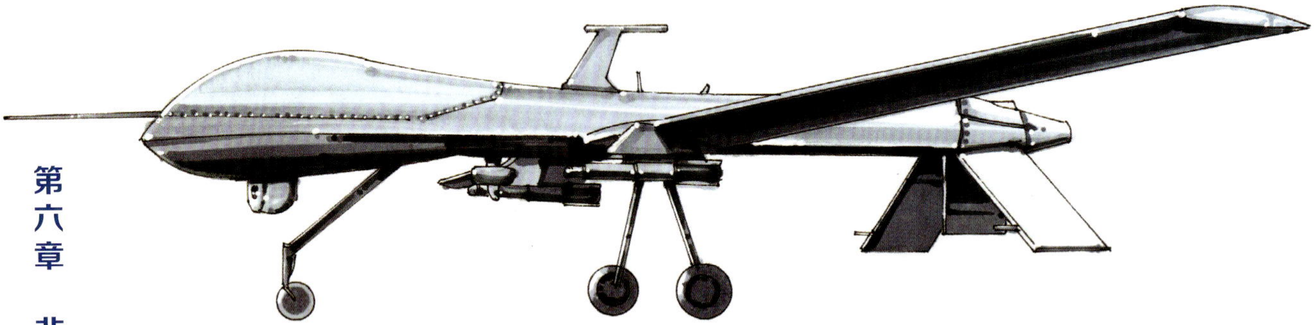

知识舷窗

2001年9月11日，恐怖分子驾驶两架民航客机撞击美国纽约的世界贸易中心的两座大楼，同时恐怖分子还劫持了一架飞机撞击了美国国防部五角大楼，制造了骇人听闻的“9 · 11事件”。10月7日，以美国为首的联军发起了对阿富汗的基地组织和塔利班的一场反恐战争，这是美国对“9 · 11事件”的报复，也标志着反恐战争的开始。2011年5月2日，美国总统奥巴马发表声明指出，本 · 拉登在巴基斯坦阿伯塔巴德的一座豪宅里被美国海豹突击队第六分队突袭击毙，其尸体于次日海葬于北阿拉伯海。2014年12月29日，奥巴马正式宣布阿富汗战争结束。

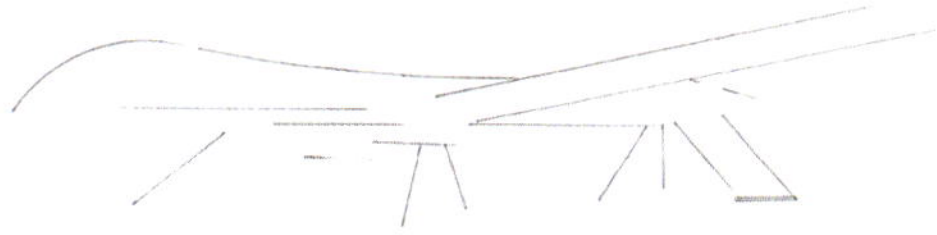

1

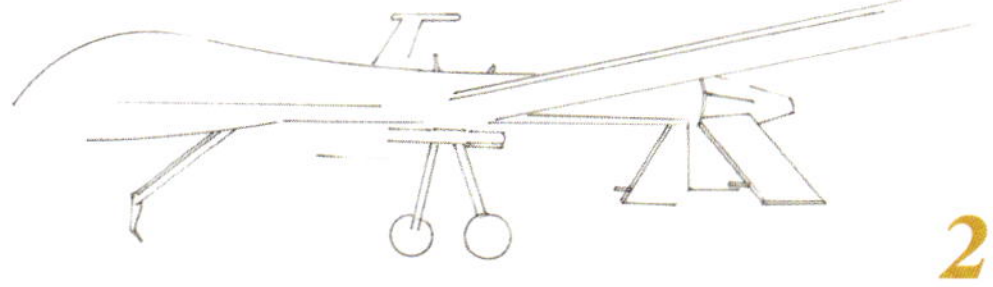

2

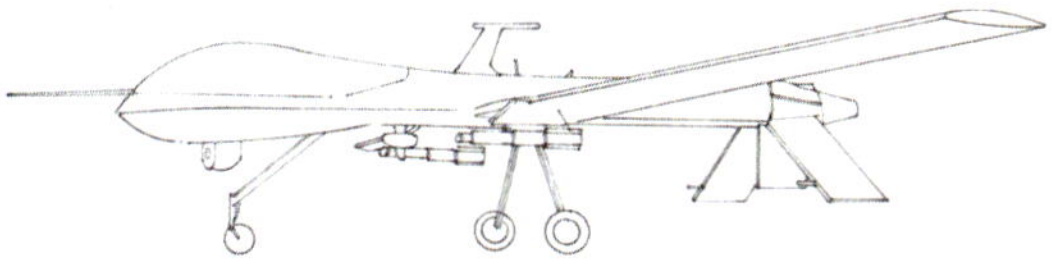

3

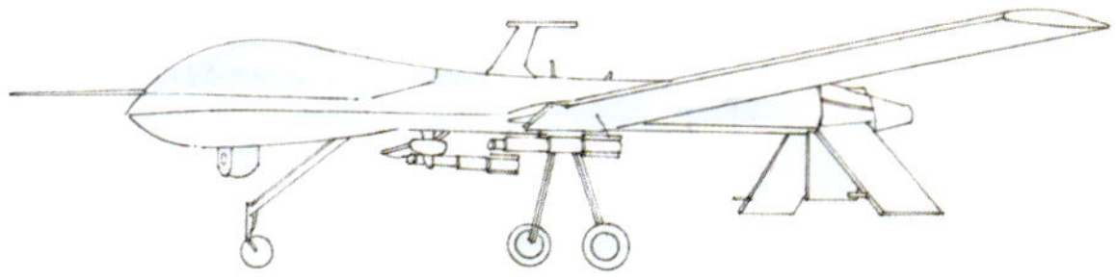

4

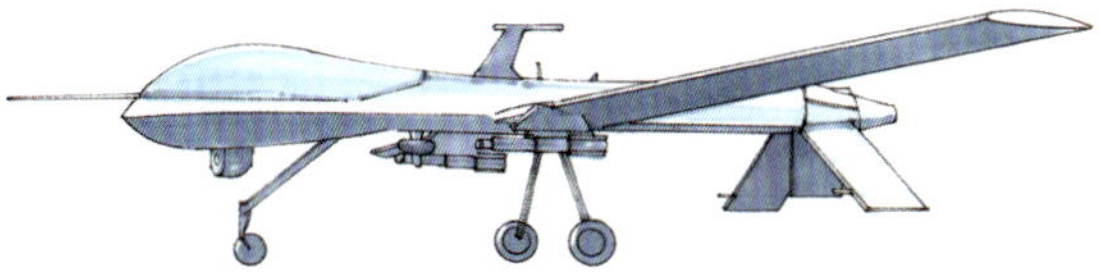

5

6

7

8

徐徐道来

每次看图时，我们总觉得捕食者无人机纤细娇小，但它的实际长度达到8.22米，归根结底还是捕食者的造型特点所致。捕食者的体积关系并不明显，所以外表面并不显大，刻画时需要精细绘制。画面的重点还是明暗层次的对比。找准无人机暗部的位置，用马克笔的细头去刻画，必须在狭小的面积上分清明暗的细微层次。亮部位置占有大部分面积，但可以刻画得略微简单一些，用浅色马克笔的宽头平扫，色重的地方可以多涂几遍，以做出层次差。画面调整时，多用马克笔的细头收边，可将形体刻画得更加规整。

无声的暗剑

身份证

名　　称：“暗剑”无人机

国　　籍：中国

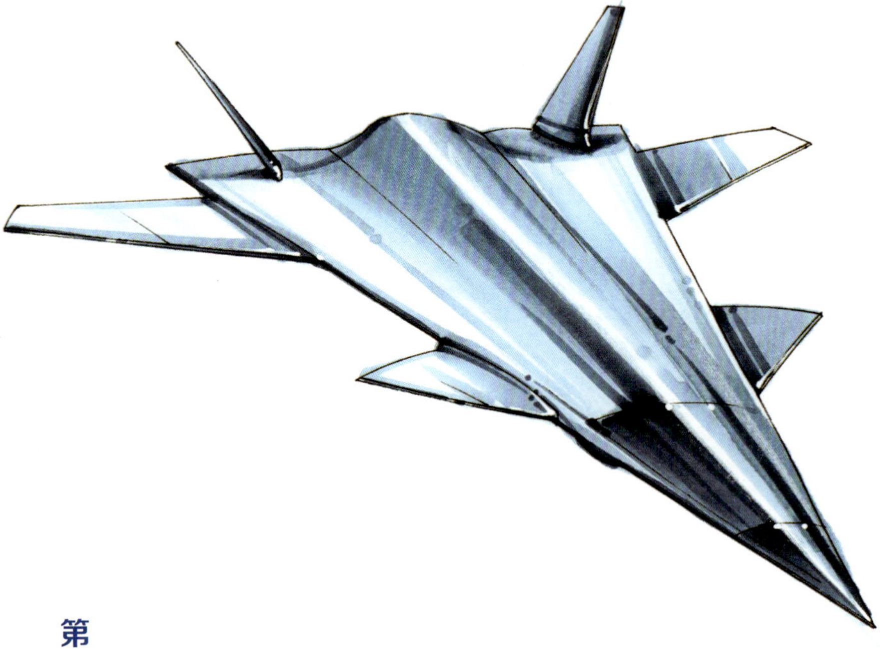

微故事

“暗剑”无人机由中国航空工业集团沈阳飞机设计研究所设计，具有超声速、超高机动能力和低可探测性，采用菱形联结翼气动外形、前三点式起落架、发动机后推式布局，机身、机翼、起落架均可拆卸和组装。“暗剑”利用航空制造工艺技术，采用全新的气动外形、模块化的任务系统、领先的飞行控制系统，形成自主飞行的能力，给它加载不同的任务系统就可以完成特定的任务。2006年10月底，“暗剑”无人作战飞机在珠海航展上首次公开亮相，引起轰动。“暗剑”设计独到，有别于当前无人机发展趋势，也与流行的B-2隐形轰炸机类型的无人机设计不同。

知识舷窗

珠海航空展，全称为中国国际航空航天博览会，是世界五大最具国际影响力的航展之一，以实物展示、贸易洽谈、学术交流和飞行表演为主要特征。1996年成功举办首届航展，现已发展成为集贸易性、专业性、观赏性为一体的，代表当今国际航空航天业先进科技主流，展示当今世界航空航天业发展水平的盛会。

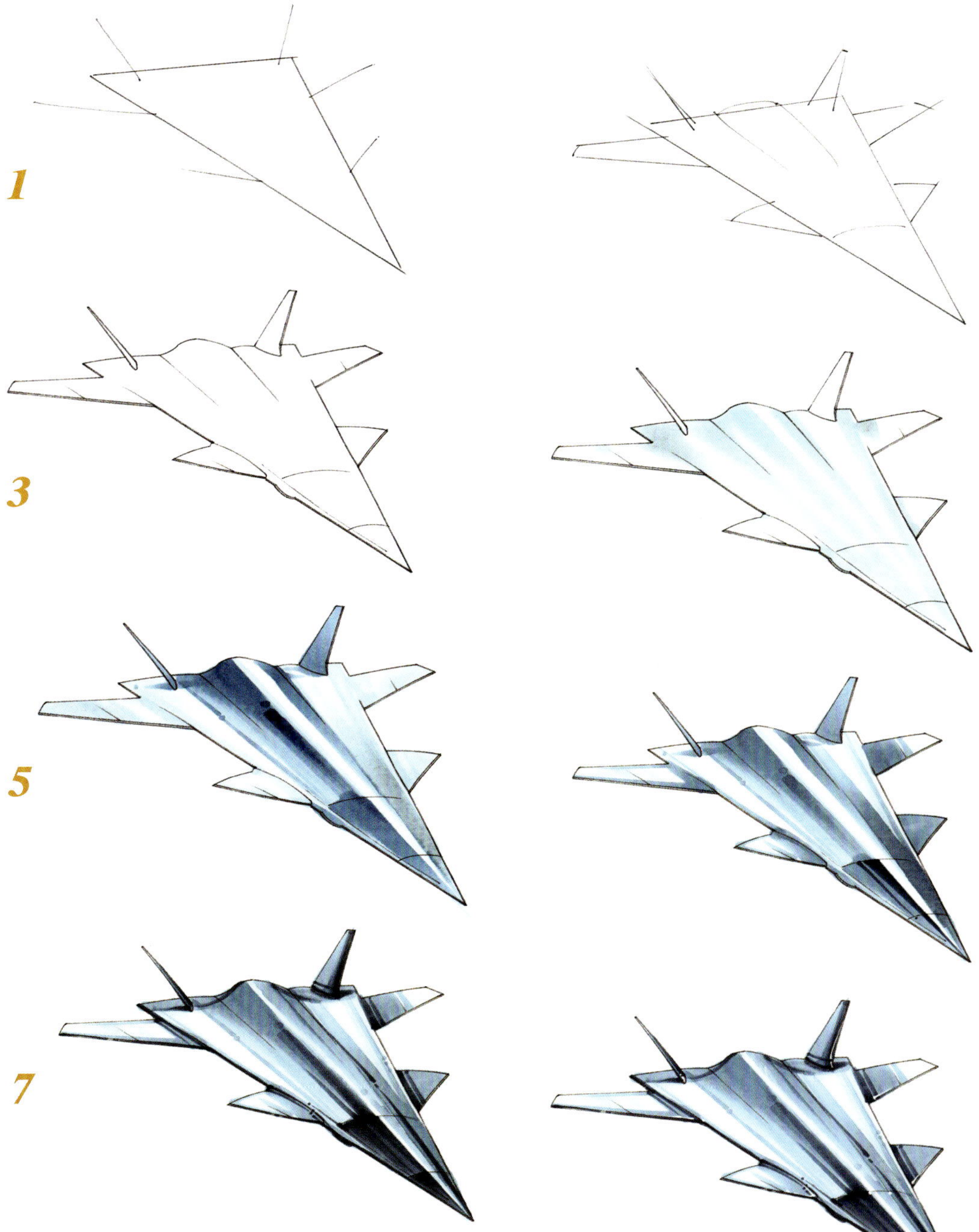

徐徐道来

“暗箭”无人机整体造型扁平，从顶面看有椎体的形体感，即机身呈中间凸起、两边凹下的形体感觉。整体的画面绘制应以机头为原点，以原点为起点顺着机身方向平扫，在机身中分线上找出对比最强的明暗交接线，顺着明暗交接线向两翼过渡，颜色逐渐变浅。尾翼与两侧的机翼在与机身的连接处可以加强对比，强调出结构关系。因整体机身比较扁平，暗部的区域非常薄，刻画时需要小心。

■ 空中千里眼

站得高，看得远，这是人人都明白的道理。飞机因飞得高就被视为当然的千里眼、专业的侦察员；而在现代电子技术的影响下，“看得远”早就不依赖“站得高”了，而是取决于飞机上的雷达系统。普通战机上的雷达，因飞机的种种限制而不可能有太远、太强的观测能力。而预警机一般不具有直接作战能力，是专门的机型，具有远远超出其他战机的探测和数据处理能力，是名副其实的空中千里眼和指挥中心。

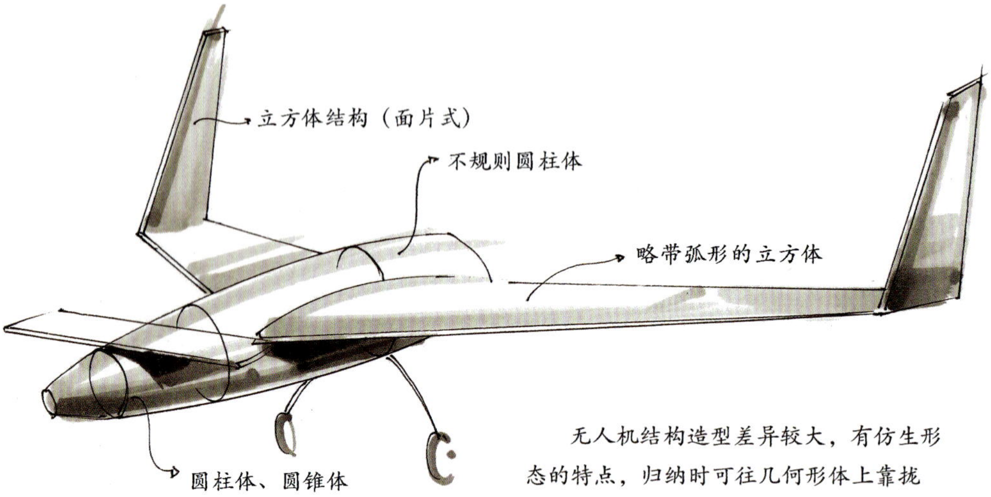

无人机结构造型差异较大，有仿生形态的特点，归纳时可往几何形体上靠拢

明察秋毫黑鸟SR-71

身份证

名　　称：SR-71“黑鸟”超声速侦察机

国　　别：美国

翼　　展：16.9m

高　　度：5.6m

长　　度：32.7m

空机质量：33 500千克

起飞质量：77 100千克

最大平飞马赫数：3.2

最大航程：4 800千米

实用升限：26 600米

微故事

“鼬鼠工程部”是洛克希德公司于1943年创建的新机试制组织，承载着关键技术的基础研究和新机设计、试制工作，由著名飞机设计师凯利·约翰逊负责。初建时是为试制美国第一种实战型喷气式战斗机F-80，后来，该团队在研制高空侦察机U-2和三倍声速的战略侦察机SR-71以及隐形战斗机F-117方面取得了一系列辉煌的成就，现在已成为为美国国防部生产先进战斗机原型和高度保密的航空器平台。约翰逊在其《我怎样设计飞机》的著作里谈到“鼬鼠工程部”的工作方法：要有高度的权威，有立即作出决定并付诸实施的能力；必须有一批人数很少但特别有能力并且有责任感的人员；把报告和书面的东西减到最少数量；对整个工程，动员全部力量有计划分阶段的完成，始终保持高昂的士气。

两次获得冯·卡门奖的约翰逊有句耐人寻味的格言：“简单点，傻瓜！”，含意是使用常识将困难的问题更省、更快、更好地解决之。

徐徐道来

“黑鸟”超声速侦察机　SR-71造型的外形平滑尖锐，两翼的发动机与机头共同呈现出“山”字形。绘制时，可以将两翼的发动机简单地归纳为圆柱体，按圆柱体的画法找出强烈的明暗对比关系去绘制。机头处的凸凹关系比较细致，刻画时要理清外形的起伏关系。

不可一世的U–2

身份证

名　　称：	U–2
国　　别：	美国
翼　　展：	13.2米
高　　度：	3.9米
长　　度：	15.1米
空机质量：	5 930千克
起飞质量：	7 384千克
最大航程：	5 700千米
最大升限：	2.7万米
最大速度：	804千米/时

微故事

1962年9月9日清晨，一架U–2侦察机从中国台湾桃园机场起飞，由平潭岛上空进入大陆，经福州、南平、沿鹰厦铁路上空北进。这是台湾“黑猫中队”对大陆的第12次空中侦察飞行。U–2飞机是美国当时最新的侦察机，飞行在2万多米的高度上，而且飞行速度快，续航时间长。我国空军多次起飞拦截，可惜够不着。这时，中国刚刚组建了地空导弹部队，从苏联秘密引进了萨姆–2导弹。分析发现，台湾的U–2每次侦察都要经过南昌，因此导弹部队便秘密埋伏在南昌附近。为了引诱敌人上钩，让南京的一个喷气式轰炸机大队高空转场到南昌的樟树机场，并设法让敌人侦听到。敌人果然来了。但是，狡猾的敌机并没有直接飞到南昌，而是绕了一个圈子，在距南昌75千米的地方转而向西北。指挥员岳振华一眼就看穿了敌人的伎俩，不动声色地继续跟踪着。不一会，U–2突然来一个180度大转弯，直奔南昌而来。8时32分，U–2飞机进入我火力范围，导弹部队突然打开制导天线捕捉目标，随着指挥员一声令下，3发导弹腾空而起，呼啸着冲上蓝天，把嚣张一时的U–2飞机打成碎片！

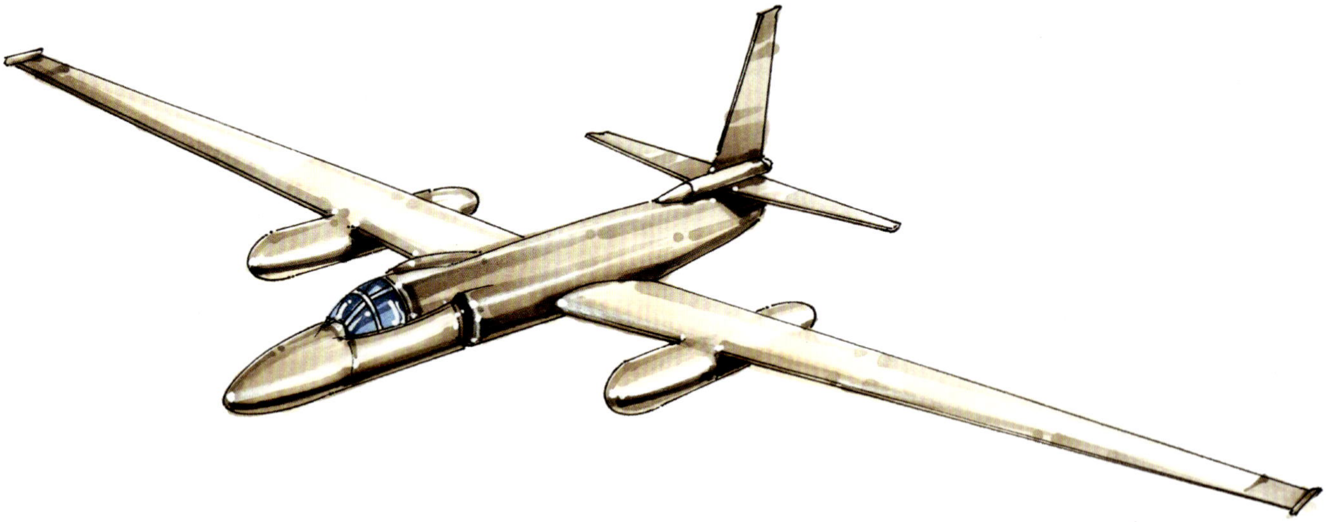

知识舷窗

导弹的杀伤概率是指导弹能够杀伤目标的可能性。尽管导弹的杀伤概率很高，但并不能确保100%击落目标。为了提高杀伤概率，往往采用几发导弹同时出击的方式，从而大大提高杀伤概率。如果1发导弹的杀伤概率为90%，那么三发导弹齐射的杀伤概率可达到99.9%。

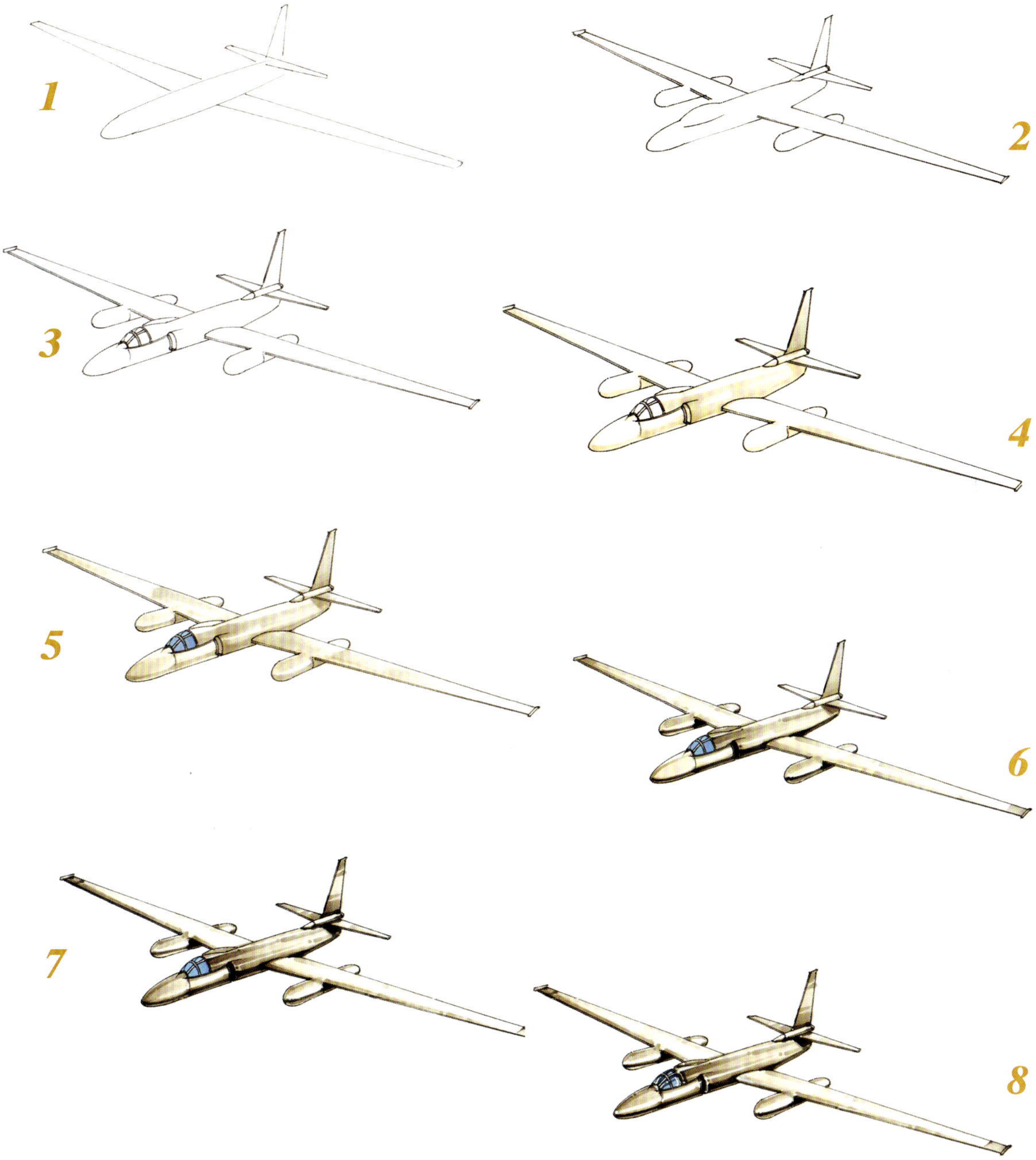

徐徐道来

U-2侦察机造型很简洁。绘画时，首先应分析其形体，然后分析光影关系，最后确定画面的深浅层次。这款侦察机机身可确定为圆柱体结构组合，将深色画在机身的下端，机身顶面的座舱以及座舱后部属于圆柱体突出结构。圆柱体结构就会有色差对比，应找到圆柱体的暗部刻画出来。机翼与尾翼的平面刻画比简单，快速平扫即可，注意不要留下过多的笔触痕迹。

千里眼E-3

身份证

名　　称：E-3预警机

国　　别：美国

长　　度：46.6 米

翼　　展：44.4 米

高　　度：12.6 米

空机质量：78 000千克

最大起飞质量：147 550千克

最高速度：853千米/时

实用升限：12 200 米

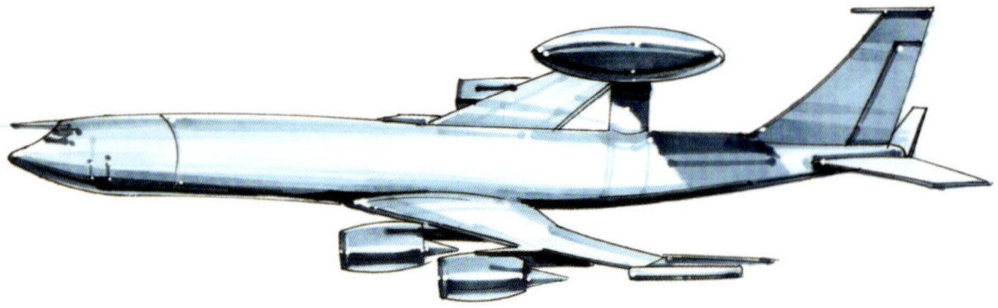

微故事

1986年4月14日11时，美军24架F-111战斗轰炸机、5架EA-6B电子干扰机、18架KC-135型和10架KC-10型空中加油机，分别从英国本土起飞前往地中海。F-111战斗轰炸机编队飞抵利比亚沿岸20~300千米时，开始降低飞行高度，直至低空100米以下，之后便分散行动。6架F-111以50~60米的高度超低空飞行，由北向南对贝西纳军用机场和的黎波里市的阿普皮耶兵营、西迪比拉尔港等军事设施狂轰滥炸。其余的F-111战斗轰炸机则分为三个小队，从北部方向飞抵利比亚首都上空，并精准地投射454千克的航空炸弹和专门用于摧毁地下防护目标的特种炸弹，以图轰炸卡扎菲可能的藏身之处。15日零时20分，由16架F-111战斗轰炸机组成的空袭机群，飞抵距利比亚海岸约500千米的美航母编队上空。此时美国海军14架舰载A-6攻击机、6架A-7攻击机、6架F/A-18战斗攻击机、14架EA-6B电子战飞机，以及E-2C“鹰眼”式预警机、F-14战斗机和其他支援飞机共100余架，先后从“珊瑚海”号和“美利坚”号航母上快速升空，与远航到达的空军机群顺利会合。凌晨1时54分，美军第一波空袭开始。14架EA-6B电子战飞机前出在大编队的前方，率先施放强烈干扰，立即使利比亚防空导弹的制导雷达失灵，无线电通信中断。与此同时，海军舰载机立即出动，对利军防空阵地发起导弹攻击。F/A-18战斗/攻击机和A-7攻击机各6架，在主攻编队即将进入目标区前6分钟对的黎波里和班加西的利军雷达站接连发射了约50枚“百舌鸟”和“哈姆”高速反辐射导弹，迅速摧毁利地面雷达站5座；利军见状，马上关闭其他雷达站；顿时利军整个防空体系陷入全面瘫痪状态。此时，16架F-111F战斗轰炸机与14架从“珊瑚海”号和“美利坚”号航母上起飞的A-6攻击机被编为5个空袭编队，于15日2时分别对的黎波里和班加西5个预定目标同时发起攻击，整个主攻仅用时11分钟，利比亚军所有阵地和设施都被打得支离破碎，毫无还手之力，四下一片狼藉。在这场战争中，电子干扰机和预警机起到了绝对重要的巨大作用。

知识舷窗

预警机即空中指挥预警飞机，是指拥有整套远程警戒雷达系统，用于搜索、监视空中或海上目标，指挥并可引导己方飞机执行作战任务的飞机。早期预警机主要是及早发现目标，保护己方战机。但是，随着技术的发展，现在预警机的功能大大增强，不仅仅是预警，而且还是一个空中指挥中心，可以指挥作战范围内的战机协调行动，大大提高作战效率。

1

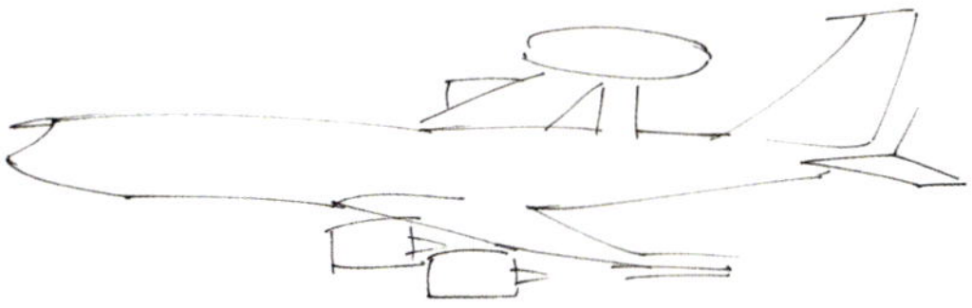

2

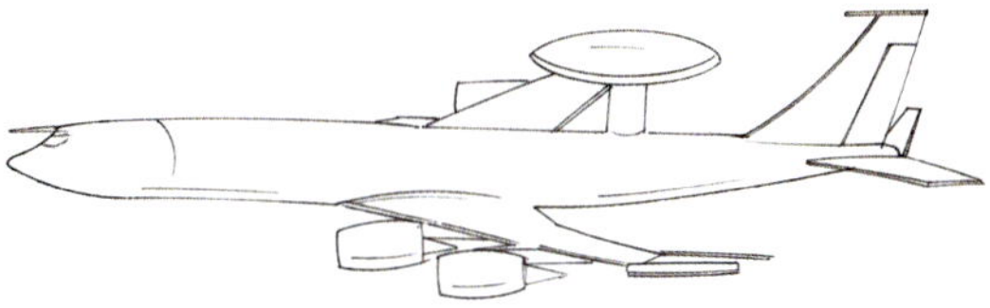

3

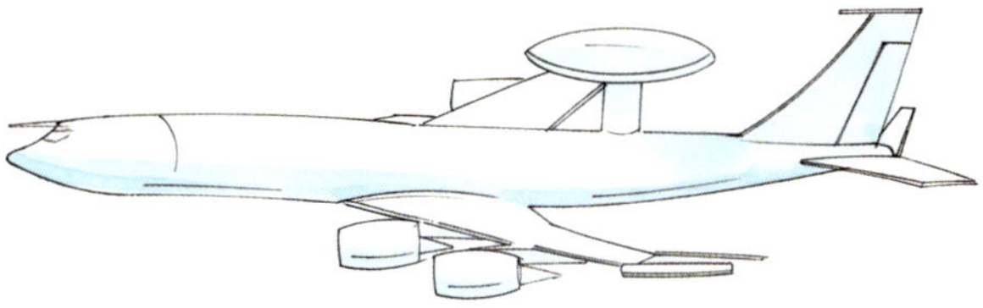

4

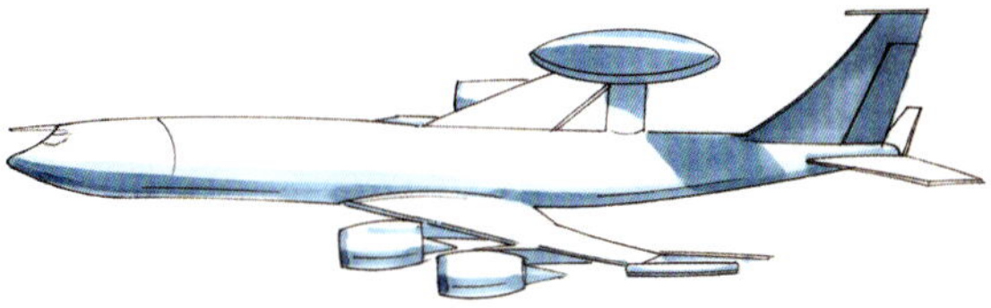

5

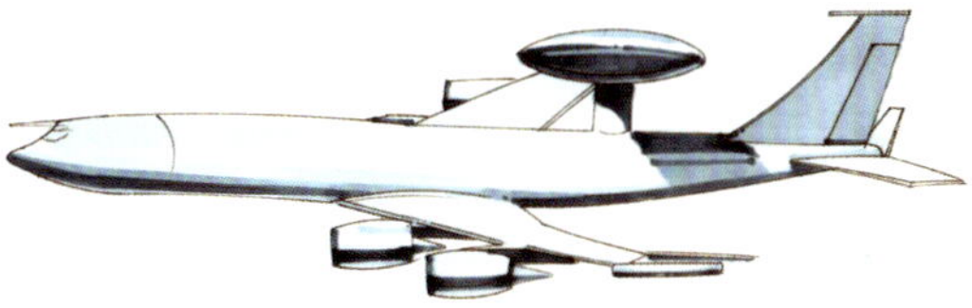

6

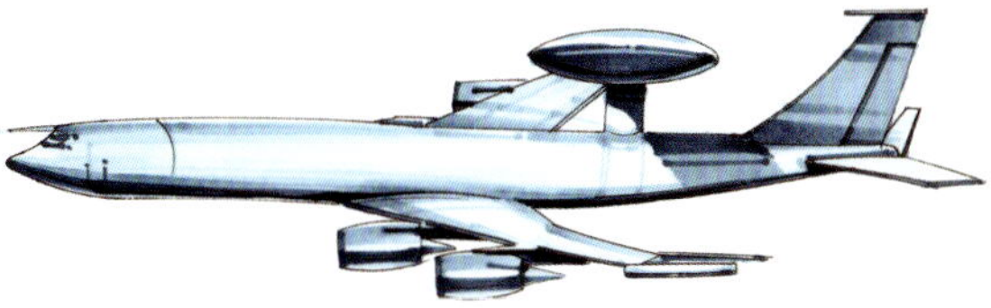

7

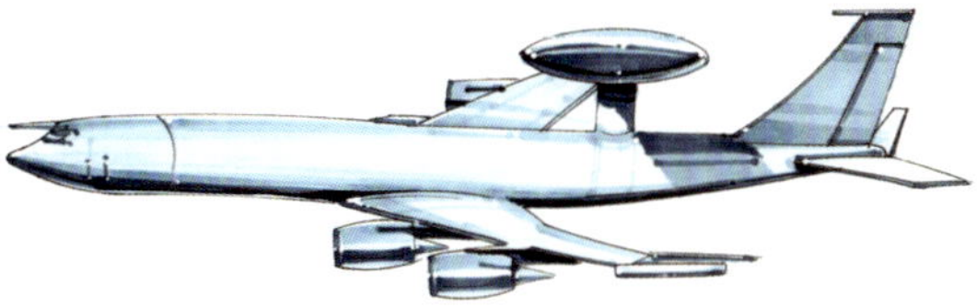

8

徐徐道来

这里描绘的是E-3在蓝天中飞翔的状态，色调对比非常强烈。暗部与亮部的层次遵照机身的圆柱体造型方式，按照归纳形体的层次分布向两边逐步加深。深色主要集中于飞机的下部，发动机部件的质感比较光亮，层次对比更强。雷达罩可以看作一个椭圆球体，椭圆球体的光感表现比较困难，需要理清层次对比后再刻画。整体调整时，应检查层次对比关系以及质感的表达，让画面显得清晰自然。

第七章　创意的融入

从诞生之日起，飞行器就在各种奇思妙想的推动下飞速发展。飞行器的设计从来不缺少创意，即使早期的多翼机，人们在研究其气动性能、飞行能力的同时，也追求飞行器自身的美学价值。而在解决了飞行器“飞起来”的基本问题后，飞行器的设计中各种仿生创意层出不穷。直到现在，各种飞行器的绰号中融入了人们对其的实用价值和美学的双重期望，“猛龙”“猛禽”“枭龙”“雄猫”“鹰”，不一而举。更为重要的是，在飞行器的概念设计阶段，创意对整个飞行器的定位至关重要，甚至具有决定性的影响。当然，最终决定飞行器设计方案的还是其本身的功能和实现这些功能的工程设计及制造技术。

创意是来自设计师自身的想法，并不存在是非标准，也无高下之分。创意的过程，受设计师自己的艺术素养和工程技术基础的影响，要经过一个思考和修正过程，而这个过程往往无法用语言表达清楚。最为艰难的是，如何找到创意的始点，把本不存在或者虚无缥缈的想法，变为灵光一现的创意。审视别人的创意产品，用艺术的眼光去“挑剔”已有产品，无疑是激发自己、启迪创意的捷径，这也是本书拿出大多数篇幅去欣赏航空史上典型产品的原因所在。

本章将简述几个概念设计的创意设计，力图通过这些实实在在的创意案例，给出一些激发创意的方法，使航空爱好者能从中体验创意的艰辛与快乐，并能够汲取一些艺术的养分。无论如何，将创意构思变成实物才是设计师最后追求的目标，也是我们的追求目标。

■ 会飞的伞创意设计

设计说明

这是一款会飞的空气雨伞创意设计。这种伞通过空气动力原理，形成一道气幕来隔绝雨水，因而给它取一个浪漫的名字——Flying umbrella。Flying umbrella由一款APP来控制，足够的小巧，可以随身放在包包中。Flying umbrella颠覆了传统雨伞的一切，你再也不用为弄湿地板而发愁，也不用为无法腾出手拿伞而尴尬。它解放了你的双手，让你在下雨天依然优雅自在。手机APP你可以制定行走路线、调整飞行模式及飞行时气幕的直径大小，还可以随时查看当时的天气、雨量等信息。

几何参数

旋翼直径：40厘米

机 身 高：45厘米

起飞质量：200克

动力方式

可充电式锂电池供电

(锂电池为可拆卸式)

控制方式

手机APP控制

Flying umbrella
会飞的雨伞
Menu
Location
Street View
Destination
Journey
Menu
Front View
Top view
Journey
Time
Rainfall
Temperature
PM2.5
Regulating air curtain
原理示
意图
Rain
Air intake
多视角
展示
Setting
Automatic
Manually
Back
Recognition
Locate
The weather
Scaling
Rotation
Move
Slide to select
Flight mode
Battery status
Parameters
Setting
Back
Mode
Curing
Display mode

"水上卫士"水面垃圾清理无人机设计

设计说明

这是一款用于清理水面垃圾的飞行器创意设计。生活中，在一些河流、湖泊、水池、海面等水面上有水瓶、塑料袋等生活垃圾，严重污染了环境。传统的打捞船消耗的人力、物力和财力都较大。这款水面垃圾清理无人机可用4个涵道风扇悬停升降，通过飞行器自带摄像机拍摄，比较容易发现垃圾所在区域，并可及时清理。这种无人机设计有4种工作模式：遥控模式、自动模式、循环模式和发现模式，定位精准、高效灵活，能够适应不同环境下的作业要求，通过岸上的人工飞控能够大大提升打捞水面垃圾的面积与效率。

这款无人机由上面的涵道风扇与下面的垃圾收集舱组成，采用可拆卸组合式设计，方便收纳；造型上采用流线型设计风格，圆弧的造型给人亲近感；黄白相间的配色方案则易于识别，现代科技感强。

性能参数

最大飞行速度：35米/秒

最大飞行高度：350米

最大起飞质量：18千克

垂 直 爬 升 率：4米/秒

几何参数

机身高：0.75米

机身宽：1.0米（含旋翼）

机身长：1.0米

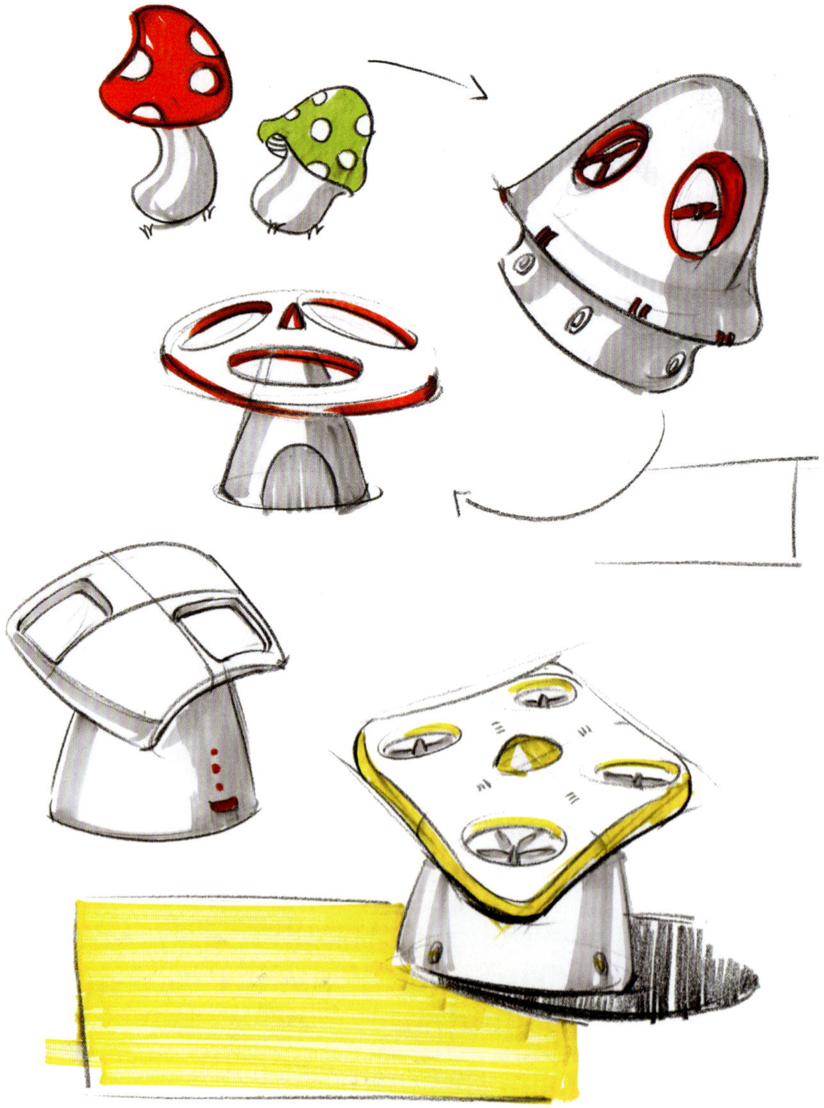

设计师手稿

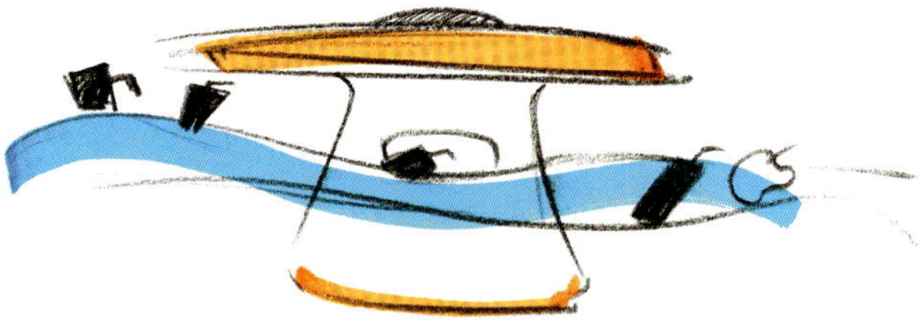

①、垃圾进入水上卫士

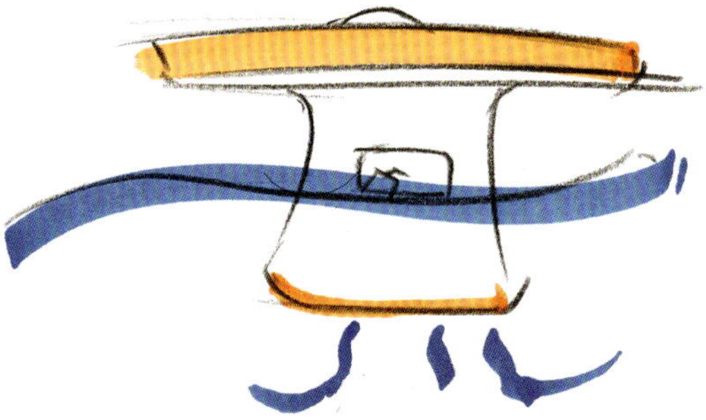

②.水上卫士的水从底部漏出

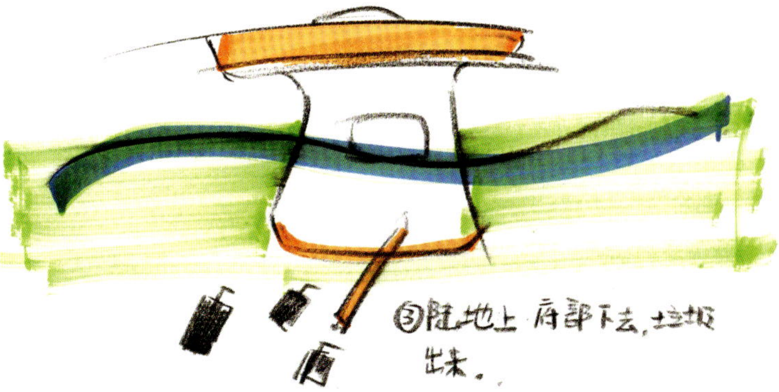

③陆地上 底部下去,垃圾出来.

设计师手稿

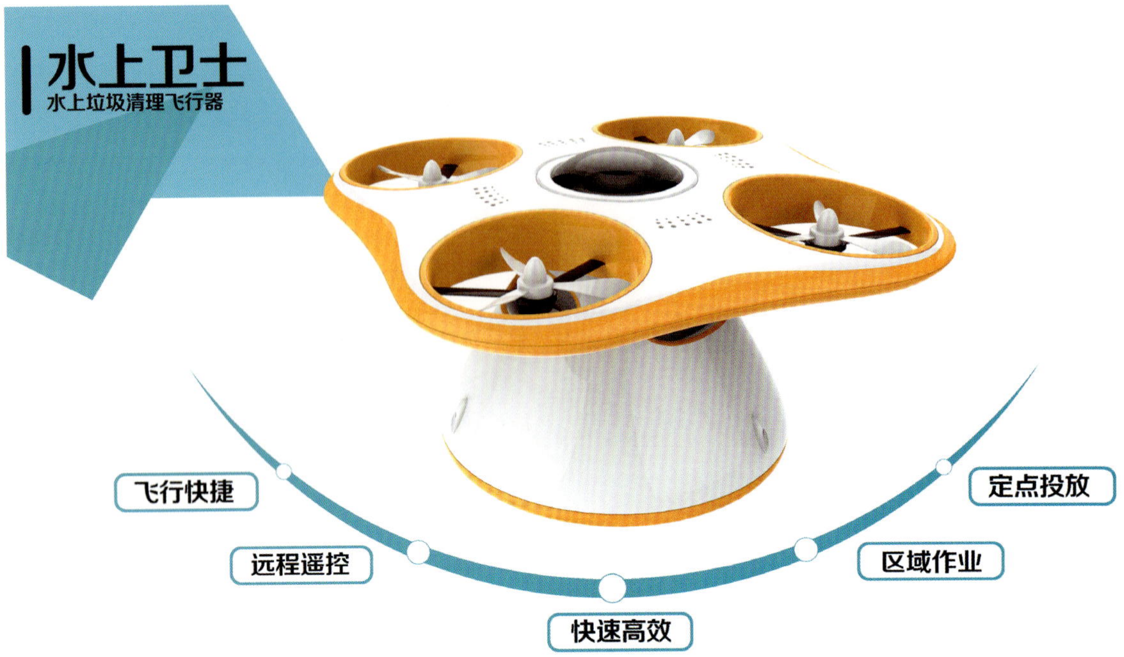
水上卫士
水上垃圾清理飞行器
飞行快捷
远程遥控
快速高效
区域作业
定点投放

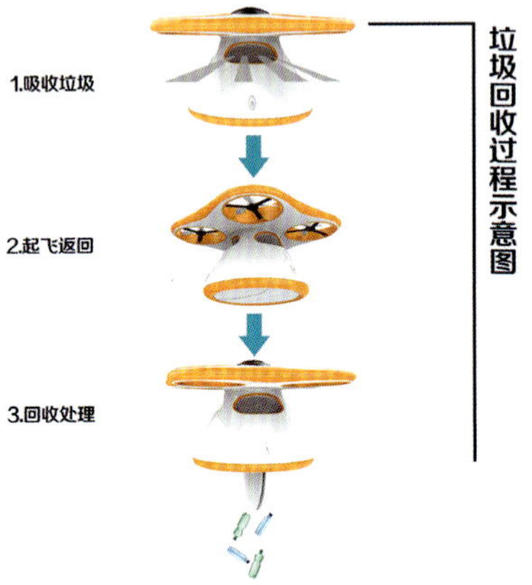
1.吸收垃圾
2.起飞返回
3.回收处理
垃圾回收过程示意图

清洁模式
提供多种清洁工作模式可供不同
需求选择
遥控模式
通过遥控人为清洁
自动模式
自动清洁清洁垃圾
循环模式
对重点区域循环清洁
发现模式
水上飞行发现垃圾水域

家用消费级无人机概念设计

设计说明

家用消费级无人机正逐渐普及，消费者对无人机的要求也在不断提高。人们倾向于选用较为实用、更加具有个性化、能为日常生活提供更多便利与乐趣的无人机产品。目前市场上消费级无人机以多旋翼飞行器为主，功能仅限于航拍与娱乐，存在航程短、巡航速度小、智能化偏低等不足。这款消费级无人机概念设计结合市场上多旋翼无人机与FPV的特点，采用左右旋翼与固定翼结合的无人机布局，可实现垂直起降与空中悬停，兼具直升机和固定翼飞机的优点，具有较好的发展前景，其技术带动性强，国外已经取得了较大的进展。

在动力方面，运用涡轮作为主推力，使无人机的飞行时间更长、飞行速度更大。在造型上，提炼了中国古代绘画中的祥云元素，主要体现在左右两个旋翼上。这两个旋翼采用开口式设计，可以节省材料，减小质量，而且使机身更具整体性。它们位于机身重心附近，能为无人机垂直起降与飞行提供主升力。飞机整体边缘线型也用祥云元素，中间两对机翼还可充当起落架，省去了起落架的制作成本，减少了起落架所产生的阻力。机头上用曲线分割出一块用于与用户互动的显示面板，使其更加有层次且与边缘曲线相呼应。机翼上的渐变面造型上有语音装置，配合与人的互动，也丰富了整体造型。尾部采用微型涡轮发动机，喷口采用层叠设计以增加发动机效率。无人机可自主飞行，可与使用者进行互动，体现智能化技术的运用。材质方面，在机身上运用碳纤维轻质材料，可减小机身质量且能保证其刚度。

几何参数

机　宽：3.80米

机　长：5.57米

机　高：1.75米

升力风扇直径：1.00米

发动机功率：194～298千瓦

空机质量：990千克

最大起飞质量：1 500 千克

有效载荷：240 千克

载 油 量：170千克

性能参数

最大平飞速度：340千米/时

最小平飞速度：120千米/时

海平面爬升率：5.9米/秒

实用升限：300米

最大航程：＞1000千米

最大留空时间：＞3小时

动力方式

组合动力，2台电机为升力风扇提供动力，一台微型涡轮喷气发动机，其中升力风扇的主要动力来源是安装在机身内部的充电式蓄电池

起降方式

垂直起降，可以在楼顶等人员活动较少，视野较开阔的场所起降

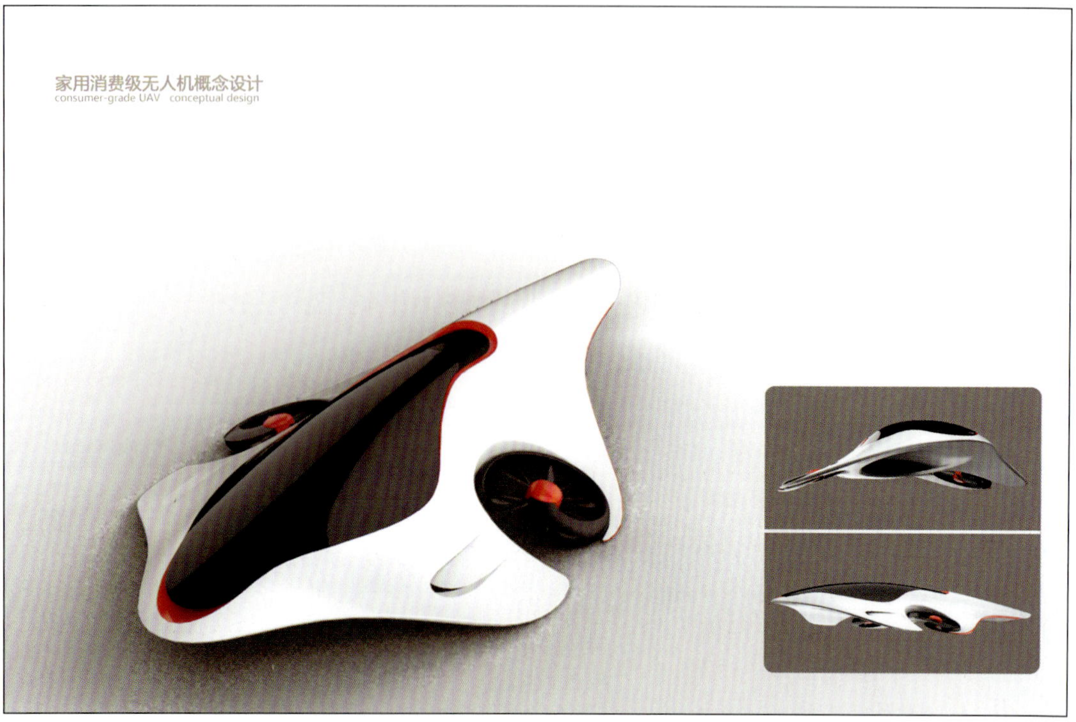
家用消费级无人机概念设计
consumer-grade UAV conceptual design

家用消费级无人机概念设计 consumer-grade UAV conceptual design

家用消费级无人机概念设计 consumer-grade UAV conceptual design

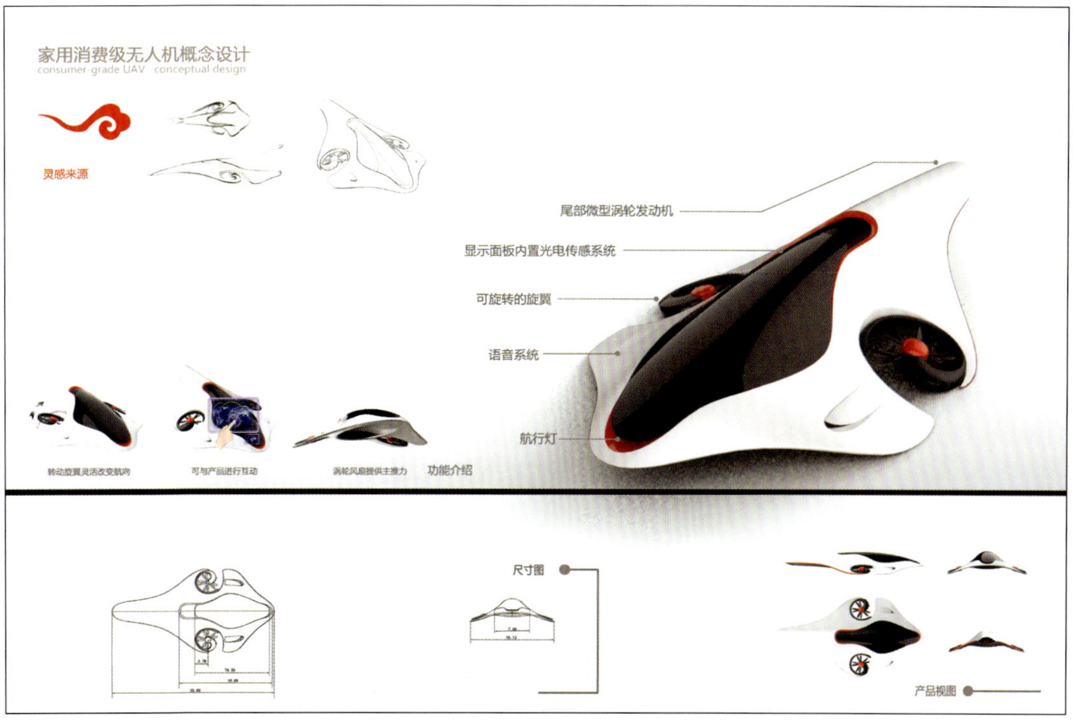
家用消费级无人机概念设计
consumer-grade UAV conceptual design
灵感来源
尾部微型涡轮发动机
显示面板内置光电传感系统
可旋转的旋翼
语音系统
航行灯
转动旋翼灵活改变航向
可与产品进行互动
涡轮风扇提供主推力
功能介绍
尺寸图
产品视图

“中国风”私人飞机概念设计

设计说明

“中国风”私人飞机概念设计的造型与喷涂元素主要来自于京剧的脸谱。京剧脸谱是中国京剧艺术最典型的视觉符号之一，具有中国戏曲独有的化妆造型艺术。从平面构成角度上看，京剧脸谱中的线条极具点、线、面的抽象美感；从色彩构成角度上看，京剧脸谱以传统的方位色和神秘色为主体，在融汇和变调的基础上灵活运用，在情感的统摄下完成“意”与“象”的和谐统一，有红、黑、白、蓝、绿、黄等几种色彩，每种颜色代表不同性格的人物。从戏剧的角度来讲，它是性格化的；从美术的角度来看，它是图案式的。

“中国风”私人飞机将优秀的传统文化元素应用到现代飞行器中，使消费者有文化认同感。在造型方面，根据脸谱上飘逸的线条进行抽离细化，演变推敲；在色彩方面，利用“生、旦、净、末、丑”五种角色的色彩进行配色，不同颜色代表不同角色的私人飞机；在功能方面，分　“生、旦、净、末、丑”五种角色的性格，匹配不同性能或者不同级别的私人飞机。

设计方案一：此方案主要从眉眼和鼻子上提取元素，眉眼部位作为私人飞机的翅膀，鼻子部位作为飞机的主体，色彩上用黑、白、蓝、红四个颜色，以白蓝亮颜色为主，黑红为点缀，使飞机与脸谱神似。

设计方案二：此方案灵感来源于丑角。丑角特有的中间部分可抽离线条作为飞机的上下机翼，中间的红色部分可作为飞机的机舱，达到取其形、延其意、传其神的效果。在造型上，该设计方案元素提取自脸谱的眉眼，该部位可以与飞机动力装置的涵道风扇和调节飞机的平衡副翼完美结合，主体部位大体上以脸谱的鼻子进行分隔细化，这样可以与脸谱神似。在色彩上，主要根据“净”角进行配色，净角体现的是一种粗犷美，没有媚气。在结构上，用向上的涵道风扇和向前的螺旋桨推力做动力，有三个进气口和两个出气口，可以更好地提升飞机的平衡性。

几何参数

机 身 高：1.80米

机 身 宽：3.50米（含旋翼）

机 身 长：4.70米

尾桨直径：1.4米

性能参数

最大飞行速度：300千米/小时

最大飞行高度：3 600米

悬停高度：1 000米

最大起飞质量：800千克

有效载荷：150千克

垂直爬升率：4米/秒

航　　程：700千米

乘　　员：2人

布　　局

横列式双旋翼+尾部电动式推力风扇

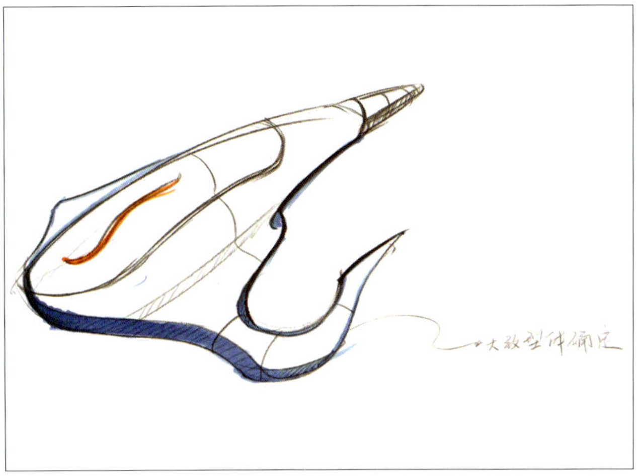

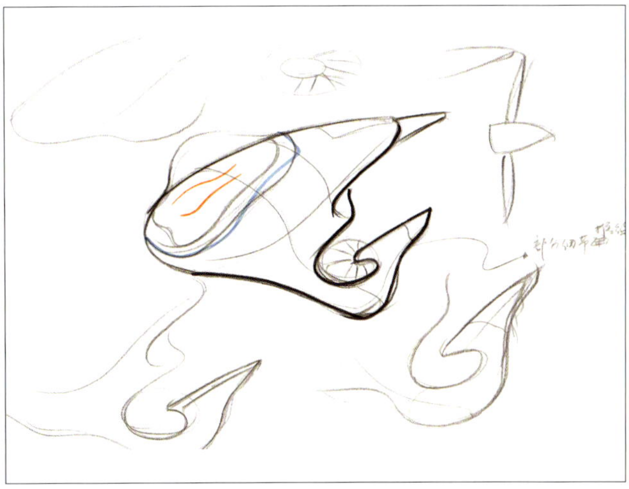

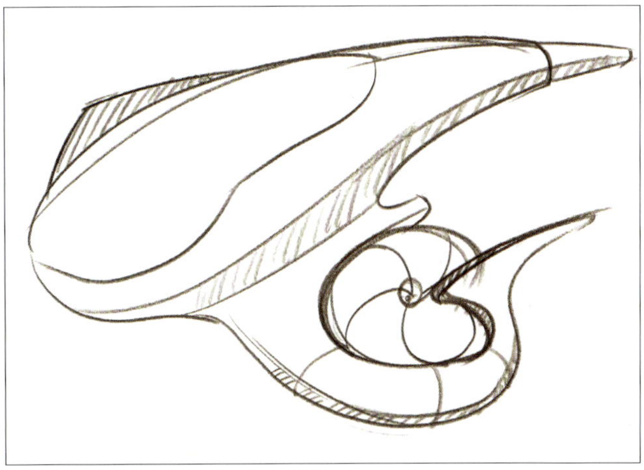

设计师手稿

「净」韵

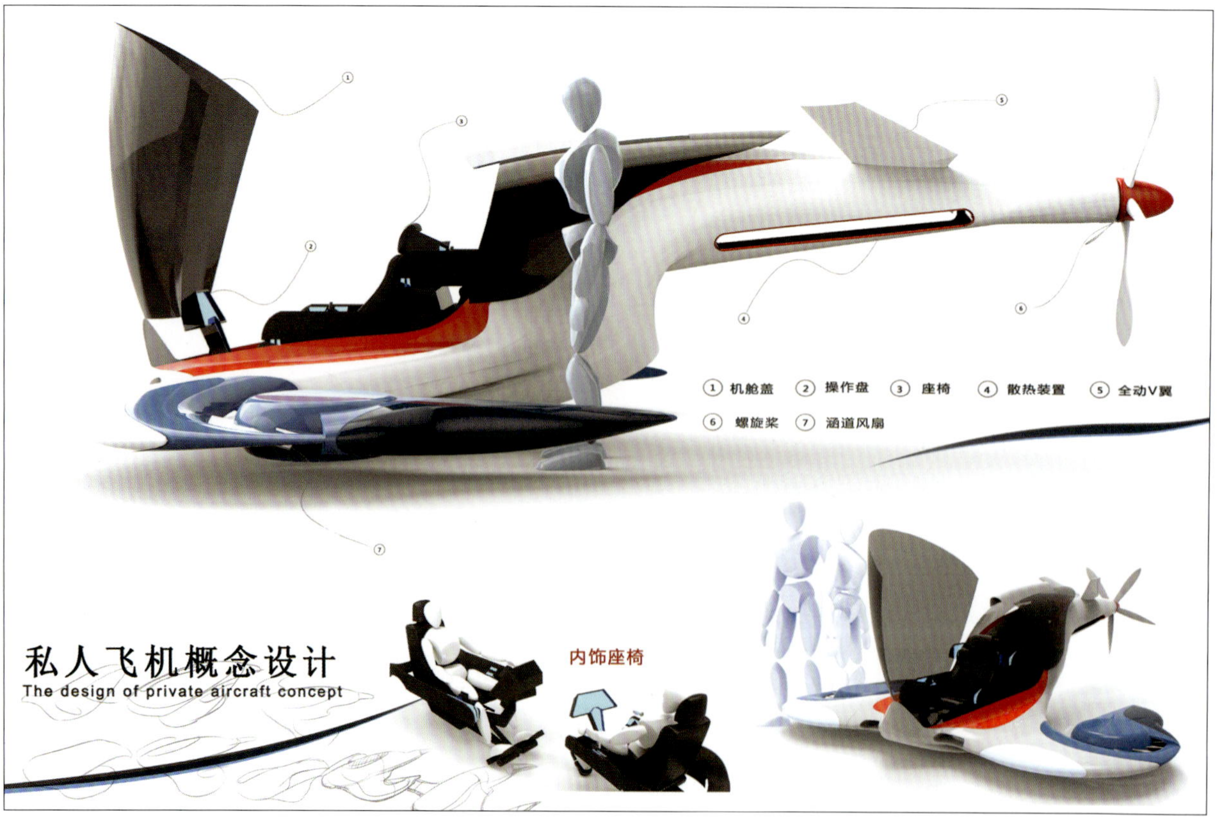
① 机舱盖
② 操作盘
③ 座椅
④ 散热装置
⑤ 全动V翼
⑥ 螺旋桨
⑦ 涵道风扇
私人飞机概念设计
The design of private aircraft concept
内饰座椅

城市治霾无人机设计

设计说明

中国的风筝已有2000多年的历史，传统的风筝上到处可见吉祥寓意和吉祥图案的影子，通过这些图案形象，给人以喜庆、吉祥和祝福之意。城市治霾无人机设计以燕子风筝的形态进行仿生设计，不仅体现中国特色的无人机风格，而且传递风筝本身的美好寓意。

这款无人机使用可再生能源太阳能，节能环保，利用发动机中喷出的带电粒子与喷射的催化剂结合，可以更好、更大面积地治理雾霾。无人机所用的催化剂液体和街道除霾车的一样。在除霾车上携带除霾无人机使用的催化剂液体箱，无人机可以方便地更换催化剂液体，节约能源和时间，提高除霾效率。

这款无人机成功入围第三届天津国际直升机博览会上首届“未来直升机设计大赛”获奖名单，同时入围的还有清华大学、北京航空航天大学、北京理工大学、空军工程大学、中国科学院等单位的设计作品。

几何参数

机身长：7米

机身宽：4.7米

机身高：1.90米

性能参数

最大飞行速度：150千米/小时

最大飞行高度：1 600米

最大起飞质量：1 200千克

有效载荷：300千克

航　　程：700千米

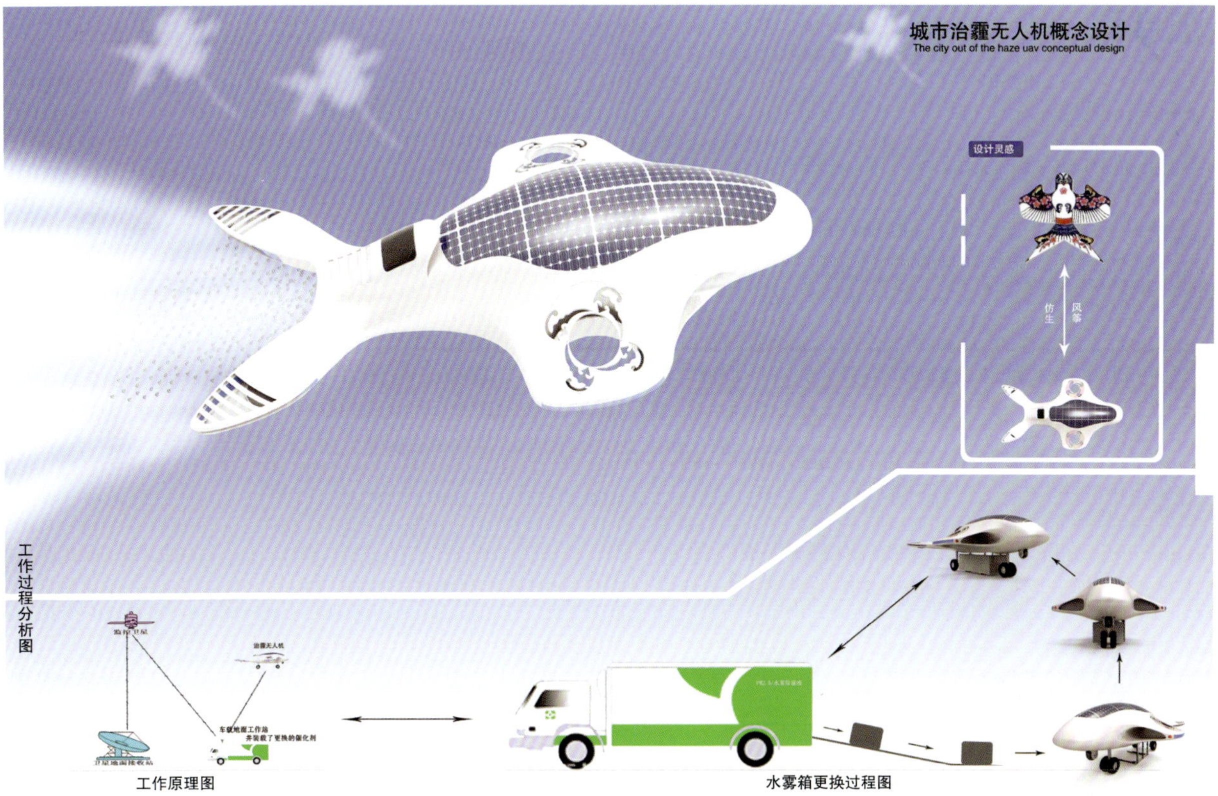

设计师手稿

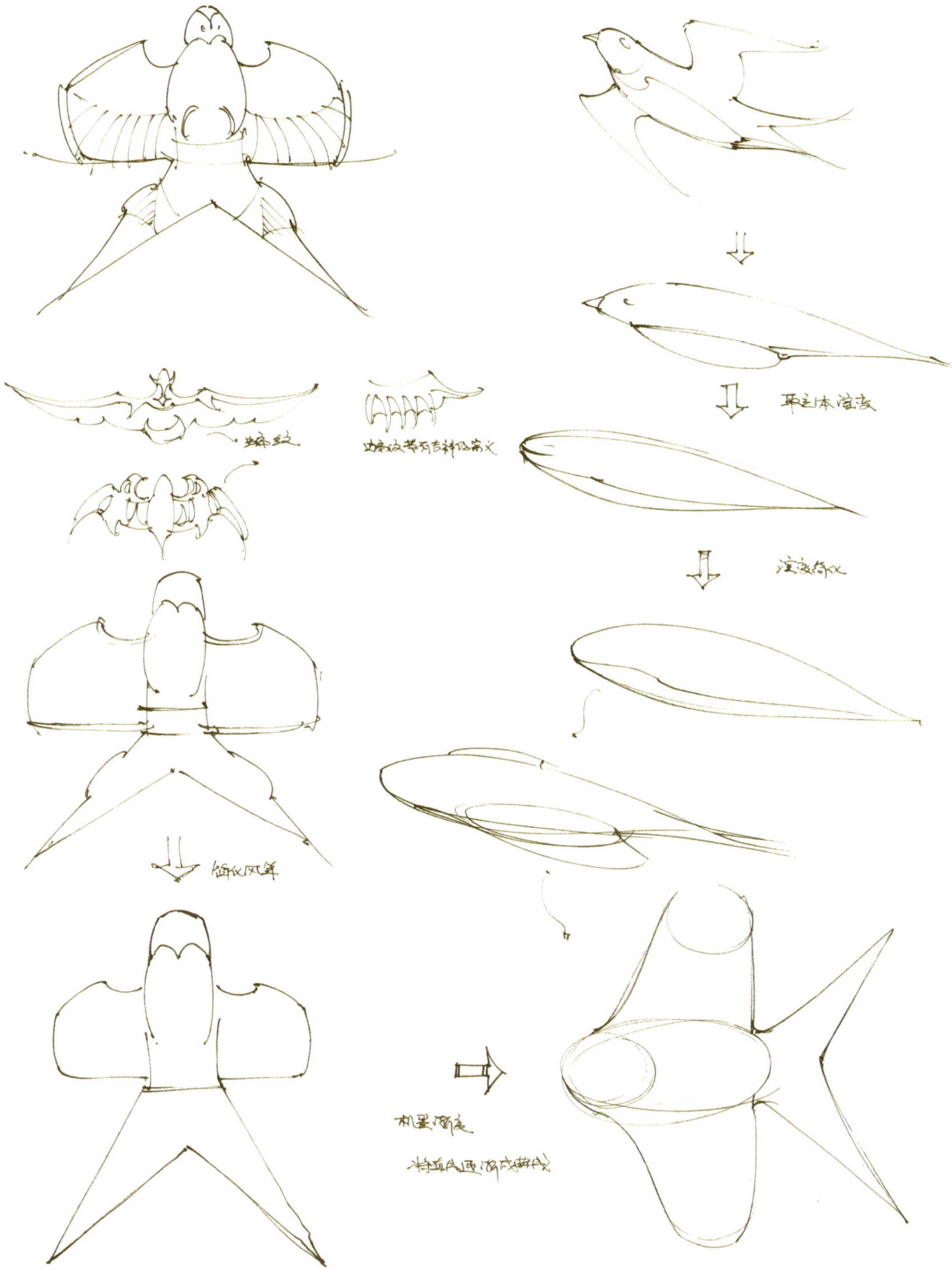

设计师手稿

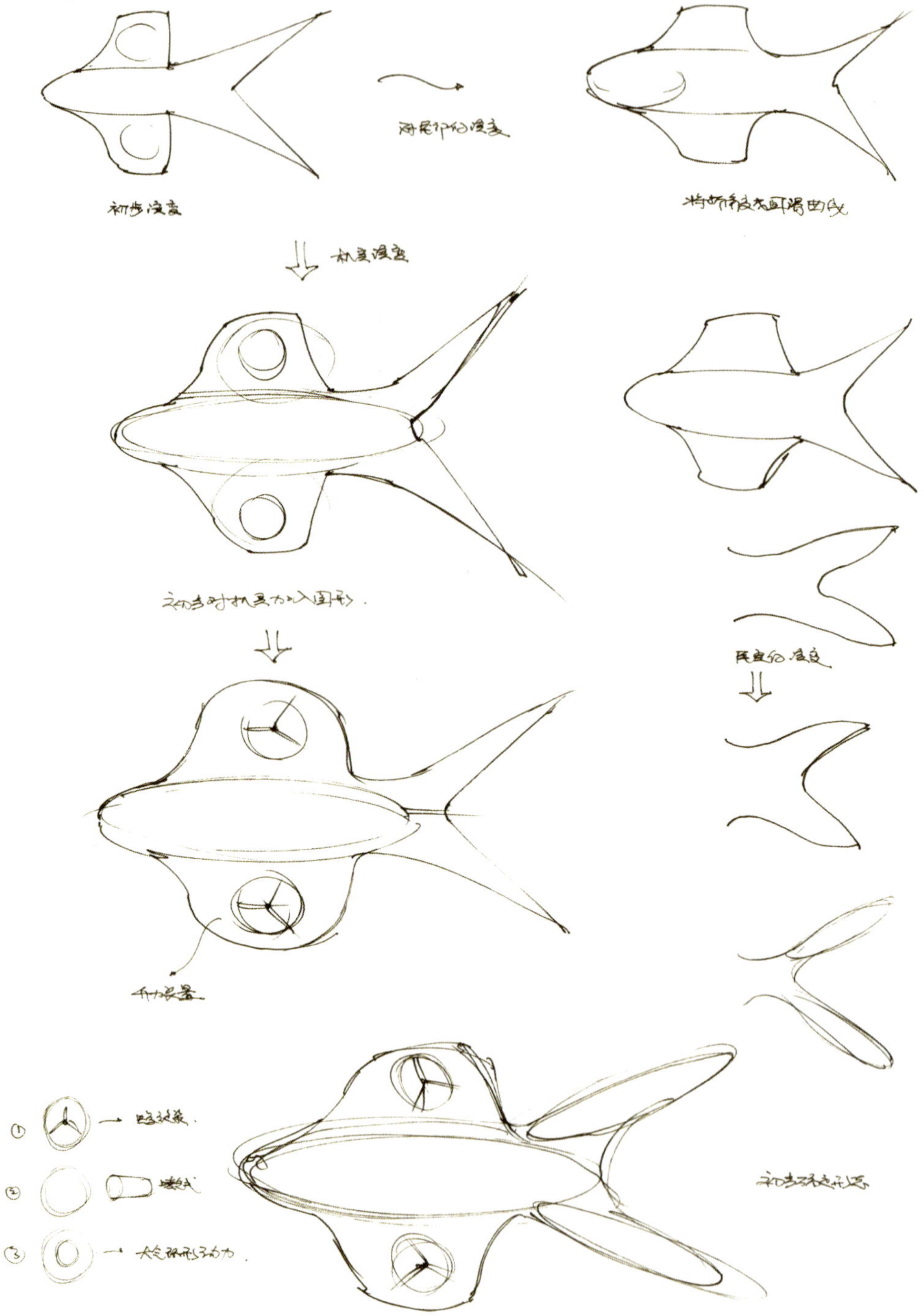

设计师手稿

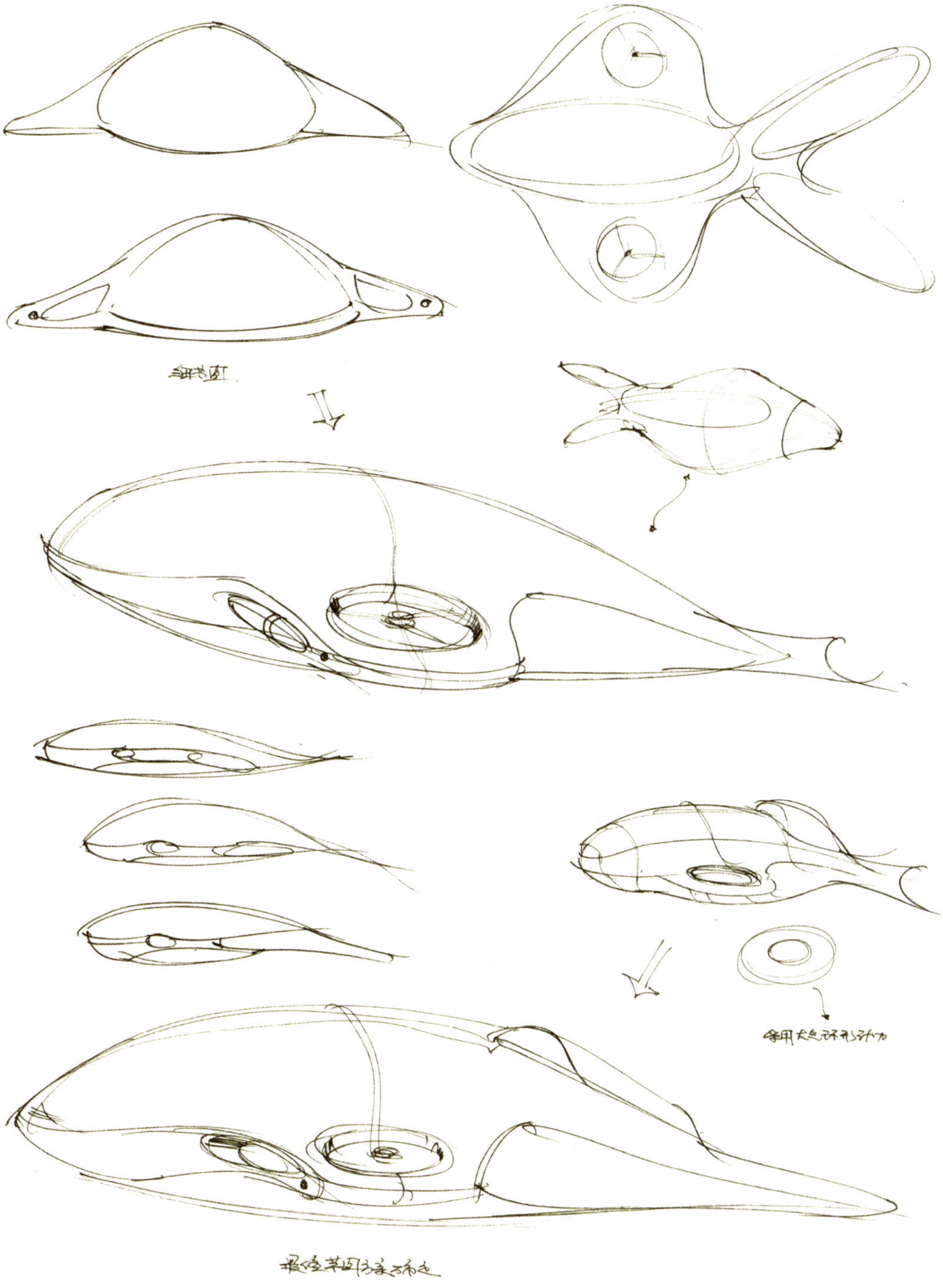

设计师手稿

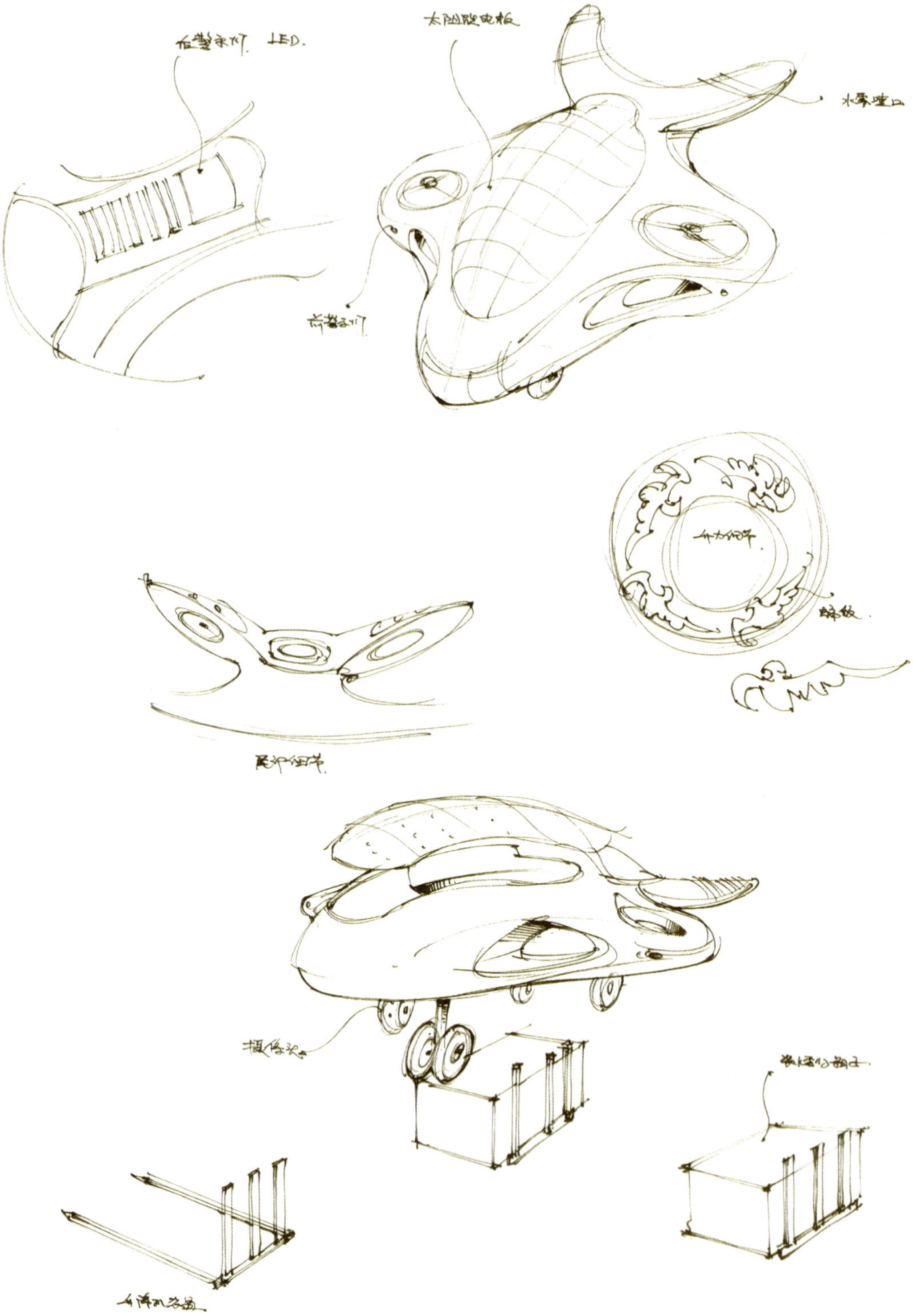

设计师手稿

城市治霾无人机概念设计
The city out of the haze uav conceptual design

城市治霾无人机概念设计
The city out of the haze uav conceptual design

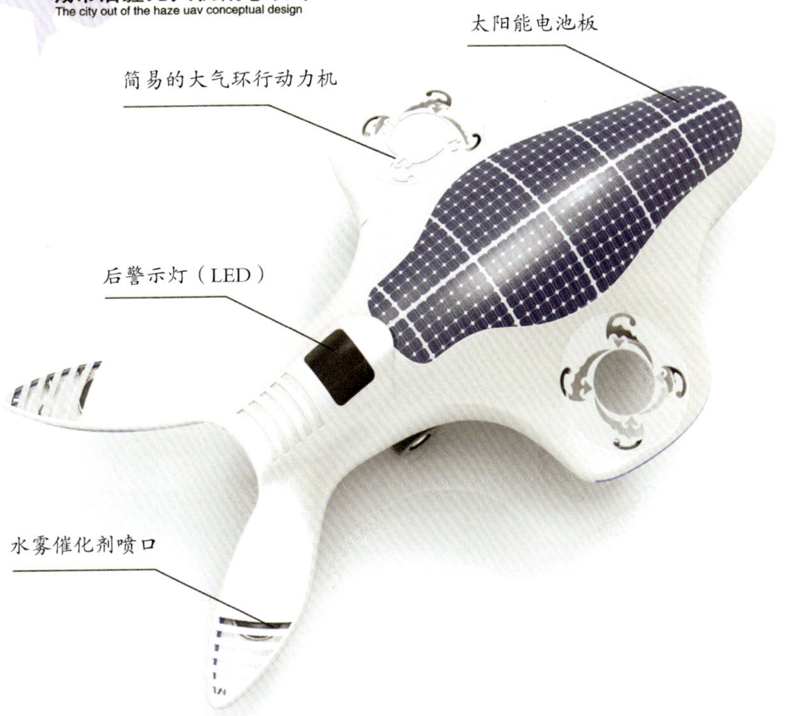

■ 通信中继无人机设计

设计说明

无人机作为通信中继平台的机动性好，造价低廉，可以弥补卫星通信和地面通信的不足而兼具二者的优点，且组网方式灵活，因而在军用和民用方面都有广阔的应用前景。通信中继无人机的创意设计的要求颇高，难度比较大。

民族的设计才是世界的设计。通过对中国传统元素的观察，对这些中国传统文化中的一些元素进行提取，经过对多种方案的设计对比，最终才确定了基本方案。在本方案中，主要通过对中国水墨画中的金鱼的观察，提取金鱼元素作为无人机的基本形体，把传统元素融于实用性的通信中继无人机的概念化设计中。

几何参数

机身高：107厘米

机身宽：350厘米

机身长：400厘米

性能参数

最大飞行高度：500米

最大飞行速度：115千米/时

最大起飞质量：35千克

实用飞行高度：250米

实用航程：150千米

动力方式

背负式柔性太阳能电池板蒙皮为安装在机翼中的升力风扇提供电能，尾部安装的新能源助推器可提高其飞行速度

设计方案一：把传统文化中的龙作为设计的初始元素。龙在中国传统文化中代表着威严，以此赋予无人机积极的情感因素。通过对龙的形体的观察，截取其头部作为设计元素提取部分，对其中的曲线加以推敲，使其符合空气动力学的要求，并充分考虑功能需求。

「龙的创意演变」

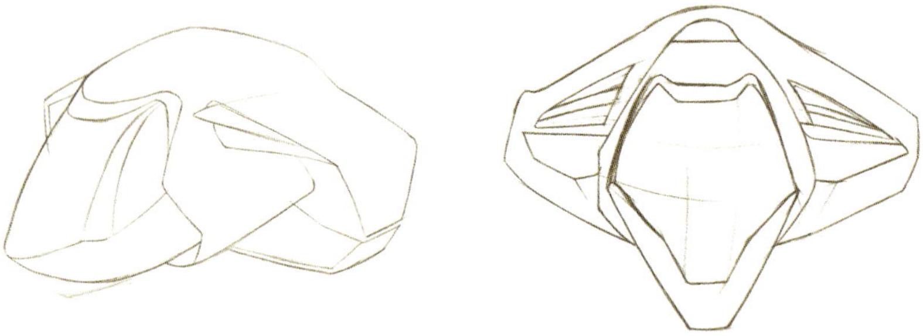

设计师手稿

设计方案二：通过对中国剪纸图案的观察，选取其中的图纹作为设计元素，剪纸图案中的凤为设计的主体元素。通过对凤眼的观察，提取出眼部图案造型，并对其头部进行不同视角的刻画。在构思方案时，还借助了鹰的形态，把鹰犀利的眼睛进行抽象概括，巧妙地融之于无人机造型之中。这样一方面有了仿生的动物体态特征，另一方面又可以运用此特征作为设计的功能化表达。

「凤的创意演变」

设计师手稿

「鹰眼的创意演变」

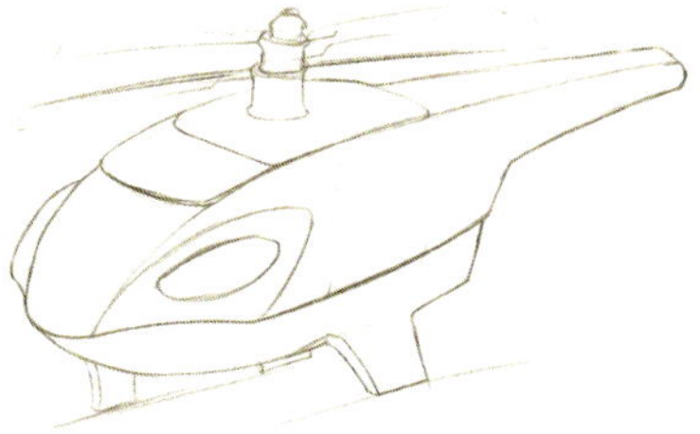

设计师手稿

设计方案三：设计灵感来源于中国水墨画中的小金鱼。观察自由自在游泳的小金鱼，运用仿生设计法则，对其自然形态加以提取，表现出小金鱼圆润的体态特征，并用于无人机的外观造型设计中，展现出一种新奇的设计形态。这种无人机的外观小巧玲珑，不会显得那么冷漠，科技感也不会过于刚硬。

「金鱼的创意演变」

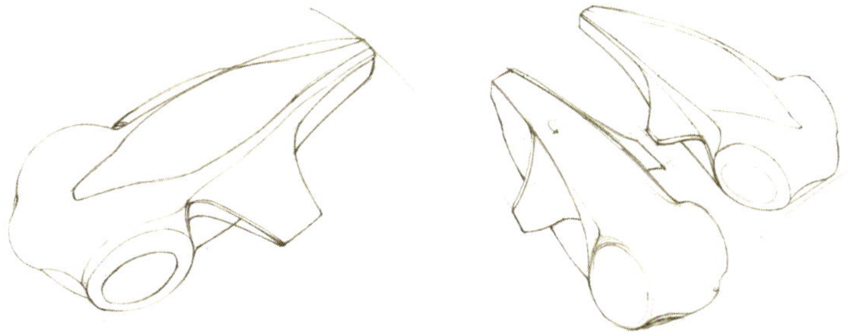

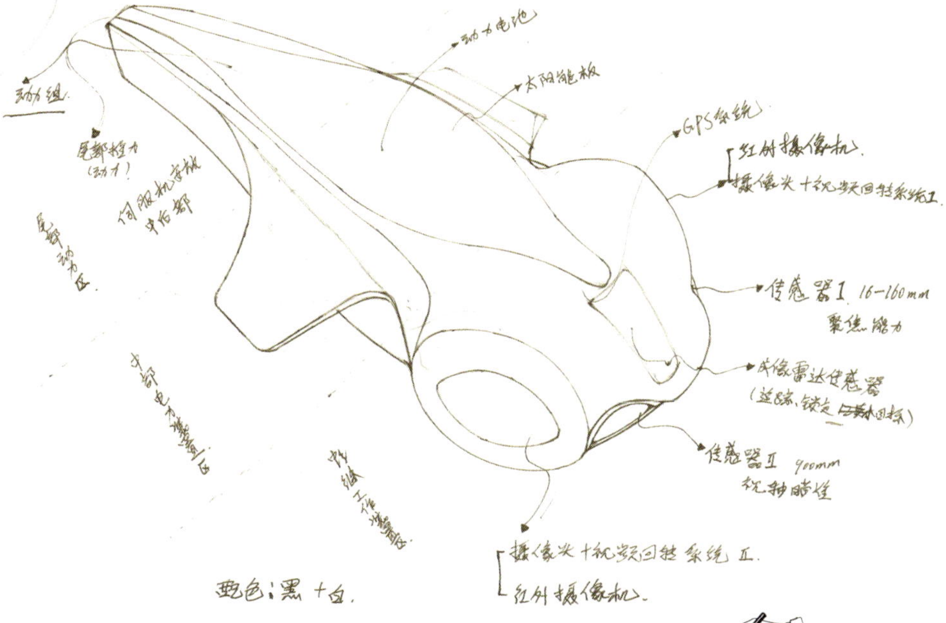

设计师手稿

在这一方案中，外形设计上打破传统飞行器的设计理念，造型采用仿鱼生物曲线，圆润飘逸，加之运用流畅的形态，也使其更加符合空气动力学的设计要求。在色彩方案上，采用科技感较强的色彩作为概念化机型的色彩搭配，运用现有的新型科技来赋予所设计的无人机以新的功能，以满足对中继无人机的使用要求。

一件产品就是一幅画，要想表达好这幅画，就得先确定这幅画作的基调，随后再描绘细节。一个好的色彩规划可以使产品显得协调、和谐，还具有节奏感与层次感。在色图中，单纯黑色以及单纯的白色是色彩的极致抽象，可以把黑色归之于色中之王，白色归之于色中之母；黑白两种色彩具有极强的抽象表达力，它们的表现深度超过了其他所有的色彩。少即是多，黑白对比可以给人一种简洁之感，可以激发人们无限的想象力。蓝色素有科技色之称，可以给人一种博大的奇妙印象，容易使我们联想到平静、广阔与智慧。用蓝色与黑色搭配，可以使产品的科技感十足。而蓝色和白色搭配，有助于加快人们的思维运转，给人一种简洁却不失科技感的体验。

通信中继无人机外观设计

Communication relay UAV designs

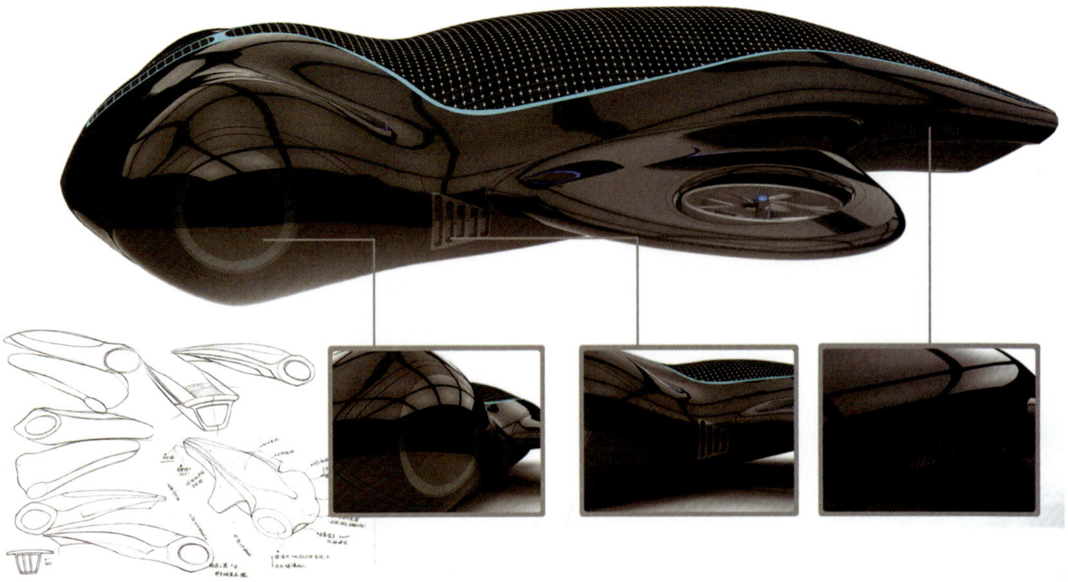

航拍无人机创意设计

这是一款应企业要求而设计的航拍无人机。与一般创意概念设计不同的是，这款飞机必须能够投入实际工作中，完成实际的工作任务。因此，我们不再局限于创意设计，而是把创意设计与生产设计相结合，把无人机设计的技术因素更多地纳入创意设计之中，理出一条从创意到实物的较为完整的路径来。

结构创意设计

“物”之形成，受到很多外部因素的限制，比如：使用者、使用环境、使用条件、生活方式等。根据目标系统，在外部因素的限制下，去组织和选择“物”的内部因素，诸如：原理，结构、技术、加工工艺、色彩形态、材料等。即：根据外因，选择内因，实现目标。

根据“事理学”这一系统的方法论，对任何产品设计而言，都具有重要的学习价值。通过这一方法论的指导，让我们更清楚地理解设计是为了解决“事”而非创造“物”。“事”是目标，是“物”之为“物”的根本，“物”是实现“事”之最终结果，也是实现“事”之载体。

1. 航拍无人机设计的限制因素

（1）航拍无人机的使用环境。航拍无人机一般在城市或者郊外的低空环境中使用。这种环境比较复杂，建筑物和人群都比较多，必须重视人群的安全性和飞行环境的复杂性。为此，航拍无人机必须有很强的的可控制性，飞行要稳定，降落平稳可靠，可采用四脚方式降落，这样平稳性比较好。创意过程可用以下流程图表示：

使用环境→城市低空或者郊外→人群安全性→无人机可控性必须强→飞行平稳→降落稳定→四脚降落

（2）航拍无人机的使用条件是天气晴好，能见度高，不能下雨。操作者必须能够看清楚飞行中的无人机。如果在黑暗环境中，则应该设计有提示灯，方便操作者目视操作。创意过程可用以下流程图表示：

使用条件→天空晴朗，能见度高→操作者看得清→黑暗环境下有指示灯

（3）航拍无人机是由操作者肉眼观察的，必须容易识别。因此，应该选择与天空对比比较强烈的深色。创意过程如下：

使用者→通过遥控，肉眼观察→与天空颜色对比度大→深色

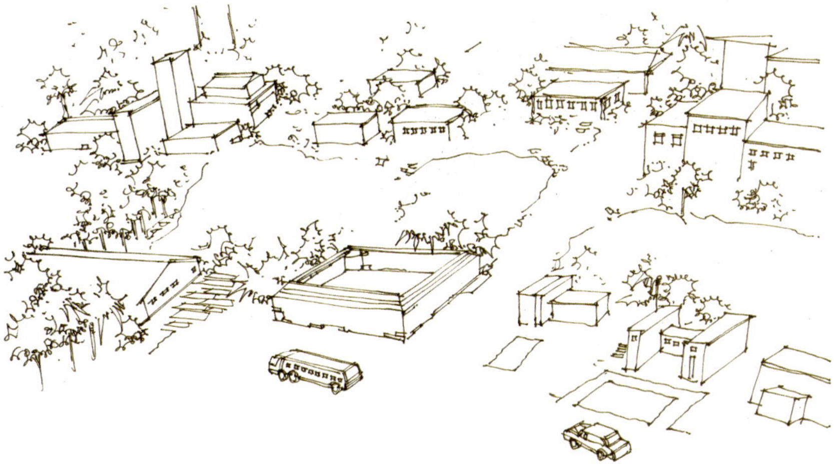

「航拍环境一般为城市低空」

设计师手稿

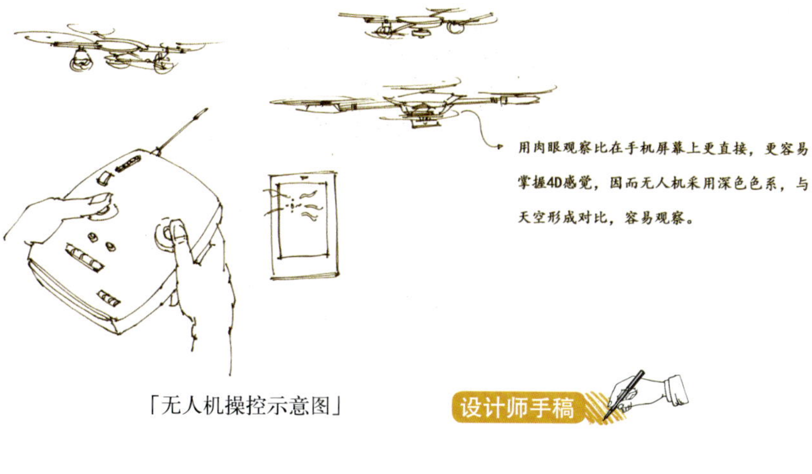

「无人机操控示意图」

设计师手稿

2. 设计目标1：减小质量，增加留空时间

航拍无人机的留空时间是一项重要的指标，直接影响到无人机的使用及推广。减小起飞质量，不仅可以增加无人机的有效载荷，而且可以提高留空时间。这个目标的创意过程可用以下流程图表示：

材料→质地轻、强度大→碳纤维

结构→中空、紧凑型→减少多余的不起作用的结构

造型→符合流体力学的要求→表面光滑、面与面衔接平缓

3. 设计目标2：在空中可辨别无人机的朝向，方便操控

航拍无人机在一定范围内使用，需要操作者正确识别无人机在天空的朝向。只有掌握了无人机的朝向，才能正确地指示无人机完成工作任务。这个目标的创意过程可用以下流程图表示：

结构（造型）→仿动物头造型，相对容易辨别

技术→选用提示灯→1绿3红，绿为正方向→悬停后，再次推进，准确性好

结构→将正方向设定为轴向

4. 设计目标4：提高推进效能，增强无人机的机动性和操控性

航拍无人机往往要拍摄运动的目标，需要一定的飞行速度和比较好的加速性能。这个目标的创意过程可用以下流程图表示：

结构→把“X”型正方向改为“+”型正方向

技术→增加涵道风扇，改变前进的推进方式

原理→把飞行的上升和前进过程分解成竖直正方向和水平方向

5. 设计目标5：保证飞行和降落稳定性、平衡性，提高可靠性

无人机一般在比较狭窄的地方起降，起降是无人机最容易出现飞行故障的时刻，必须确保无人机具有很好的起降性能，才能保证无人机足够的可靠性。这个目标的创意过程可用以下流程图表示：

结构→前后、左右最大程度地对称起来，增加自平衡性→四旋翼方案→平衡性更好→四脚支撑→自身重量均匀对称→将电池、飞控等设备的重心尽量降低至涵道重心以下→推进时，不至于翻机→调整飞行参数，自动平衡机身

根据以上的目标系统，在外因的限制下选择结构、技术、原理等，可以基本确定飞行器的结构、色彩以及使用方式等。美的形式或与结构相适应的形式总是给人以精神上的享受。在确定了飞行器的结构之后，我们再来进一步找到与之“合”和“适”的造型。

造型创意设计

造型的筛选原则就是实现其功能和满足其结构设计的要求。我们在最初确定设计风格时，就设想以钻石切面作为主要风格，用刚硬的直线和尖锐的转折面给人以冷酷与刚硬的感觉。首先，选取集中速度感很强的动物作为造型的仿生对象。狼的形象给人的感觉是冷酷与刚硬，这与设计风格不谋而合。因此，我们把狼的形象作为造型的来源，既有速度感，又可以满足减小风阻的设计要求。

「造型的选择与提取」

设计师手稿

确定机身主体造型后，接着完善其他部分的造型。应该注意的是，整体的造型元素、造型方法和造型风格应保持一致，务必协调、统一。

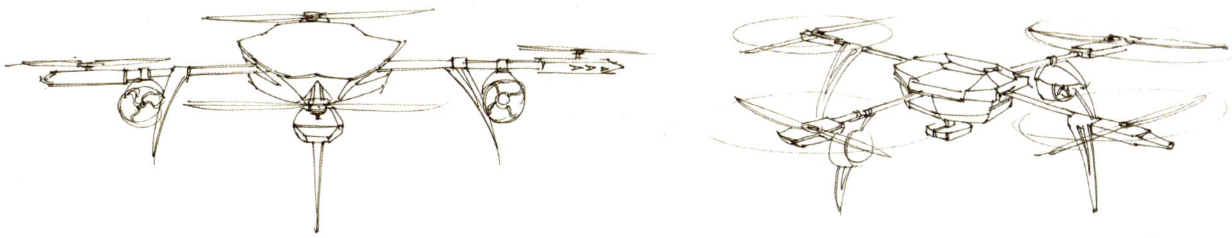

「航拍无人机整体造型」

设计师手稿

选择统一的造型语言（元素），运用一致的造型手法，最后形成整体的造型风格。风格形成后，要根据航拍无人机的设计目标来调整各部件的形式，以满足功能和结构的要求。

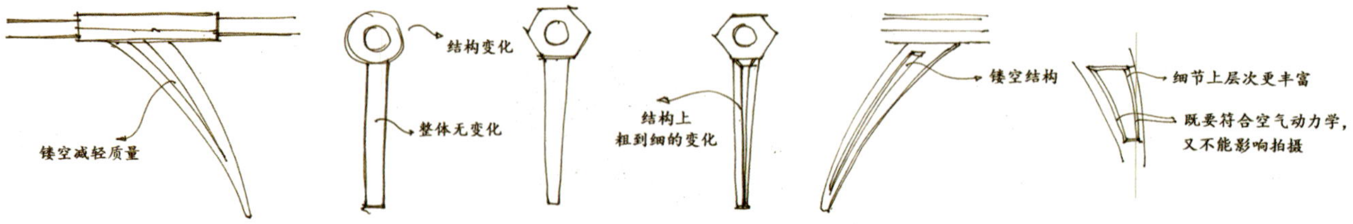

「通过支架结构上的变化来减小风阻，增加留空时间」

设计师手稿

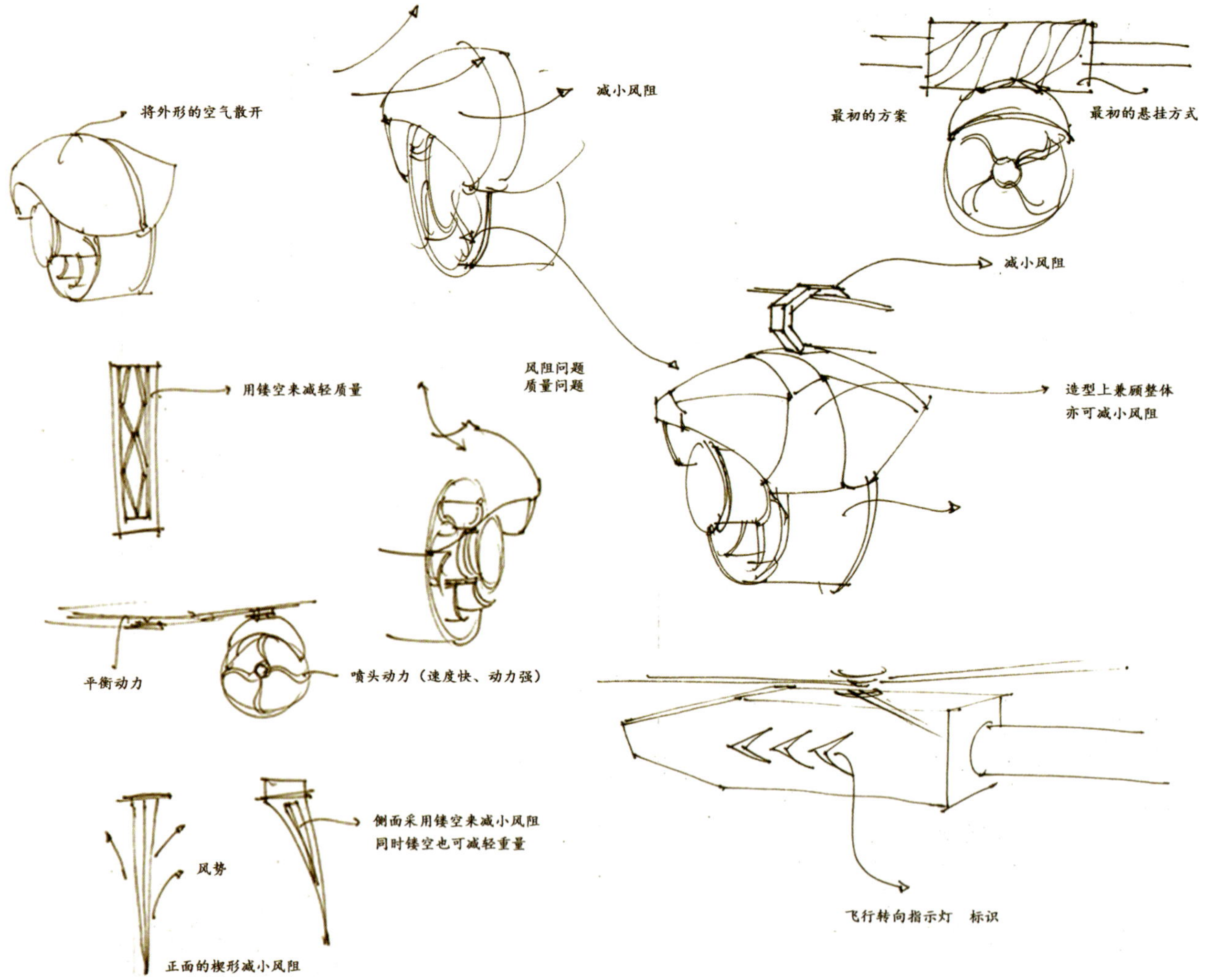

「涵道风扇的盖子与整体风格统一且风阻小」

设计师手稿

为了方便辨别航拍无人机在空中的朝向，改进了指示灯的设计。

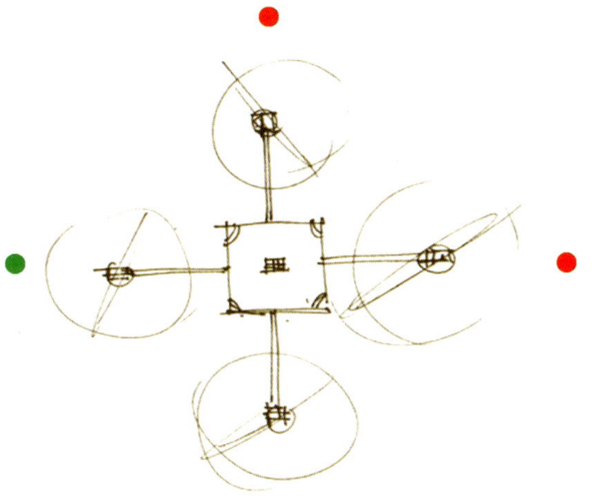

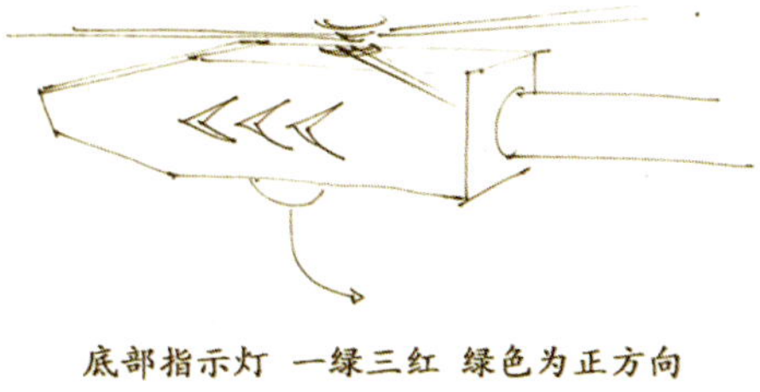

「改进后的指示灯」

设计师手稿

为了提高推进效果，采取了一些列措施。

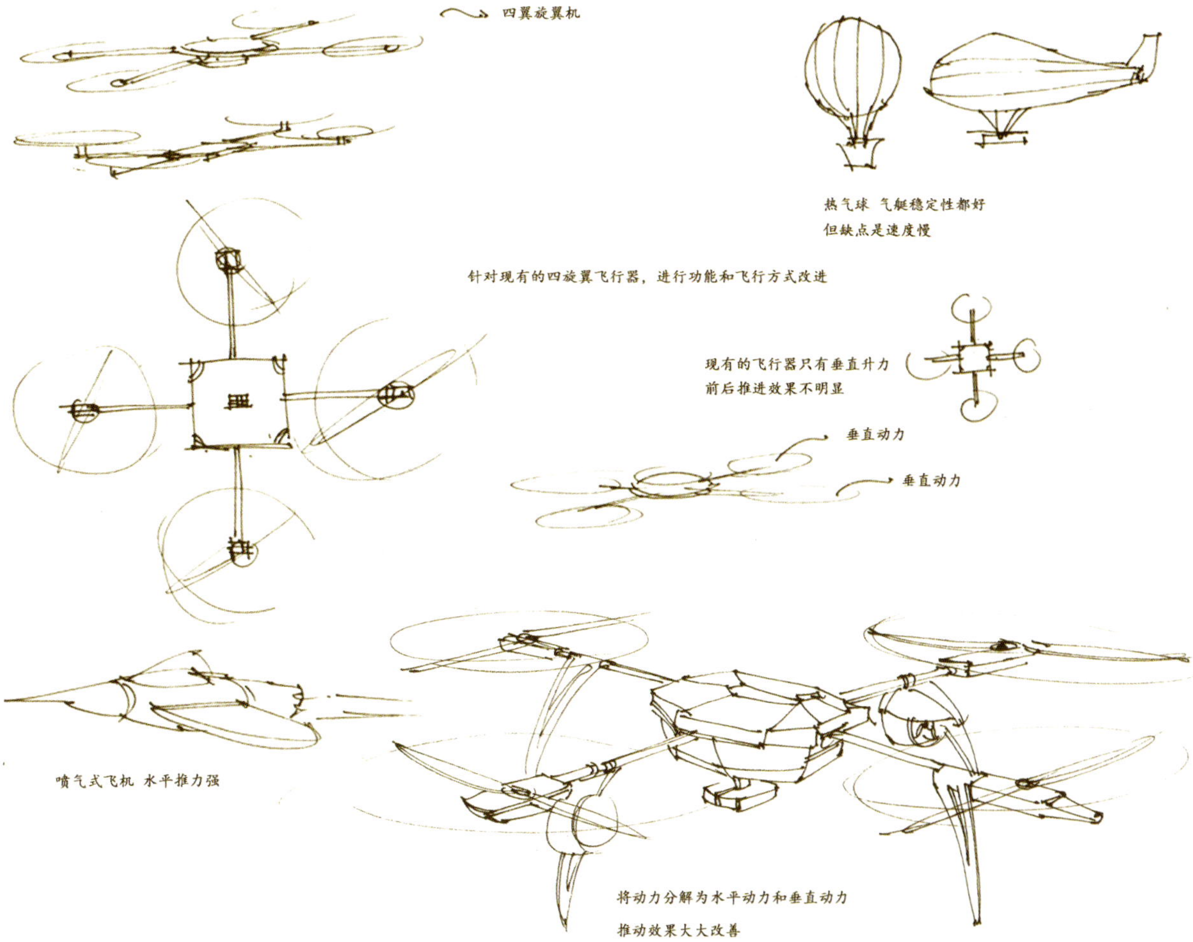

「对航拍无人机的一些列改进设计，以提高推进效果」

设计师手稿

为了保证飞行和起降安全，增加自平衡性，几度调整起落架的设计方案。

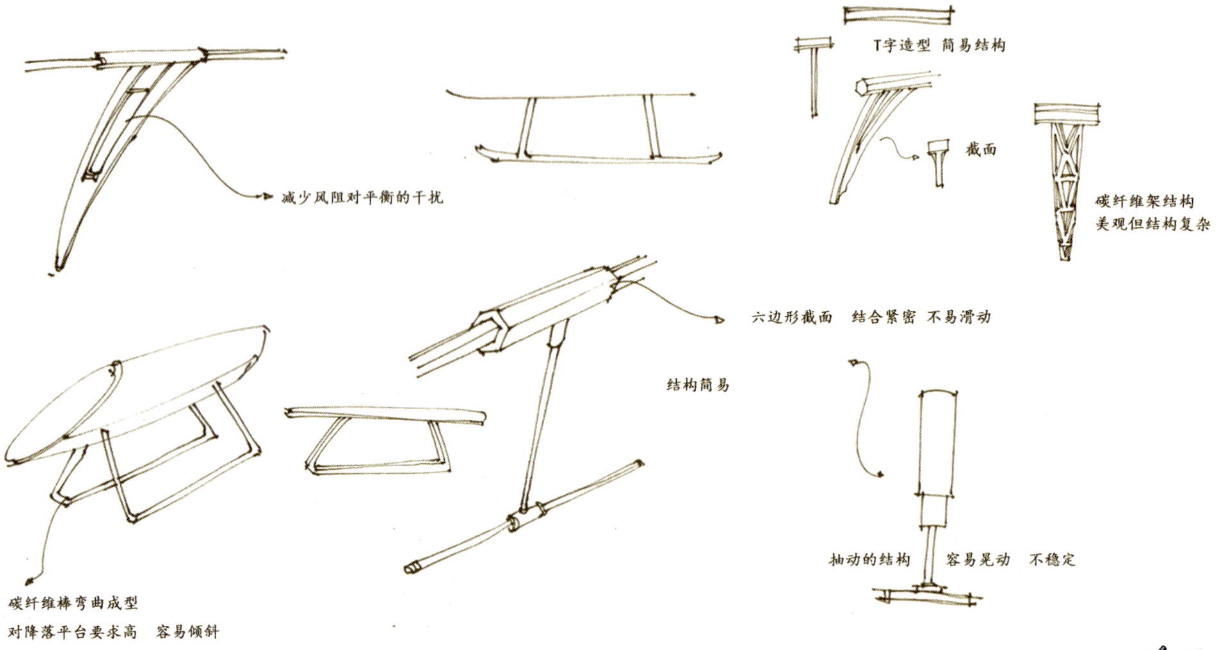

「推敲起落架方案」

设计师手稿

设计师的话

目标系统由各个目标子系统组成，实现各目标所选择的内因之间可能会有重叠，外因对内因选择的影响也不是单项的。这是一个交叉的、多元的系统，需要根据具体需要来因地制宜，因材制用，因势利导，综合协调各种矛盾关系。

以上展示的大都是根据目标来选择内因，似乎与外因没有关系。实际上并非如此。内因选择的前提是外因，外因的存在限制了内因的选择。

道可道，非常道。这些创意设计的“事理”无法仅凭寥寥数语就可能讲解清楚，但是希望能对读者有所启迪，对读者的创意设计有所帮助。

附 录 飞行器手绘基础

创意需要思考来完成，思考的结果需要表达来体现，创意表达是创意设计的第一步。本附录介绍设计师需要掌握的手绘的基本方法。

A.1 手绘工具

A.1.1 基本工具

彩铅：初学者选择偏软性的彩铅比较好，比较实用的彩铅品牌有辉伯嘉与马可，初学者建议选择辉伯嘉399（油性）、499（水性），辉伯嘉 399较硬，499较软，如图A.1所示。

针管笔：通常选用一次性针管笔，选择较细的 0.1,0.2型号为好，如图A.2所示。

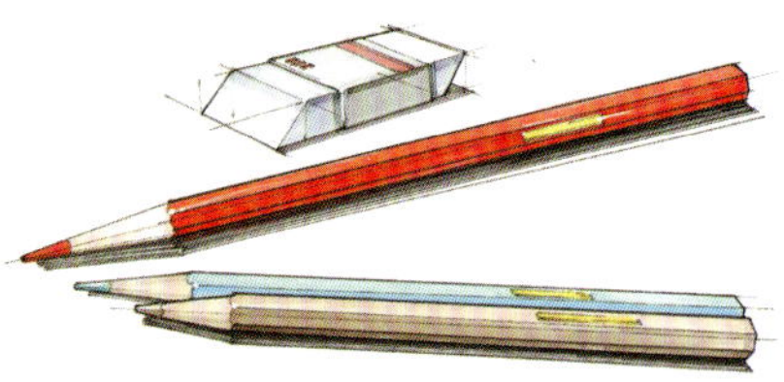
图A.1

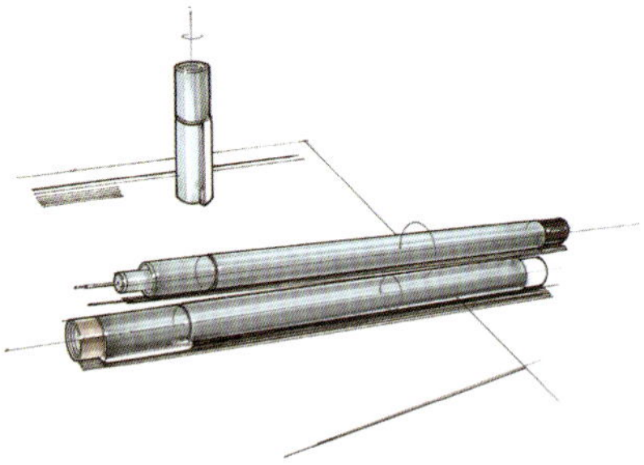
图A.2

圆珠笔：可选择美国BIC牌的圆珠笔，使用时不会出现墨头。

马克笔：初学者选用国产TOUCH 3代或4代即可，价格便宜，颜色种类繁多。但墨水不够充分，笔头不够优质。有一定手绘基础的，可以选择AD、法卡勒、STA、三福、My color等品牌。

高光笔：建议采用樱花高光笔或者三福霹雳马白色彩铅，其效果强烈，使用方便。水粉、水彩的画法较为老旧，且相关的准备工具相对复杂，现基本不采纳。

手绘时还会用到一些其他工具，比方说直尺、三角板等，如图A.3所示。

A.1.2 马克笔、色粉快速表现

马克笔、色粉快速表现技法是现代流传最广的一种效果表现技法。马克笔、色粉工具携带方便，上色效果迅速，在表现效果与绘制速度之间找到了一个最佳融合点。此种快速技法从绘制方法到表现工具均已脱离传统绘画的束缚，形成了一套适合创意快速表达的表现体系。图A.4所示是色粉，图A.5所示是马克笔。

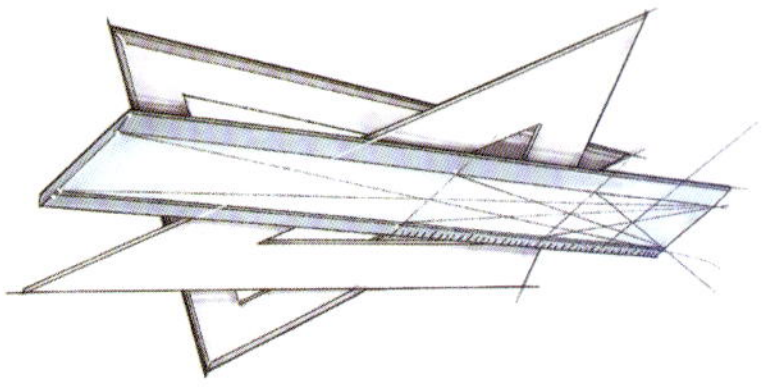
图A.3

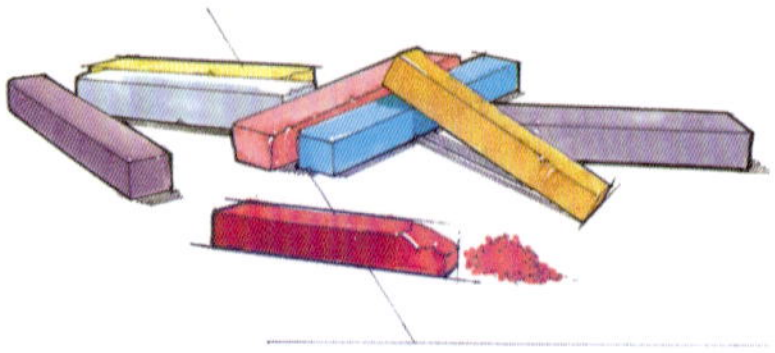
图A.4

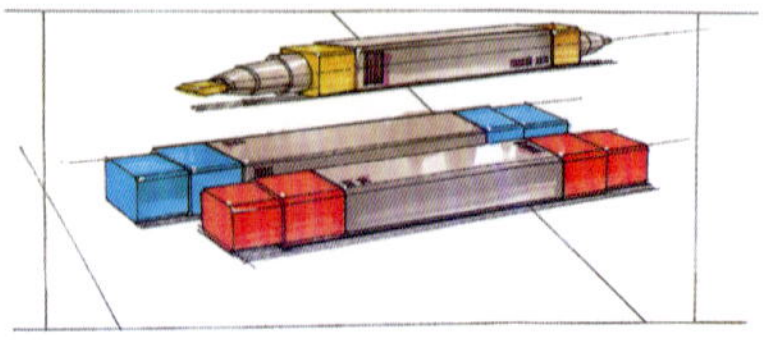
图A.5

A.2 培养正确的习惯

A.2.1 姿势

握笔的时候要将笔尽量放平，斜切于平面，这样画出的线条比较平稳有力道，如图A.6所示。用笔的时候，不

要运动手腕，要靠甩臂运动来绘制线条。画横线用手肘来运动，画竖线运用肩部来运动。

A.2.2 坐姿

科学的坐姿能帮助初学者更好、更快地掌握线条绘制的技术要领。

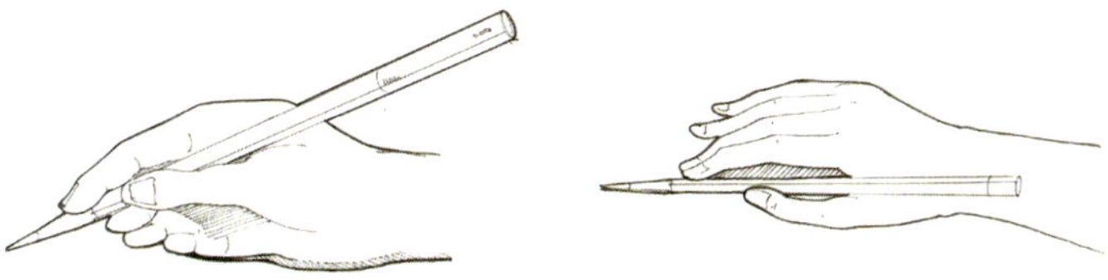

图A.6

飞行器绘制中有很多长线条，画长线条对姿势的要求相对高一些。将绘图板平放于桌面绘图是初学者常用的一种绘图坐姿。这种坐姿看似轻松，但存在着不利于初学者学习的因素。首先，绘图板与视线成小于 90度的夹角，图面已经成透视变形状态，不利于绘图者对图面的全局掌控。其次，这种坐姿使得手臂在绘图时要托于桌面之上，不利于手臂的灵活摆动。对于初学者来说，相对科学的坐姿是将绘图板的一端靠于腰间，另一端靠工作台，使图面与视线垂直。这种坐姿便于观察者对图面的全局掌握，同时也便于手臂绘制不同线条时的灵活运动。在坐姿习惯改变初期，可能会不适应，但是习惯后，你会发现该坐姿给设计手绘能力提高带来的帮助，如图A.7所示。

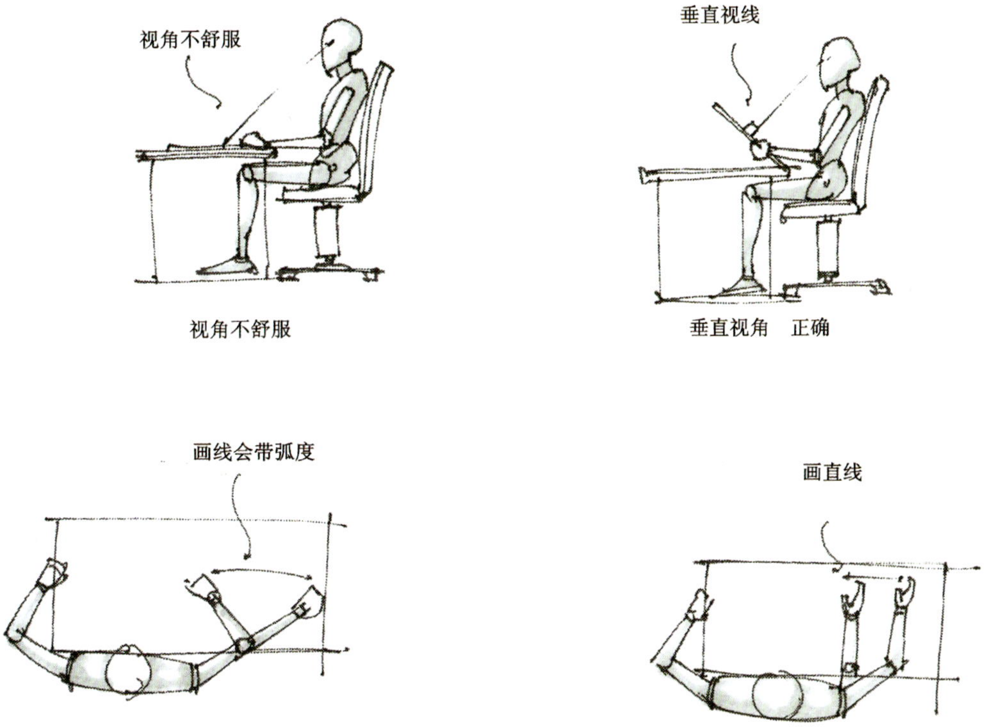

图A.7

A.3 线条

A.3.1 线条的各种变化

剔除对设计手绘中的质感、色彩等要求，创意设计手绘中表现物体形态的基本元素是各种线条。线条看似简单，尤其是对素描基础较好的初学者而言更是如此。然而，看似简单的线条蕴含着丰富的变化，高水平的设计师甚至可以仅靠线条的变化就可表现出物体形态的各方面信息。

就飞行器创意设计表达而言，由于设计手绘表现的主要对象是飞行器，这与基于平面的视觉艺术是不同的。飞行器产品最终是面向制造的，因而在表现这类产品时，要求创意设计手绘图看上去更严谨一些。所以，在飞行器创意设计手绘表现时，线条表现出来的特点应该是流畅、自然、准确。根据飞行器的种类和选择的材料不同，对线条的表现力的要求会有所不同。任何一条线都可以有轻重、缓急、刚柔、虚实、粗细、曲直等多种变化。如果对结构素描课程有深入的认识和训练，就可以更好地理解这些变化。在基本线条训练时，应有意识地加入这些线条属性的变化，这对于提高设计手绘的表现力更有益处。

飞行器创意设计手绘线条至少可以有三个层次的线条变化，即整体轮廓线、零件结构线和形态变化线。必要时，比如飞行器形态复杂度高，还需要加一个层次的线，即辅助线。这四个层次的线条在粗细、轻重、虚实等属性上应该有所不同。灵活运用这些层次的变化可以更有效地表现飞行器的创意设计。图A.8是两个手绘飞行器示例。

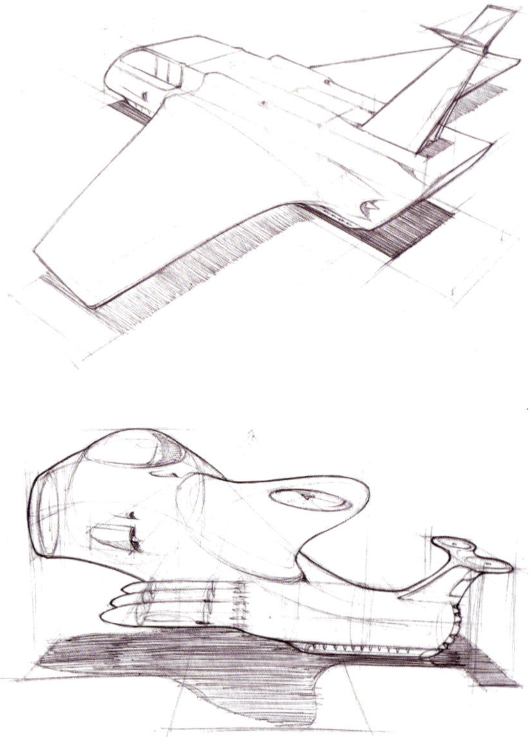

图A.8

A.3.2　线条的准确性

掌握了基本线条训练的流畅性和变化之后，就应该转向线条的准确性训练。飞行器的造型复杂度因其功能的不同会有很大的差异，在表现细节较多的飞行器时，准确绘制线条的能力就显得尤为重要。绘制准确线条能力不够的话，就会造成手绘表现图的透视感受扭曲，或者看上去潦草杂乱，如图A.9所示。

A.3.3　关于辅助工具的运用

初期的基本线条训练以锻炼创意快速表现能力为目的，这时不推荐使用辅助工具绘制线条。在具备了快速手绘能力后，可以尝试使用辅助工具来表现各种线条。这样的训练也是非常有必要的，原则是使用辅助工具绘制出自然流畅的线条，避免出现用辅助工具绘制出呆板、迟滞、缺乏张力的线条。利用辅助工具绘制的线条流畅、准确但缺乏灵性。徒手手绘，流畅、有灵性，但准确性稍差一点，如图A.10所示。

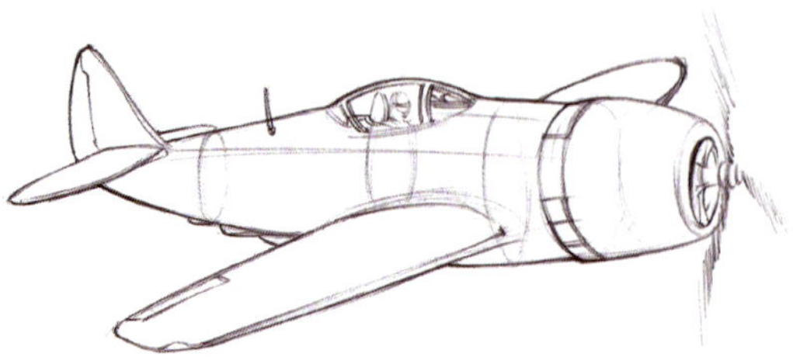

图A.9

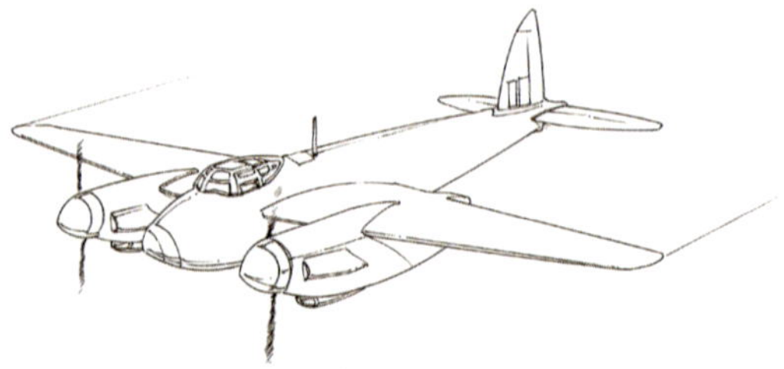

图A.10

A.3.4　直线条

（1）水平线，竖直线与45°线

这三种线条都是创意手绘中使用最为频繁的，必须熟练掌握长短不同的线条绘制。训练时注意保持线条自然、流畅并尝试各种线条属性的变化，如图A.11所示。

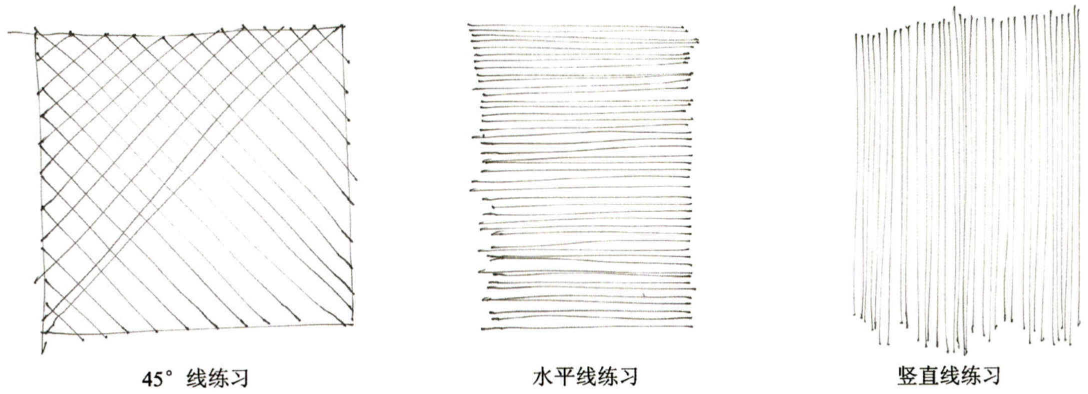

图A.11

（2）两点连接线

练习两点连线的目的是提高绘制直线的准确性。在进行基本线条练习时，初学者往往能够比较快地理解线条的各种属性，也能画出流畅的线条。但是一旦提出准确性要求，他们就很难再做到流畅和变化。通过两点连接线的训练，可以比较好地提高直线绘制的准确性。做到这一点，对后续的视角和透视关系的引入也有益处，因为绘制飞行器非正交视图时会对线条的准确性提出更高的要求。在对透视关系把握不够时，可以在画面上点一些辅助点再绘制线条，如图A.12所示。

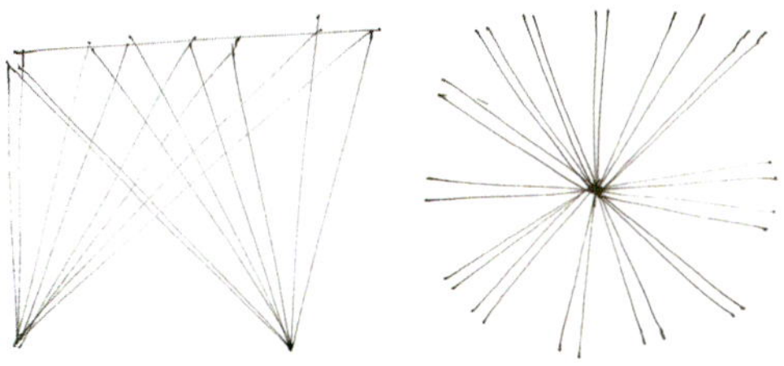

图A.12

（3）偏距线

因为飞行器的形态特点，在创意设计手绘表现时会涉及很多等间距或不同间距平行线的绘制，所以有必要对这种线条进行训练，这也是对线条准确性进行的训练，如图A.13所示。

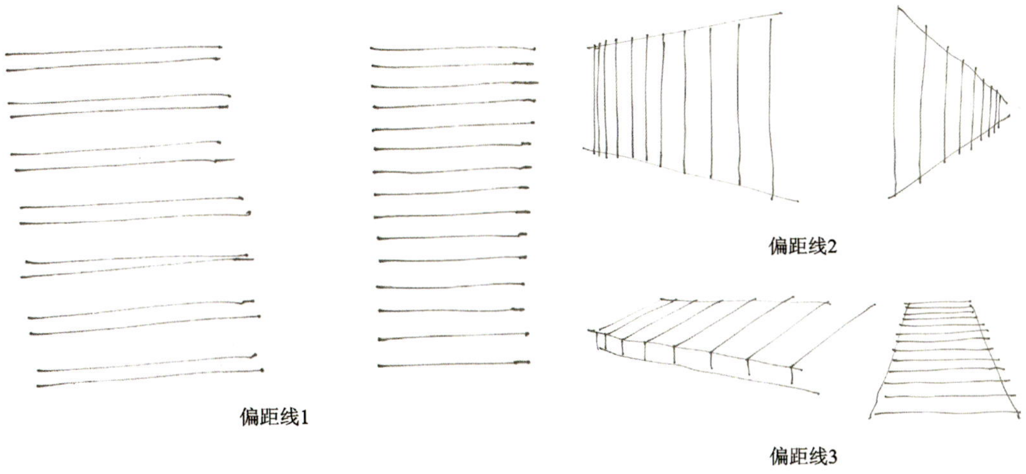

图A.13

A.3.5　相对正确的直线绘制方法

初学者在绘制直线时，容易犯的错误是不自觉地以手肘为圆心进行绘制。这种“甩”出来的直线实际是一个大圆中的一段弧线，绘制短直线时看不出弊端，一旦直线过长，其弧线的轨迹就暴露无遗。这种绘制方法所凭借的就是前面所提到直观感受，所关注的也只是线条直与不直，而没有去思考如何才能形成正确率较高的直线运动轨迹。

相对正确的绘制方法是：将手当作一把钳子并将笔夹住，手肘和手腕同步摆动以带动笔尖在纸面上做直线运动，从而得到成功率较高的直线。

A.3.6　中间重两端轻的直线

中间重两端轻的线条多用于基本结构的绘制，是起稿阶段常用的线条之一，如图A.14所示。绘制该类直线时，先定出直线两端端点，再将手肘与手腕同步摆动8字形以带动笔尖在两点之间做直线运动，确定笔尖准确通过两端点后，保持住手臂的移动轨迹，同时将目光移至两点中间位置，再将笔尖迅速接触纸面完成线条绘制。需将目光移至两点中间位置的原因在于，在注意力集中的位置用力不自觉加重，而我们所需要的是中间较重的线条，所以将注意力集中到两点中间位置能更好地保证线条的绘制效果。中间重两端轻的直线用于绘制产品形态的大体透视关系与轮廓。

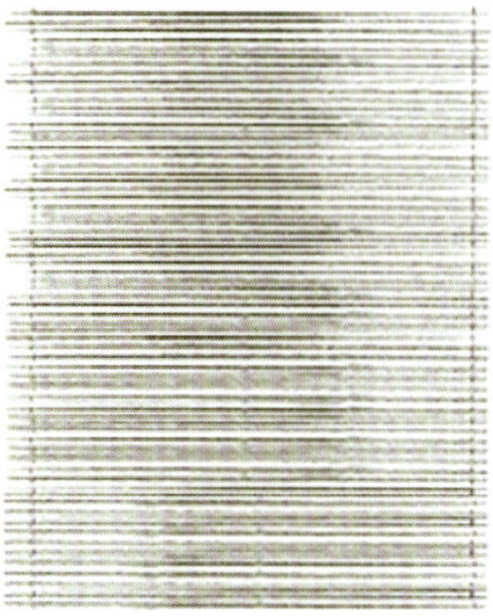

图A.14

A.3.7　线条的绘制

图A.15所示为两种不同性质的线条。不同线条代表着不同的属性，所需要表达的飞行器信息的目的也是不同的。运用不同的线条所绘制的飞行器，能让读者更加清晰地理解其结构。

A.3.8　起点重的线条

起点重的线条更易于精确控制线条的位置与轻重变化，是进一步强调其形态与结构时常用的线条，如图A.16所示。绘制该类线条时同样需要先确定直线两端端点，再将笔尖置于起点，通过手腕和手肘同时运动将笔尖画到终点，笔尖即将达到终点时迅速脱离纸面。

轻重不一致的约线条

图A.15

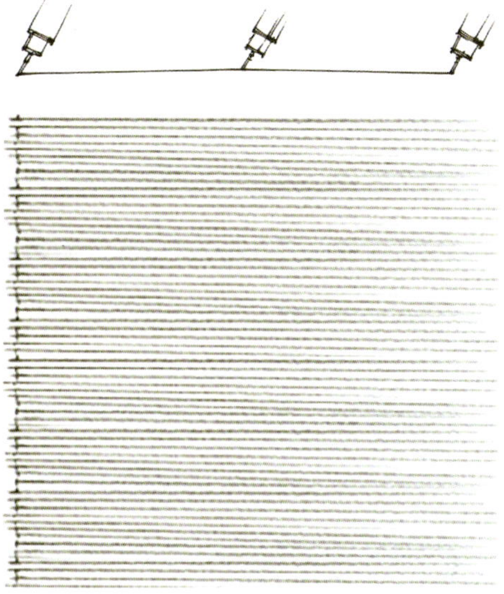

轻重一致线条，起点、中心、终点都一样的力度

图A.16

A.3.9　抛物线

抛物线自身多为三点曲线且呈对称状态，而在空间中往往因透视变化呈现出非对称状态，在绘图时要注意其透视变化规律。抛物线的训练方法与随机性曲线相同，在纸面上定出抛物线的三个节点，移动手臂并确定笔尖通过各个节点后将笔头迅速接触纸面完成线条绘制。训练时可先绘制对称抛物线，再过渡到抛物线组合与抛物线透视练习，如图A.17所示。

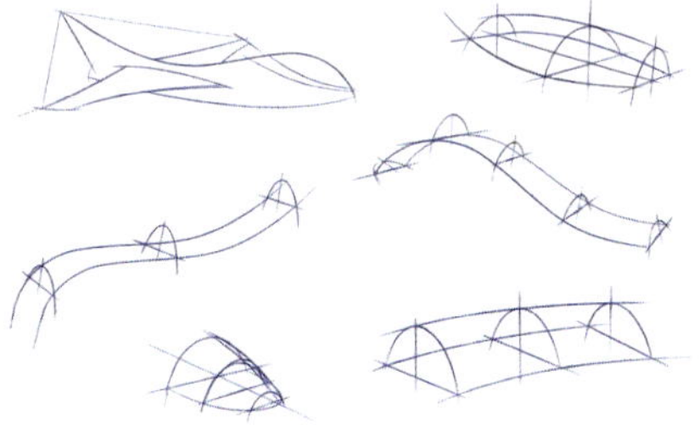

图A.17

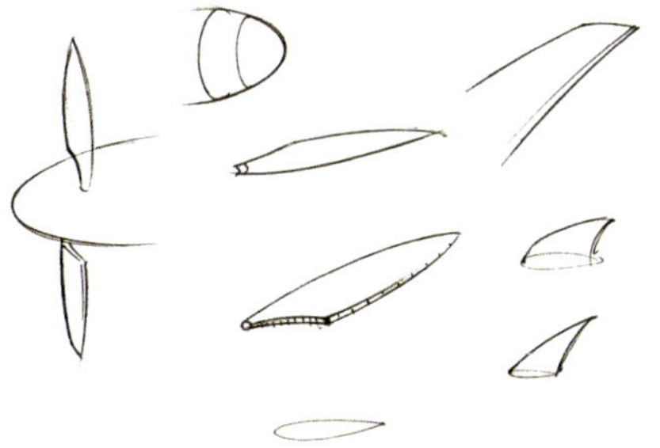

图A.18

A.3.10　随机曲线与抛物线组合练习

在进行抛物线与曲线训练时，也可以随机性训练空间透视关系，以不断提高对线条的把握能力与透视的感受。

现实生活中，我们能感知不同的物象是因为光的存在。光照射到物体上后，物体与背景间产生了空间的分界。物体本身的结构与结构之间，面与面之间也产生了空间与明暗的分界。光在这些分界处反弹回不同的变化，从而组成客观物象的框架线。在绘制飞行器手绘图的线稿时，便是借助这些线将三维物体虚拟到二维纸面。轮廓线是指因形体之间存在前后空间关系，光在其边缘处形成不同的折射而产生的空间分界线。轮廓线包括产品整体形态与背景之间形成的整体轮廓线，以及因飞行器本身结构存在前后关系而形成的局部轮廓线。轮廓线随着透视角度的变化而产生不同的变化，如图A.18所示。

A.4 飞行器形体线条的分析

A.4.1 分型线

分型线是指因飞行器生产拆件的需要，壳料之间拼接所产生的缝隙线。通俗地讲，分型线就是两个组件的分界线，其分界线真实存在于其形态表面，其变化随着飞行器形态的透视角度的变化而变化。

即使是同一飞行器，其轮廓线也是不定的，而是随着观察角度的变换而发生变换。球体的整体轮廓线始终是正圆，为整体轮廓线不变的一种情况。

A.4.2 结构线

结构线是飞行器组件自身因面与面之间发生转折与形体变化形成的形体转折分界线。这种转折与形体变化关系真实存在于其形态表面，是决定飞行器形态的骨架，它随着透视角度的变化而变化。

A.4.3 剖面线

剖面线是指为了更好地说明飞行器的结构与形态，假想将物体切开而形成的断面线，剖面线的形态表面并不存在，是飞行器创意设计手绘中经常用到的一种特殊线条。原因在于，在飞行器创意设计手绘图绘制前期，它的形态，结构等因素都由线条来完成，单纯的分型线和结构线很难准确表达一些变化丰富的造型，需要借助剖面线来补充说明设计形态。

A.4.4 线条的轻重处理

在了解完成线条的本质和类型后，大家可能会有各种各样的疑问。如：同样是线条，非要分成这么多类型？了解这些对画手绘图有什么样的实际作用?

飞行器信息层次表达的混乱，是初学者最常见的问题之一。不懂得如何用不同的线条进行不同的飞行器表达，是造成上述问题的重要原因。飞行器创意设计手绘的绘制过程，实质上是在二维平面进行三维产品形态表达的过程。为了让对方更清晰地了解产品的信息，我们需要给对方设定视觉流程，从而让对方有主有次，由浅入深地了解产品。

不同线型的作用如下：

1. 轮廓线是指因形体之间存在前后空间关系而产生的空间分界线，是产品形态给予对方的整体印象；
2. 分型线是指飞行器各组件之间的分界线，它阐述的内容是飞行器究竟由哪几个组件组成；
3. 结构线是指各组件自身因形体发展转折变化产生的形体分界线，它阐述的是各组件自身的具体形态；
4. 剖面线是进行飞行器形体表达的辅助性线条，用于补充说明其形态的变化关系。

综上分析，在绘制图片时应遵循如下原则：

1. 轮廓线应着重强调，让对方在第一时间了解飞行器的整体形态特征；

2. 分型线略次于轮廓线，进一步了解飞行器各组件之间的关系；

3. 结构线再略次于分型线，了解飞行器组件自身的具体形态；

4. 剖面线居于最次要位置，用以补充说明前三种线条无法说明的形体变化关系。图A.19是一个示例。

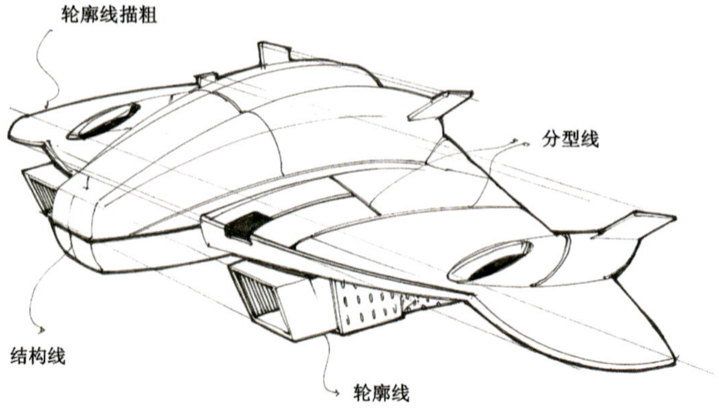

图A.19

A.5 飞行器外形轮廓与形体转折

为了解释手绘的几种不同绘制习惯，在此特意对着照片讲解三种不同的方法。三种方法各有优点，学习哪一种都可以。

看到图片（图A.20）时，最简单的方法是画出飞行器的整个外轮廓线，如图A.21所示。重点强调飞行器的外轮廓与空气交接的完整线条，外轮廓描绘完整，整体效果就表现出来了。初学者画外轮廓画的最多，也是初学者最容易学习的方法。

外轮廓描绘准确后，可以加强对分型线的绘制，如图A.22所示。座舱与机身、机身与两翼之间的分型线都刻画得很清楚，两翼上的小型缝合线刻画后为画面增色不少。能够画出细节线条则说明对创意设计表达的掌控非常熟练。

绘图者也可将飞行器的阴影简化为面，同时将体积的转折面看成暗面，将暗面用整齐的线条排列出来，注意透气。如果将暗面整个涂黑，一定要留出反光，如图A.23所示。

图A.20

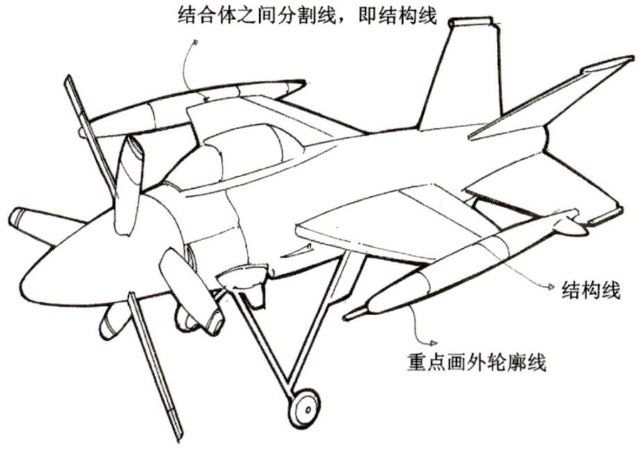

图A.21

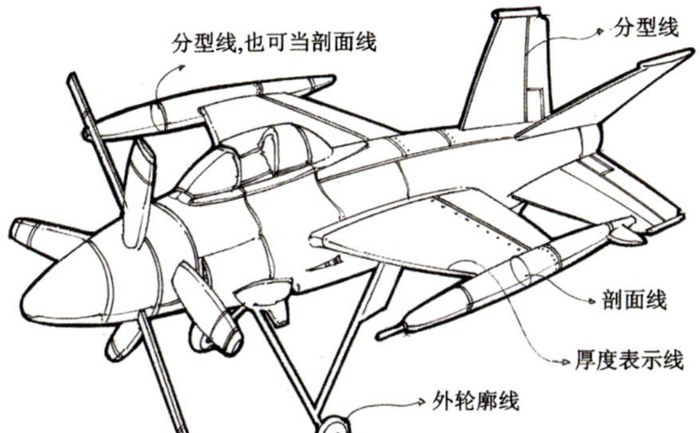

图A.22

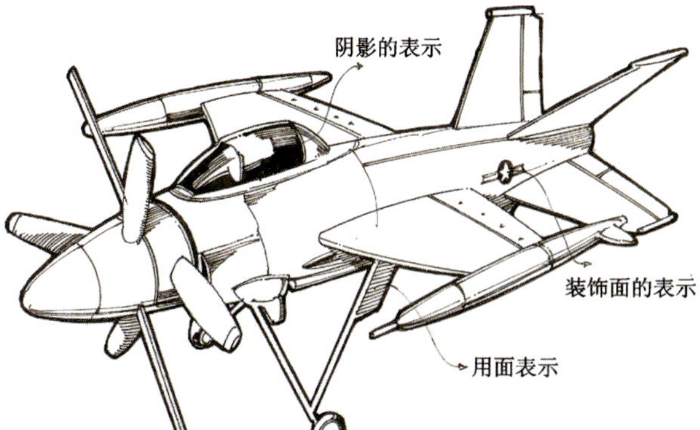

图A.23

A.6　简化造型，分解形体

A.6.1　本几何体的分解与组合

在绘制大自然中的任意物体时，我们都是将其分解为一个个的基本几何体，所以基本几何体的绘制上色方法对于提高画图效率非常重要，其中长方体、圆柱体、圆球体是几何体中常见的几种形体，绘制时必须掌握。当然，在飞行器的创意手绘中也要运用几何体原理来分解组合飞行器。

1. 长方体

长方体的形状各异，绘制线条时保持各个形体的透视关系即可绘制出各种长方体的线稿图。但在绝大多数产品中，形体的棱角线都是经过倒角处理的。因为考虑风阻的因素，飞行器会将边角处理得非常圆润，所以圆角的处理也是必须掌握的基本方法。在图A.24的右下方有两张圆角的长方体造型，注意一下圆角与方角的边缘线变化。

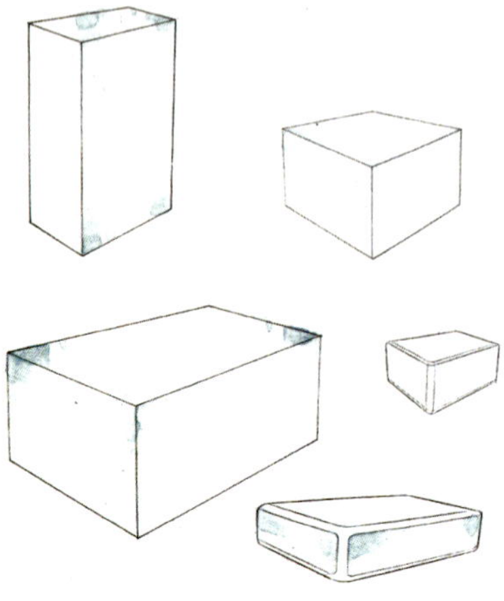

图A.24

上色时，先假设光线从左上方来，这样就能将立方体分为黑白灰三个面的关系；再依据黑白灰对应的马克笔的灰色色阶依次填上去，最简单的明暗关系就可以表现出来了。

步骤一　确定光线后，先用浅色马克笔上色（如BG1）将长方体的顶面、左立面、右立面分别上色。顶面对应黑白灰的白面，属于最亮面，上色时可以垂直用笔（图左上、左下），也可以依着棱线的方向用笔（图右上）；左立面对应灰面，颜色稍暗一些；右立面对应黑面，上色时颜色最深；左右两边的立面上色时可以自由上色，用笔轻快不拖沓即可。这一步骤上色并不需要区分马克笔的颜色，黑白灰三个面的区别在于留白的多少，如图A.24所示。

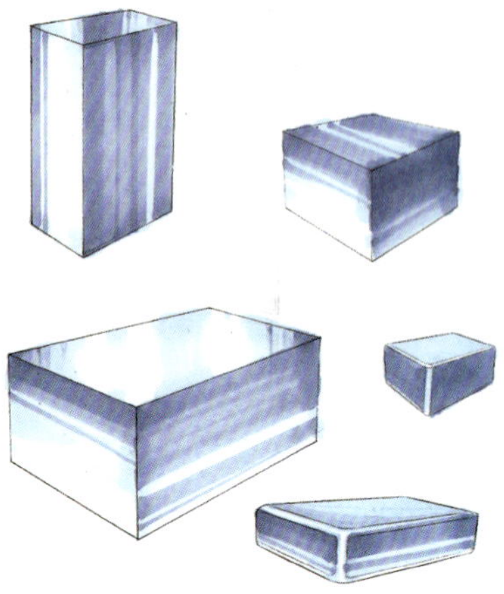

图A.25

步骤二　用浅色马克笔BG3绘制长方体的次亮部和暗部，也就是黑白灰关系中的灰面与黑面。用笔方式可以依据第一步的用笔，垂直的地方依然垂直，笔触尽量挺直、硬朗一些。一般来说，顶面最亮的地方上BG3要最少，多留白或者留浅色，左立面与右立面要多一些。上BG3的颜色时，要注意保留一定BG1的颜色，保留笔触，做出层次变化，如图A.25所示。

步骤三　在最暗面上重色。用BG5沿着长方体的明暗交界处绘制笔触，每个形体的笔触方向可能不同，应注意各个形体上用笔的区别。把长方体的三个面与黑白灰三个面对应起来，根据马克笔的颜色区分，一般顶面用1号笔（对应白面，颜色最浅），左立面用3号笔叠加1号笔（对应灰面，颜色比较深），右立面用5号笔叠加3号笔（对应黑面，颜色最深）。马克笔颜色对应面的方式在圆柱体和圆球体中一样适用，如图A.26所示。

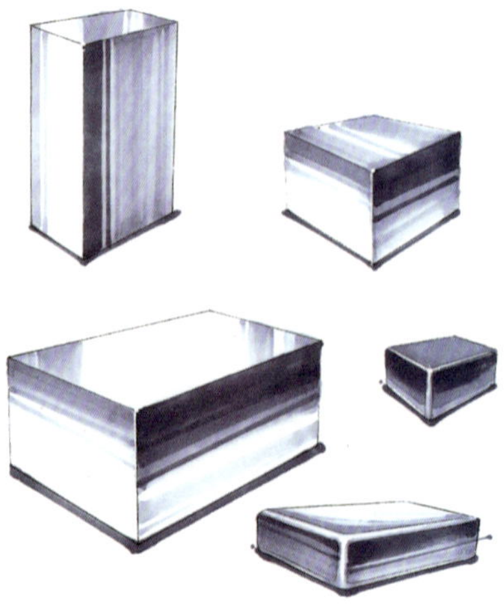

图A.26

2．圆柱体和圆锥体

圆锥体可以看成顶面积为零的圆柱体，很多圆形按钮的造型就是切割后的圆锥底盘造型。圆柱体与圆锥体形体结构关系在上色步骤上是一样的，区别在于：圆柱体侧面的面与面之间分界线是垂直的，而圆锥体的这根分界线是倾斜的。正确理解各种圆柱体的结构对于刻画上色非常有帮助。

步骤一 上色选用最浅色马克笔上色。左边的立式圆柱体准备画亚光材质，横躺的圆柱体画比较光亮的材质，右边的2个椎体的外形也不尽相同。上色时注意用笔方向的变化，同时也要注意笔触都画在圆柱体的侧面（圆弧面上，包括圆锥体），如图A.27所示。

图A.27

步骤二 圆柱体侧面的明暗交接线与长方体的不同：长方体的交界线棱线清楚尖锐，而圆柱体的交界线有一个过渡转折面，相对模糊一些。刻画时，用灰色3号笔在交界线的位置着重刻画一下，体现出明暗对比关系；圆柱体的反光层次也需要注意，在效果图表现中，反光层次甚至可以留白。圆锥体上色与圆柱体是一个原理，但是圆锥体的明暗交接线会视锥体的倾斜度而倾斜。上色时需要注意，必须保留好第一步上色的浅色层次，将层次对比体现出来，如图A.28所示。

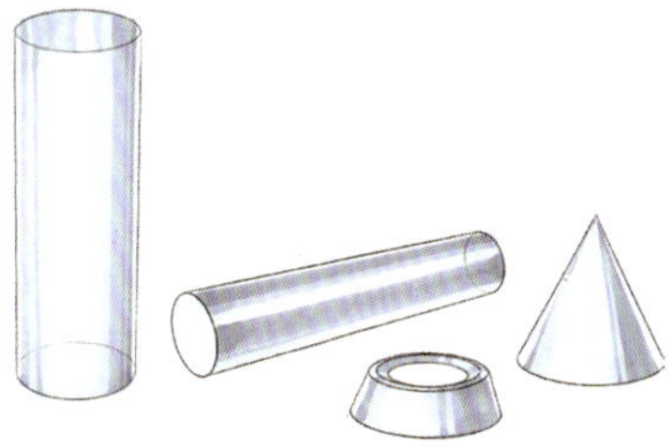

图A.28

步骤三 用灰色5号马克笔强调出最深的层次面，将对比加大，体现出层次对比，同时画出投影，完善画面。注意观察亚光材质与高光材质在用笔上的区别，如图A.29所示。

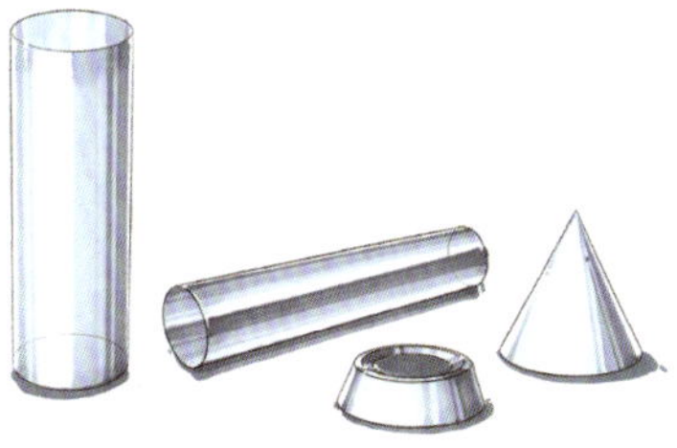

图A.29

3．球体

球体的表现主要依靠正圆和椭圆线条，外轮廓自不必说用正圆，实际造型中椭圆的造型会多一些。球体体积感的表现在颜色的过渡上体现的比较自然，上色时应注意颜色层次的过渡。

步骤一 找到球体的暗面形状，用浅灰色马克笔依照暗部轮廓涂满，应注意体现反光的关系，左边小球的光泽度要高于右边的大球，上色过程中应注意两者用笔的变化，如图A.30所示。

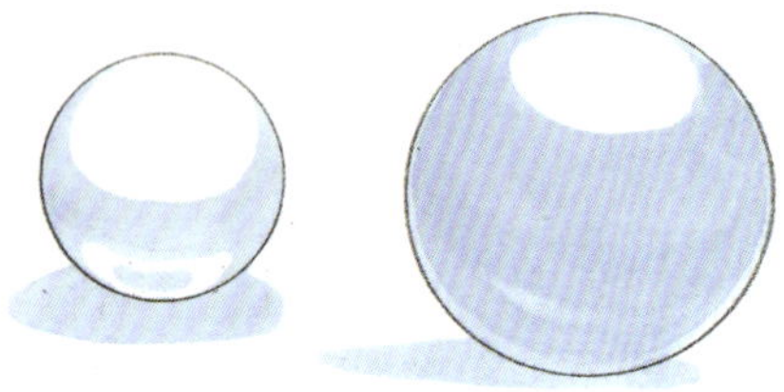

图A.30

步骤二 光泽度高的小球反光非常强，同时暗部所反映的层次变化也与大球有所区别。大球的暗部是一层一层的浅灰色叠加，这种叠加的方法非常适用，上色时应多体验这种颜色叠加带来的层次变化。上马克笔时一定要记住保留前一个步骤留下来的笔触，这是画面层次体现的精髓，如图A.31所示。

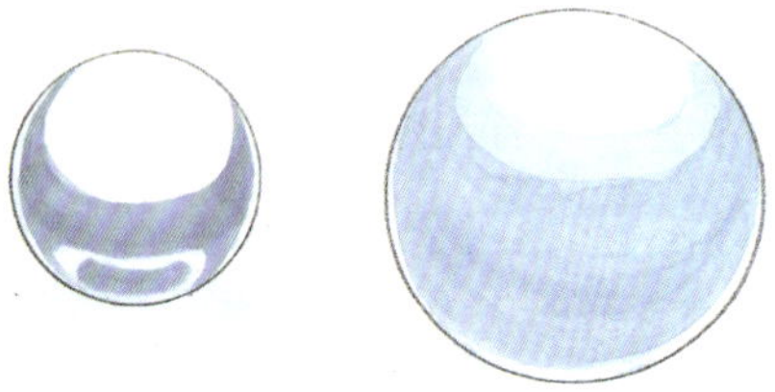

图A.31

步骤三 加上最暗的层次，画出投影，表现出比较完整的球体画面关系。观察一下大球上马克笔的颜色层次，如图A.32所示。

图A.32

A.6.2 飞行器几何形体与体块分析

观察飞行器的时候，可以尝试着去概括形体，将飞行器归纳分解为基本几何体，再将几何体有机的连接起来。这样，绘制飞行器就可以从几何基本形体入手，无论上色和线条归纳都按照基本几何体的绘制方法进行，将已经掌握的基本原理贯穿起来，可以大大提高绘制效率。下面，我们以一款飞机的手绘过程来讲解。

步骤一 这款飞机在绘制时就像给机舱、机翼、尾翼等组件一个一个的套上立方体的包装盒子一样，直接用立方体的透视作图方法，将形体简化为一个个的立方体组合。应注意每个部件的形体与立方体的关系，或者反过来推敲飞机的部件怎么从立方体概括出来的，如图A.33所示。

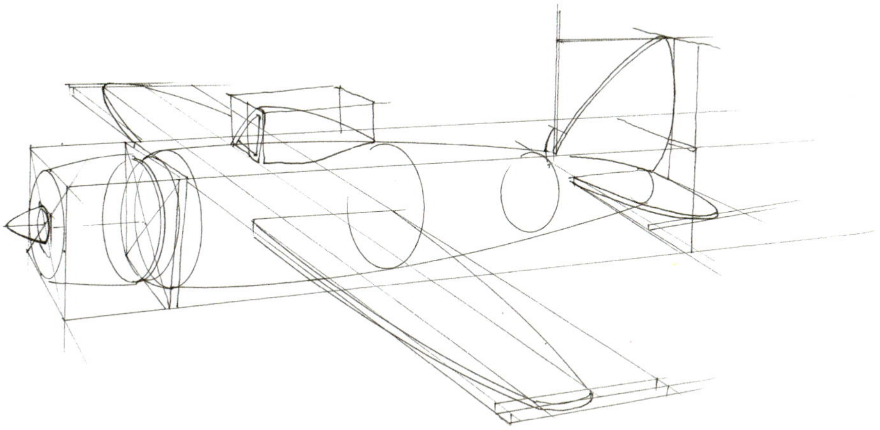

图A.33

步骤二 把飞机的轮廓强调出来，从而可以更清晰地看到飞机的轮廓线与包装的立方体之间的关系，将立方体的明暗关系用马克笔画出来，通过更加清晰的明暗关系去推敲飞机的形体概括，如图A.34所示。

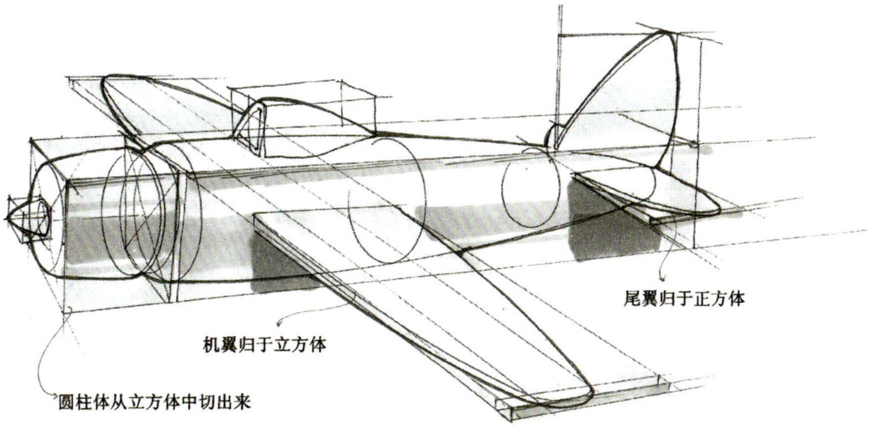

图A.34

步骤三 在飞机的本体轮廓内上色，让飞机的形体更加具体化，加上马克笔的层次变化，其概括造型看起来更加清晰，通过这样的形体分析可以更好地理解形体的本质，如图A.35所示。

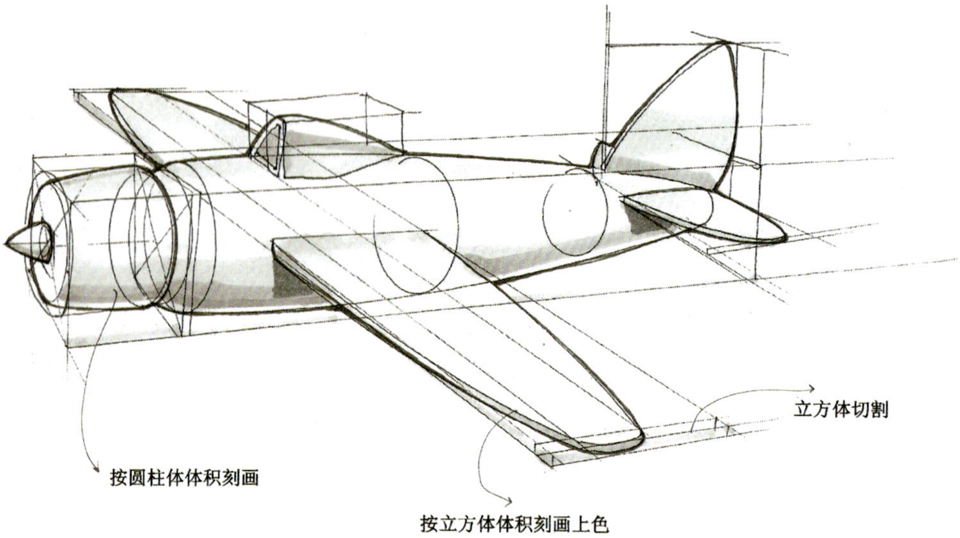

图A.35

步骤四 圆柱体也是从立方体中切割出来的。先绘制出立方体的盒子，若这个盒子是透明的，将被遮挡的结构线按照透视的规律绘制出来，再在立方体中求得圆柱体的体积，应注意大体块的归纳，进而表现出完整的结构，如图A.36所示。

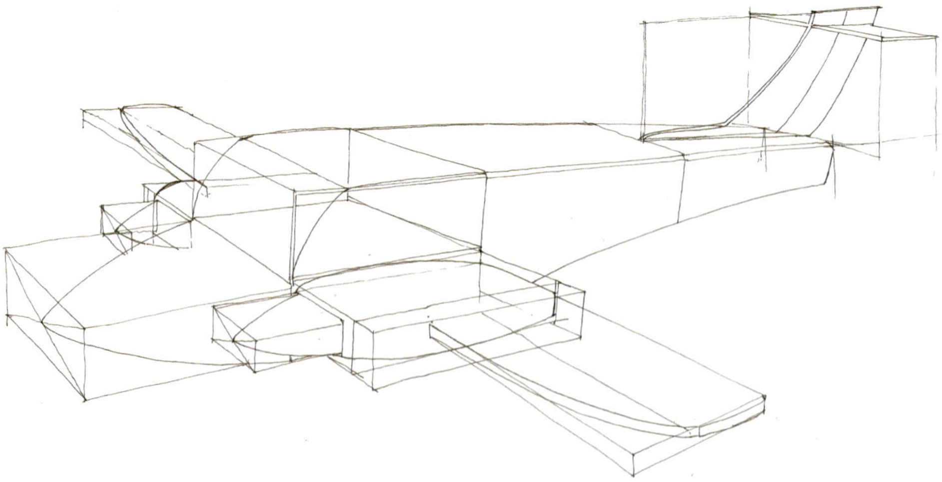

图A.36

步骤五 按照方盒子的形体上马克笔，强调方盒子的体积后，在“透明”的盒子里面把机头与机身部位的圆柱体体积略微表现，如图A.37所示。

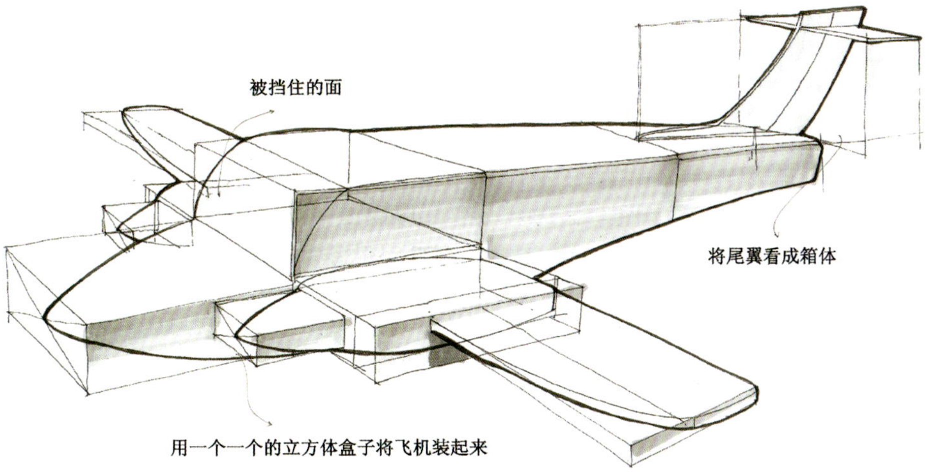

图A.37

步骤六 重点按照圆柱体的体积上色方法，将圆柱体的体积表现得非常突出，原来的盒子体积弱化，与上一个步骤联系起来看，可以更好地理解体积的概括与上色，如图A.38所示。

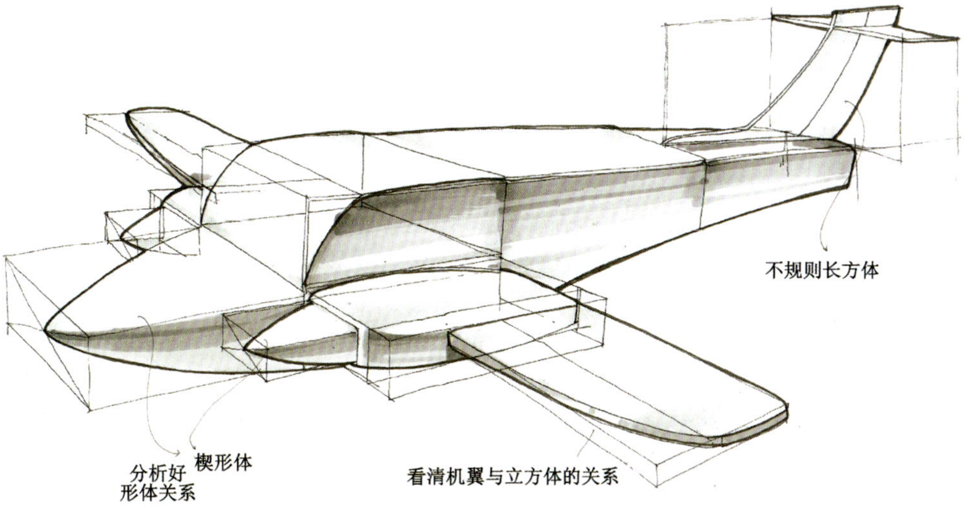

图A.38

A.7 飞行器绘画典型技法

下面给出几张图样，这是飞行器绘制是常用的典型技法。A.39和A.40是透气与投影的画法，A.41是组装图的画法，A.42是分解图的画法。

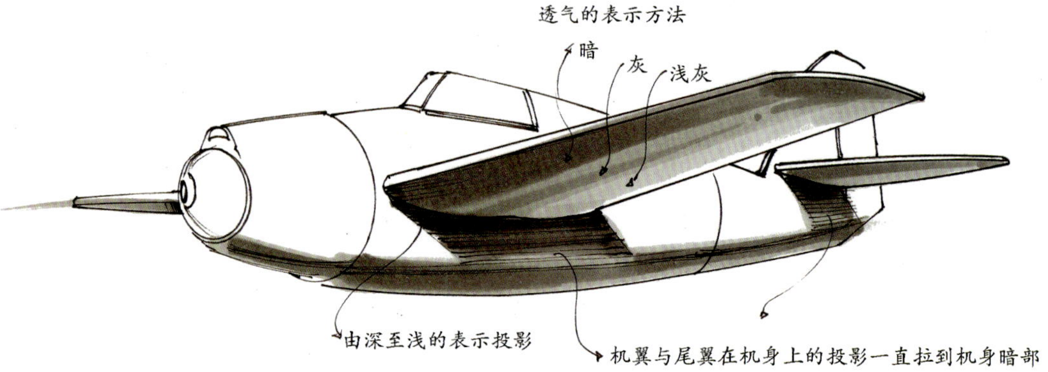

图A.39

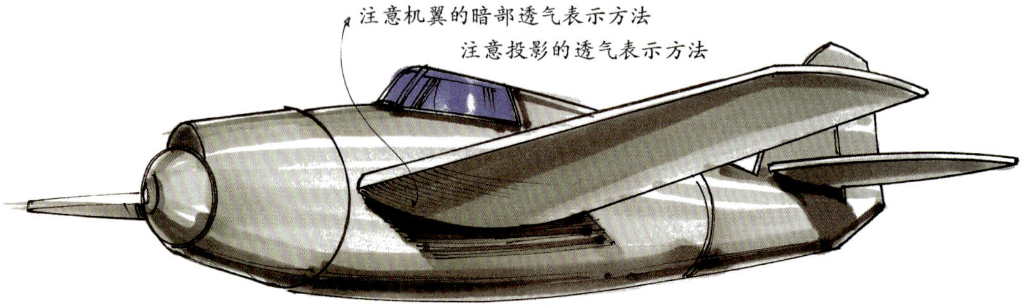

图A.40

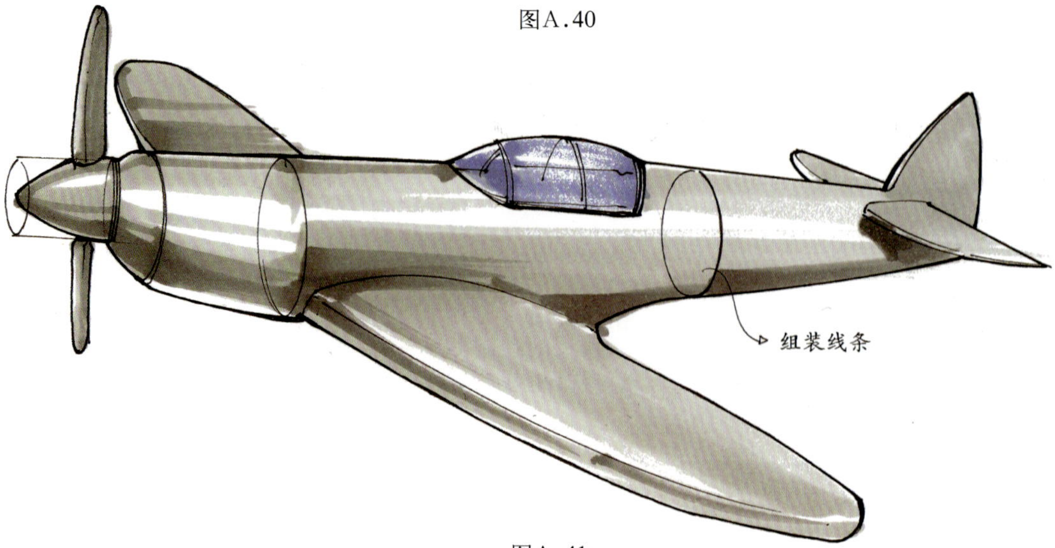

图A.41

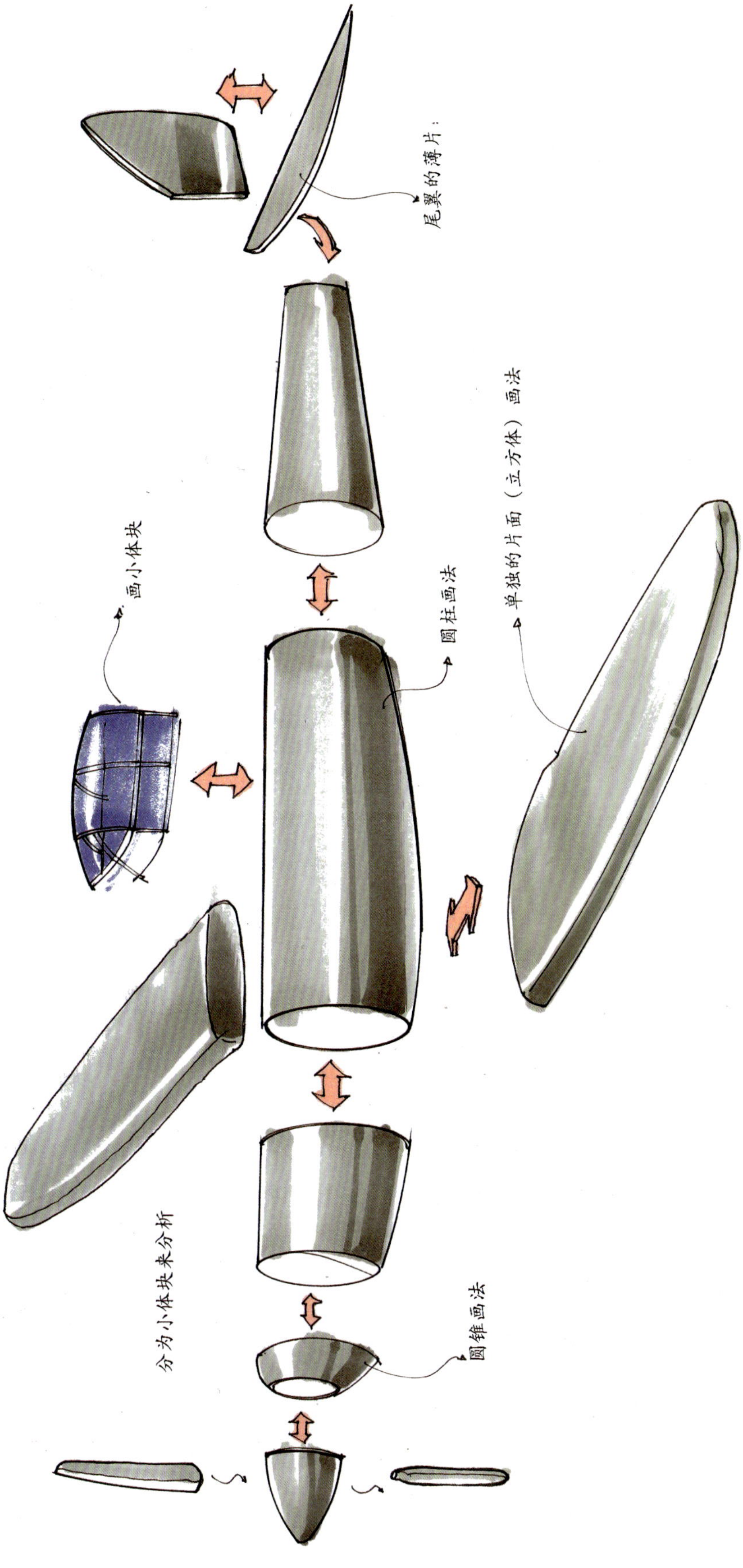

图A.42